Marketing mit Instagram

Neuerscheinungen, Praxistipps, Gratiskapitel,
Einblicke in den Verlagsalltag –
gibt es alles bei uns auf Instagram und Facebook

instagram.com/mitp_verlag   facebook.com/mitp.verlag

Kristina Kobilke

Marketing mit Instagram

Das umfassende Praxis-Handbuch

4. Auflage

Bibliografische Information der Deutschen Nationalbibliothek

Die Deutsche Nationalbibliothek verzeichnet diese Publikation in der
Deutschen Nationalbibliografie; detaillierte bibliografische
Daten sind im Internet über <http://dnb.d-nb.de> abrufbar.

Bei der Herstellung des Werkes haben wir uns zukunftsbewusst für
umweltverträgliche und wiederverwertbare Materialien entschieden.
Der Inhalt ist auf elementar chlorfreiem Papier gedruckt.

ISBN 978-3-7475-0065-1
4. Auflage 2019

www.mitp.de
E-Mail: mitp-verlag@sigloch.de
Telefon: +49 7953 / 7189 - 079
Telefax: +49 7953 / 7189 - 082

Lektorat: Miriam Robels
Korrektorat: Petra Heubach-Erdmann
Covergestaltung: Christian Kalkert
Coverbild: © aguiters, fotolia.com
Satz: III-satz, Husby, www.drei-satz.de
Druck: Medienhaus Plump GmbH, Rheinbreitbach

Inhalt

3: Entwicklung einer Instagram-Strategie   55

4: Umsetzung Ihrer Instagram-Strategie   117

5: Aufbau einer Community auf Instagram 197

6: Influencer-Marketing 219

7: Instagram Advertising   267

8: Kommunikative und rechtliche Regeln für Unternehmen auf Instagram   295

Index   303

Über die Autorin

Kristina Kobilke ist digitale Marketingstrategin, Trainerin und Fachautorin aus Hamburg und bereits seit 20 Jahren begeisterte Anhängerin der digitalen Marketing-Szene. Mit ihren Trainings, Vorträgen, Webinaren und Fachpublikationen hilft sie Unternehmen, Agenturen und Marken dabei, integrierte Marketing- und Kommunikationsstrategien in einer digitalisierten Welt zu entwickeln.

© Rieka Anscheit

Seit 2012 ist eines ihrer Schwerpunktthemen die digitale Markenkommunikation über Visual Social Media, insbesondere Instagram. Ihr erstes Fachbuch dazu ist bereits im Jahr 2014 erschienen.

Kristina Kobilke ist zudem Dozentin an verschiedenen Akademien wie unter anderem der Akademie für Publizistik, Beirätin der Social Media Week Hamburg sowie Digital Marketing Expert Speaker bei Squared Online – einem Digital Marketing & Leadership Programm von Google.

Vor ihrer Selbständigkeit war sie über 13 Jahre digitale Vermarktungsexpertin beim Internetpionier AOL Deutschland sowie beim Medienhaus Gruner + Jahr.

www.kristinakobilke.de

Kapitel 1

Instagram in der Aufmerksamkeits- ökonomie

Es brauchte nicht einmal ein Jahrzehnt, bis Instagram zu einer weltumspannenden Community mit nach eigenen Angaben inzwischen über 1 Milliarde monatlich aktiven Mitgliedern gedieh. Aktuell ist das Interesse an dem sozialen Foto- und Video-Sharing-Netzwerk größer denn je. Instagram gehört laut dem Marktforschungsunternehmen und seiner gleichnamigen Studie GlobalWebIndex weiterhin zu den Top 5 der am schnellsten wachsenden Social-Apps der Welt. Instagram zufolge nutzen zwei Drittel seiner Mitglieder das Netzwerk sogar täglich, und das durchaus mehrmals. Demnach rufen beispielsweise Instagrammer der Altersgruppe der 18 bis 34-Jährigen die App im Durchschnitt 19 Mal am Tag auf. Fashion- oder Beauty-Interessierte sind sogar doppelt so häufig auf der Plattform aktiv.

In Zeiten der Aufmerksamkeitsökonomie, in der sich Medienangebote wie Unternehmen gleichermaßen schwertun, das Interesse der Menschen auf sich zu ziehen und vor allem zu halten, ist das eine beachtliche Bilanz. Dabei ist es gerade für Unternehmen erfolgskritisch, in einer überaus fragmentierten Medienlandschaft mit ihren unzähligen Kanälen und einem Überangebot an Informationen die Aufmerksamkeit ihrer Konsumenten zu gewinnen, sie mit ihren Botschaften nachhaltig zu erreichen und damit zielgerichtet in ihrem Kaufentscheidungsprozess zu begleiten.

Wie gelingt es also Instagram, mehr und mehr Aufmerksamkeit für sich zu beanspruchen, und inwiefern können Unternehmen davon profitieren? Was macht die Relevanz dieses Kanals aus Unternehmenssicht konkret aus? Warum ist es sinnvoll, sich gerade jetzt das Potenzial, das Instagram für Marketing und Vertrieb bietet, zu erschließen und Zeit, Budget und Ressourcen in diesen Kanal zu investieren?

1.1   Relevanz aus Unternehmenssicht

Die grundsätzliche Relevanz von Instagram liegt aus Unternehmenssicht in seiner Zukunftsfähigkeit begründet. Denn Instagram ist mehr als eine App zur Bearbeitung und Verbreitung von Fotos und Videos oder eines von vielen sozialen Netzwerken. Es ist mobile, soziale und visuelle Kommunikation zugleich und repräsentiert damit, ähnlich wie einst Snapchat, das sich verändernde Mediennutzungs- und Kommunikationsverhalten der Menschen.

Durch die mobile Revolution und den damit verbundenen Smartphone-Boom wandelt sich die Art, wie Menschen Medien nutzen, wie sie ihren Alltag bestreiten und wie sie dabei miteinander interagieren, stetig. Das Smartphone bildet dabei zunehmend den Dreh- und Angelpunkt menschlicher Kommunikation. Mit ihm wird es möglich, immer mehr Menschen unabhängig von Raum und Zeit nah zu sein. Die Technologie liefert dabei immer facettenreichere medial gestützte Ausdrucksformen, sich einander mitzuteilen und auch Emotionen zu transportieren. Sei es über mit Filtern versehene Selfies, GIFs, Emojis, Hashtags oder generell über Fotos und Videos, die sich inzwischen in hoher Qualität mit dem Smartphone und begleitenden Apps herstellen lassen.

Dabei fungieren gerade visuelle Inhalte in einer komplexen, beschleunigten und globalisierten Welt als universelle, vereinfachte Sprache, die jeder, auch über Ländergrenzen hinweg, versteht. Instagram setzt mit seinem Fokus darauf, interessante Fotos und noch verstärkter Videos zu erstellen und miteinander zu teilen, genau hier an und prägt damit die Ära des visuellen Storytellings maßgeblich mit.

Wie sehr sich Instagram selbst als Wegbereiter der veränderten Kommunikation versteht, zeigte unter anderem die radikale Abschaffung seines Retro-Logos im sechsten Jahr seines Bestehens sowie die Einführung von Instagram Stories, die sich nicht nur namentlich, sondern auch inhaltlich stark am Konkurrenzprodukt von Snapchat orientieren. Grundsätzlich ist der Anspruch von Instagram damit, die gesamte Klaviatur mobiler visueller Ausdrucksformen abzubilden – vom Schnappschuss oder Kurzvideo von unterwegs bis hin zum sorgfältig bearbeiteten Premium-Foto oder -Video, das im eigenen Profil oder weiteren Netzwerken geteilt wird.

Weitere grundlegende Neuerungen dieser Art werden demnach folgen, sofern sie den immer wieder neuen Trends im Kommunikationsverhalten der Menschen Rechnung tragen und damit die Zukunftsfähigkeit von Instagram sichern. Diese Strategie macht Instagram aus Unternehmenssicht zu einem verlässlichen Partner. Positiv wirkt sich dabei die Unternehmenszugehörigkeit zum Innovationstreiber Facebook aus.

1.1.1   Reichweite, Wachstum und Nutzerstruktur

Ein weiteres Argument, Instagram noch mehr Bedeutung im eigenen Marketing-Mix einzuräumen, ist die inzwischen auch in Deutschland relevante Reichweite des Netzwerks. Einer gemeinsamen aktuellen Studie der Social-Media-Management-Plattform »Hootsuite« sowie der Social-Media-Agentur »We Are Social« zufolge hat Instagram 20 Millionen monatlich aktive Mitglieder in Deutschland (Stand Januar 2019) und ist damit nach YouTube und Facebook das drittstärkste soziale Netzwerk hierzulande. Der Anteil von Frauen und Männern ist laut der genannten Studie genau ausgeglichen. Laut der Analyse-Plattform »App Annie« gehörte Instagram auch 2018 nach WhatsApp zu den Top-App-Downloads in Deutschland (basierend auf kombinierten Daten für die App-Stores Google Play und Apple iOS).

Vergleicht man den Mitgliederzuwachs in Deutschland in der ARD/ZDF-Onlinestudie 2017 und 2018, hat sich die wöchentliche Reichweite von Instagram von neun Prozent auf 15 Prozent der Bevölkerung ab 14 Jahre und damit auf 10,56 Millionen Menschen gesteigert (ausgehend von einem Zielgruppenpotenzial von 70,45 Millionen Menschen). In der Zielgruppe der 14- bis 29-Jährigen nutzt jeder zweite Instagram sogar täglich (siehe dazu auch den folgenden Abschnitt »Nutzungsintensität«).

Die Erfahrungen mit Facebook oder YouTube zeigen, dass sich in Kürze auch ältere Zielgruppen das Netzwerk erschließen werden. Diese These unterstützt auch die ARD/ZDF-Onlinestudie. Demnach stieg die wöchentliche Nutzung von Instagram in der Altersgruppe der 30- bis 49-Jährigen von 6 Prozent in 2017 auf 13 Prozent in 2018 signifikant an. Weltweit gesehen konnte Instagram seit 2014 alle sieben bis zehn Monate einen Zuwachs von weiteren 100 Millionen Nutzern verkünden. Damit hat Mark Zuckerberg seine Vision aus demselben Jahr, nämlich in fünf Jahren eine Milliarde Instagram-Nutzer auf der Plattform zu versammeln, schneller erreicht als geplant.

1.1.2   Nutzungsintensität

Ein aus Marketingsicht jedoch noch viel interessanterer Faktor als die absolute Reichweite ist die überdurchschnittliche Nutzungsintensität von Instagram. Mit einer nach eigenen Angaben durchschnittlichen Nutzungsdauer von 34 Minuten pro Nutzer und pro Tag gehört Instagram, wie auch schon zu Beginn dieses Kapitels erwähnt, zu den »Aufmerksamkeitsfressern« unter den Medienangeboten. Laut der im November 2018 im Auftrag von Facebook unter 21.000 Menschen aus 13 Ländern durchgeführten Umfrage von Ipsos – »Project Instagram« – gaben 60 Prozent der deutschen Instagrammer an, die App noch intensiver als vor einem Jahr zu nutzen. Darüber hinaus erklärten länderübergreifend 64 Prozent der 18- bis 24-Jährigen, 49 Prozent der 25- bis 34-Jährigen, 35 Prozent der 35- bis 44-Jährigen, 34 Prozent der 45- bis 54-Jährigen sowie 24 Prozent der über 55-Jährigen, die App mehrmals täglich zu nutzen, was den Stellenwert von Instagram im täglichen Leben der Menschen unterstreicht.

1.1.3   Überdurchschnittliches Engagement der Nutzer

Was weiterhin dafür spricht, Instagram als Marketing-Kanal einzusetzen, ist das grundsätzlich hohe Engagement seiner Nutzer, das sich auch auf Marken-Posts und -Stories erstreckt.

Während das Engagement der Nutzer auf Facebook und Twitter kontinuierlich sinkt, rangiert es auf Instagram weiterhin auf einem vielfach höheren Niveau. Der Social-Media-Analytics-Anbieter Iconosquare ermittelte im Jahr 2019 in einer Analyse von über 30.000 Business-Profilen eine branchenübergreifende Engagement-Rate von 4,7 Prozent sowie eine auf der tatsächlichen Reichweite eines Posts bezogene Engagement-Rate von durchschnittlich 11,95 Prozent.

Rival IQ, ebenfalls ein Social-Media-Analytics-Anbieter, identifizierte in seinem Social-Media-Benchmark-Report 2019 demgegenüber eine durchschnittliche Engagement-Rate von zwar nur 1,6 Prozent auf Instagram. Im Vergleich zu einer Engagement-Rate von durchschnittlich 0,09 Prozent auf Facebook sowie 0,048 Prozent auf Twitter ist diese jedoch immer noch wesentlich höher.

Grundsätzlich muss hier angemerkt werden, dass eine hohe Engagement-Rate lediglich als Indiz für das tatsächliche Involvement der Zielgruppe gewertet werden kann. Erst die Kombination mit weiteren KPIs kann Aufschluss über den tatsächlichen Erfolg Ihrer Social-Media-Aktivitäten auf Instagram geben (mehr dazu in Abschnitt 3.3 »Definition einer konkreten Zielsetzung«).

1.1.4   Marken- und Kaufaffinität der Nutzer

Für Instagram charakteristisch ist die hohe Markenaffinität seiner Nutzer. Marken bilden seit jeher einen festen Bestandteil der Instagram-Community. Laut einer Studie des bereits genannten Iconosquare haben 70 Prozent der Instagrammer schon einmal aktiv nach einer Marke auf der Plattform gesucht. 37 Prozent folgen zwischen einem und fünf

Marken-Accounts, weitere 32 Prozent sogar mehr als fünf Marken-Accounts. Hauptmotivation, Follower eines Unternehmens zu werden, ist dabei noch deutlich vor dem Interesse an Gewinnspielen oder Giveaways lediglich die Sympathie zur Marke (62 Prozent).

Der überwiegend wertschätzende Umgang unter den Community-Mitgliedern erstreckt sich auch auf Marken. Damit bildet Instagram ein äußerst positives Umfeld für die Markenkommunikation, was sich wiederum vorteilhaft auf die Kaufaffinität der Nutzer auswirkt.

Laut der bereits erwähnten Umfrage »Project Instagram« von Facebook und Ipsos entdecken 74 Prozent der Instagrammer neue Produkte oder Services auf Instagram, 73 Prozent davon recherchieren weiter nach diesen Produkten oder Services. 55 Prozent rufen dabei die Website oder App der Marke auf. 71 Prozent derjenigen, die auf Instagram Produkte oder Services entdeckt haben, entscheiden direkt, ob sie selbige kaufen oder nicht. 31 Prozent tätigen dabei einen Online-Kauf.

1.1.5   Kreativität der Community

Die schöpferische Kraft der Community-Mitglieder, kombiniert mit deren hohen Markenaffinität, bietet für Unternehmen die Chance, Instagrammer verstärkt in Kampagnen einzubeziehen und von nutzergenerierten Inhalten zu profitieren. Eine eigene Instagram-Community kann schnell für Foto-Wettbewerbe aktiviert oder auch zur Verbreitung markenspezifischer Hashtags genutzt werden. Mit Markenhashtags (auch branded Hashtags) markierte Inhalte steigern nicht nur die Aufmerksamkeit und Bekanntheit der Marke, sondern haben auch Relevanz für Social-Commerce-Zwecke. Darüber hinaus zahlt sich gerade auch die Zusammenarbeit mit kreativen Influencern für Unternehmen aus (mehr dazu in Kapitel 6 »Influencer-Marketing«).

1.1.6   Werbemöglichkeiten

Mit der Einführung von bezahlter Werbung auf Basis der äußerst erfolgreichen Facebook-Werbetechnologie hat sich Instagram endgültig als Plattform für Marketing und Vertrieb etabliert. Die seither kontinuierliche Erweiterung der Anzeigenmöglichkeiten und vor allem die auch für Instagram verfügbaren Targeting-Tools geben Unternehmen inzwischen die Chance, die gesamte Costumer-Journey ihrer Konsumenten wirksam begleiten zu können. (Weitere Informationen dazu folgen in Kapitel 7.) Mit dem Launch von Business-Profilen und den damit verbundenen Statistik-Tools hat Instagram zudem in mehr Transparenz aus Unternehmenssicht investiert und zugleich professionellere Interaktionsmöglichkeiten mit Konsumenten geschaffen.

1.1.7   Unternehmensadaption

Von den Top-100-Marken der Welt, die regelmäßig durch das Markenberatungsunternehmen Interbrand ermittelt werden, sind mehr als 90 Prozent mit einem eigenen

Account auf Instagram aktiv. Dazu zählen beispielsweise Coca-Cola, Disney, Ikea, adidas, Burberry und viele mehr. 82 Prozent davon hatten innerhalb der letzten 30 Tage vor dem Zeitpunkt der Erhebung einen Post auf Instagram veröffentlicht. Das ermittelte das Unternehmen Simply Measured (heute Sprout Social) bereits im Dezember 2015. Die Anzahl der auf Instagram aktiven Unternehmensprofile beläuft sich auf inzwischen 25 Millionen, die der monatlich aktiven werbetreibenden Unternehmen auf zwei Millionen.

Laut dem Social Media Marketing Industry Report 2019 des amerikanischen Medienunternehmens Social Media Examiner, bei dem knapp 5.000 Marketingverantwortliche weltweit zum Einsatz von Social Media in ihren Unternehmen befragt wurden, wurde Instagram bereits von 73 Prozent der Befragten für Marketingzwecke verwendet. 69 Prozent gaben darüber hinaus an, ihre Social-Media-Präsenz auf Instagram künftig ausbauen zu wollen.

1.2   Relevanz aus Nutzersicht

1.2.1   Instagram als Teil der Online-Identität

Kritiker sehen in Instagram häufig eine weitere unnütze Plattform zur überzogenen Selbstdarstellung der Menschen, die mit gestelzten Selfies oder protzigen Urlaubs- oder Besitzstandsfotos einen negativen Einfluss auf andere Nutzer ausüben. Und auch wenn dem nicht ohne Weiteres zuzustimmen ist, spielt Instagram inzwischen durchaus eine wesentliche Rolle im Aufbau und in der Pflege des eigenen Online-Ichs. Was schon seit Langem die Aufgabe von Facebook ist – nämlich die eigene Identität in einer digitalisierten Welt über Status-Updates zum Ausdruck zu bringen –, erstreckt sich nun auch auf Instagram.

Auf Instagram veröffentlichte Fotos und Videos sind somit eher keine spontanen Schnappschüsse mehr aus dem Alltag, sondern, ob bewusst oder unbewusst gewählt, sorgfältig kuratierte Inhalte, mit denen Menschen »sich sehen lassen« können. Über Instagram geteilte Inhalte zahlen demnach darauf ein, wie die eigene Person in der virtuellen, aber auch in der realen Welt wahrgenommen werden möchte. Dass es hierbei eher um Qualität als Quantität geht, zeigt auch der, im Vergleich zu WhatsApp und Snapchat, geringere Foto- und Video-Upload auf Instagram. Schätzungen der Venture-Capital-Gesellschaft KPCB zufolge wurden im Jahr 2015 täglich 3,25 Milliarden Fotos und Videos über WhatsApp, Snapchat, den Facebook Messenger, Instagram und Facebook hochgeladen. Die damals 80 Millionen (heute 95 Millionen) täglichen Foto- und Video-Uploads auf Instagram nehmen sich dabei vergleichsweise gering aus.

Was dem Konzept der Identitätskonstruktion via Instagram zusätzlich Rechnung trägt, ist der soziale Aspekt des Netzwerks. Die Resonanz in Form von Likes, Kommentaren und neuen Followern auf eigene Beiträge bestätigt die gefühlte Akzeptanz des Online-Ichs in der Community und führt zu einer noch größeren Nutzungsintensität der App.

1.2.2   Instagram als Ort für Gemeinschaft

Die Mehrheit der Instagrammer teilt vor allem den Spaß an interessanten Fotos und Videos miteinander und das über Länder- und sprachliche Grenzen hinweg. Was sich dabei als interessant qualifiziert, ist im wahrsten Sinne des Wortes »Ansichtssache«.

Menschen mit einem ähnlichen Blick auf die Welt oder mit einem ähnlichen Interesse oder Hobby finden hier über eine gemeinsame Bildsprache und vor allem mittels Hashtags zueinander.

Da gibt es die #cupcakelovers, Fans von #rockabillystyle oder Instagrammer, die sich an #fineart_architecture sattsehen. Menschen, die Instagram nutzen, sind dabei grundsätzlich auf der Suche nach Inspiration, wollen – getrieben von unserer typisch menschlichen Neugier – von Dingen erfahren, die sie noch nicht kennen und die sie überraschen. Jede Interessensgemeinschaft bzw. Community auf Instagram bildet ihre ganz eigenen Hashtags heraus. Darunter nicht selten Schlagworte, die einen neuen Trend benennen. Je mehr Sie in die Foto- und Videowelt dieser Communitys eintauchen, desto besser lernen Sie auch deren spezifische Hashtags kennen.

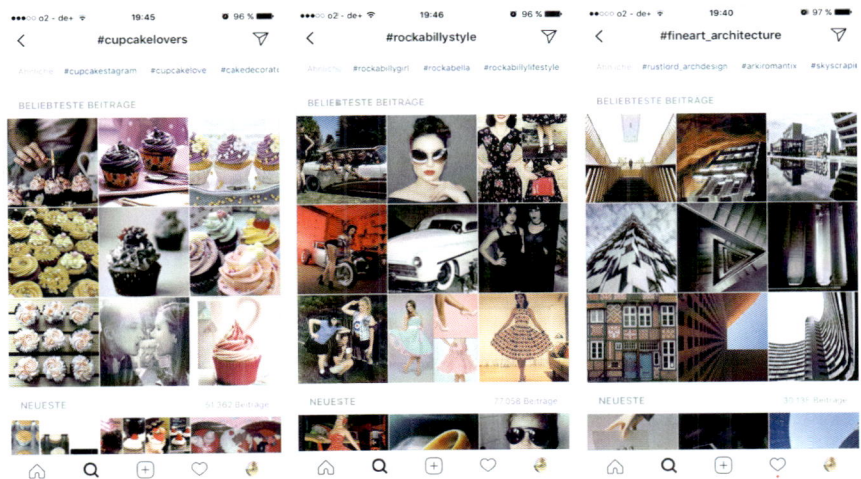

Abb. 1.1: »Hashtagseiten« mit Instagram-Beiträgen, die mit dem Hashtag #cupcakelovers, #rockabillystyle oder #fineart_architecture markiert wurden

Der Zugang zu einer weltumspannenden Community und das Eintauchen in fremde Kulturen ist bei sozialen Netzwerken selten so einfach wie auf Instagram.

Wer Instagram intensiver nutzt, wird darüber hinaus feststellen, dass er sich in einer wohlwollenden Gemeinschaft befindet. Der Ton unter den Nutzern ist in der Regel wertschätzend. Die Kommentare zu den Fotos und Videos sind überwiegend lobend und anerkennend. Instagram unterstützt dabei durchaus den positiven Blick auf das Leben, auch wenn kritische Stimmen eher das Gegenteil davon vermuten. Neben den

Stars und Prominenten haben vor allem diejenigen Instagrammer die meisten Anhänger, deren Bilder die Schönheit von Mensch, Natur und alltäglichen Momenten hervorheben. Dadurch wird auch der eigene Blick für schöne Momente und die eigene Umwelt geschärft.

1.2.3   Instagram – das General-Interest-Magazin für die Hosentasche

Instagrammer haben inzwischen die Qual der Wahl, wenn es darum geht, anderen talentierten Nutzern, und dazu zählen durchaus auch verstärkt Marken, auf der Plattform zu folgen und so in den Genuss von immer wieder neuen Momentaufnahmen aus allen denkbaren Genres zu kommen. Da gibt es fantastische Landschaftsfotografen, Architekturliebhaber, Modedesigner, Street-Fotografen, Hobbyköche, Reiseblogger und natürlich auch Stars und Sternchen, deren Foto- und Videobeiträge sich im Homefeed eines Nutzers aneinanderreihen, sofern er ihnen bewusst folgt.

Instagram ist visuelle Inspirationsquelle und positive Ablenkung aus dem Alltag zugleich und damit am ehesten mit einem hochwertigen Special-Interest- oder General-Interest-Magazin vergleichbar. So betrachtet steckt sich ein Nutzer mit Instagram auf dem Smartphone, je nach individuellem Interesse, zum Beispiel eine *Gala*, eine *GEO*, eine *Landlust* oder eine Mischung aus alledem in die Hosentasche.

Klassische Medienangebote, insbesondere aus den Bereichen Stars und Prominente, Kunst und Kultur, Mode, Beauty oder Food greifen in ihren Publikationen somit auch immer mehr auf Instagram-Inhalte zurück.

1.2.4   Instagram als Einnahmequelle

Mit dem Auftrieb des Influencer-Marketings in Unternehmen und dem Erfolg einzelner Instagrammer als Influencer steigt auch der Wunsch vieler Community-Mitglieder, mit ihren Aktivitäten auf Instagram Geld zu verdienen.

Um für ihre Follower, aber auch für Unternehmen relevant zu werden und zu bleiben, investieren nicht wenige Instagrammer viel Zeit und Geld, um ihren Account zu kuratieren und eine kontinuierliche Reichweite aufzubauen. Einige Community-Mitglieder gehen jedoch auch den scheinbar pragmatischen Weg, Follower zu kaufen, um so interessant für Marken zu werden und schnellstmöglich vom Influencer-Marketing-Hype zu profitieren. (Weitere Informationen dazu in Kapitel 6.)

1.3   Abgrenzung zu anderen Visual-Social-Media-Plattformen und Messenger-Apps

Mit der immer größer werdenden Bedeutung visueller Kommunikation im Netz steigt auch die Relevanz visuell geprägter Social-Media-Plattformen, aber vor allem auch

Messenger-Apps. Die folgenden Ausführungen sollen Aufschluss darüber geben, wie sich Instagram in den Markt der für den deutschen Markt wichtigsten Visual-Social-Media-Plattformen und Messenger-Apps einordnet.

1.3.1 Facebook

Wohl wissend, dass Instagram eine tragende Rolle in der Ära des mobilen visuellen Storytellings spielen würde, übernahm Facebook das Foto- und Video-Sharing-Netzwerk 2010 für eine viel zitierte Milliarde US-Dollar. Facebook mit seiner zunächst textlastigen Desktop-Historie als weniger visuell einzustufen, wäre jedoch mehr als unzutreffend. Mit der beständigen Einführung neuer Produkte, wie beispielsweise Facebook live!, 360°-Fotos und Videos oder VR-Technologien, ist Facebook selbst maßgeblicher Treiber für die visuell geprägte Kommunikation zwischen Menschen. Instagram profitiert von dieser Innovationskraft, indem Produktneuheiten insbesondere im Bewegtbildbereich schnell auf die Plattformen der Facebook-Familie übertragen werden. Zudem zahlt sich die äußerst erfolgreiche und tiefgreifende Symbiose von Facebook und Instagram auf dem Gebiet der Werbevermarktung aus (weitere Informationen in Kapitel 7). Laut einer Studie von GlobalWebIndex haben 39 Prozent der Facebook-Mitglieder auch einen Instagram-Account.

1.3.2 Facebook Messenger

Mit inzwischen 1,3 Milliarden Nutzern ist der Facebook Messenger weltweit fast genauso reichweitenstark wie WhatsApp. Laut einer Statistik des Bitkom zur Messenger-Nutzung in Deutschland aus dem Mai 2018 nutzten 46 Prozent der deutschen Internetnutzer bzw. 28 Millionen Menschen den Facebook Messenger innerhalb der letzten drei Monate. Das entspricht fast 90 Prozent der Facebook-Mitglieder in Deutschland. Strategisch gesehen soll der Facebook Messenger idealerweise die zentrale Plattform sein, über die Menschen mit Unternehmen kommunizieren. Dabei lässt sich zukünftig die gesamte Customer-Journey eines Konsumenten über den Messenger abbilden. Das bedingt unter anderem, dass eine Vielzahl von Services, die derzeit über einzelne Apps genutzt werden, etwa die Buchung von Urlaubsreisen oder Hotels, die Bestellung eines Taxis oder Konzerttickets, selbst Dating-Dienste und idealerweise jede Form von E-Commerce nahtlos in den Messenger migriert wird. Betrachtet man die Hebelwirkung, die Instagram bereits heute für Marketing und Vertrieb bietet, wäre eine Verknüpfung beider Plattformen mittel- bis langfristig gesehen durchaus vorstellbar. Instagram fungierte dabei als Shoppingplattform, über den Messenger könnte die gesamte Kundenkommunikation stattfinden. Die Pläne seitens Facebook, die Messenger WhatsApp, Facebook und Instagram Direct miteinander zu verknüpfen, stießen allerdings aufgrund nicht unberechtigter Datenschutzbedenken insbesondere bei Datenschützern auf Kritik.

1.3.3   WhatsApp

Die größte und wachstumsstärkste Messenger-App weltweit ist laut KPCB auch gleichzeitig die Plattform, auf der neben Snapchat die meisten Fotos ausgetauscht werden. Während Facebook und Instagram für die Konstruktion des öffentlichen oder semiöffentlichen Online-Ichs stehen, ist WhatsApp der bevorzugte (Rückzugs-)Ort, an dem die private Kommunikation der Menschen unter anderem über Fotos und Videos stattfindet. Damit hat WhatsApp als für die Öffentlichkeit bisher nicht einsehbares »Dark Social Network« für die meisten Nutzer eine völlig andere Funktion als Instagram. Die Berührungspunkte zwischen beiden Plattformen sind somit aus Nutzersicht gering.

1.3.4   Snapchat

Während Instagram zunächst mit seinem Feed-zentrierten App-Aufbau an die Historie klassischer sozialer Netzwerke wie Facebook und Twitter anknüpfte, brach Snapchat als erste Social-Media-Plattform und gleichzeitige Messenger-App mit dieser und weiteren Konventionen und war damit der einzige starke Konkurrent für Instagram und Facebook.

Anstelle eines zentralen Bilder- und Nachrichtenstroms bilden die Snapchat Stories – das ursprüngliche Vorbild der Instagram Stories, die sich jeder Nutzer nach dem Pull-Prinzip bewusst auswählt und ansieht, das Herzstück der App. Foto- und Video-Inhalte sammeln sich nicht in einer Chronik oder einem Profil, sondern haben eine maximal 24-stündige Lebensdauer auf der Plattform. Zudem sind Fotos und Videos konsequent vertikal und bildschirmfüllend auf die heutigen mobilen Nutzungsgewohnheiten der Menschen angepasst. Snapchat wirft seine Mitglieder darüber hinaus direkt in einen Kreationsmodus. Mit dem Aufruf der App befinden sich die Nutzer unmittelbar in der Kamera-Anwendung der App, um Fotos oder Videos zu erstellen – eine ungewohnte Nutzerführung für langjährige Mitglieder klassischer Netzwerke.

Snapchat bedient damit in idealer Weise die Bedürfnisse der Generation Z bzw. der zwischen 1995 und 2010 Geborenen. Laut einer sehr interessanten Untersuchung »Engaging and Cultivating Millennials and Gen Z« der amerikanischen Denison-Universität sowie der Agentur Ologie ist die Nachfolgegeneration der Generation Y eine Generation der Schöpfer und Kollaborateure, die gemeinsam Inhalte erschaffen und die am liebsten über Fotos und Videos miteinander kommunizieren. Charakteristisch für die Vertreter der Millennials, der heute 18- bis 34-Jährigen, ist wiederum das Kuratieren und Teilen von Inhalten. Darüber hinaus ist ihnen die Kommunikation über Text eigen.

Instagram bedient wiederum die Bedürfnisse beider Generationen. Die Adaption der Snapchat Stories oder die Einführung von Instagram Live schaffen stärker als bisher noch mehr Anreize, schöpferischen Ambitionen freien Lauf zu lassen.

Instagram und Snapchat werden von ihren Nutzern oft noch komplementär genutzt, was aus Unternehmenssicht, insbesondere im Rahmen einer Zusammenarbeit mit Influencern, ein Vorteil ist.

WER SIND SIE

MILLENNIALS

vs.

GEN Z

Technisch versiert:
2 Bildschirme auf einmal
Kommuniziert mit Text
Kurator und Sammler
Fokussiert auf die Gegenwart
Optimist
Möchte entdeckt werden

IHRE AKTUELLEN STUDENTEN & ALUMNI

Mit Technik aufgewachsen:
5 Bildschirme auf einmal
Kommuniziert mit Bildern
Creator und Kollaborateur
Fokussiert auf die Zukunft
Realist
Möchte für den Erfolg arbeiten

IHRE ZUKÜNFTIGEN STUDENTEN

© Julie Houpt, houpt@denison.edu, DENISON UNIVERSITY & Bill Faust, @williamfaust, OLOGIE

Abb. 1.2: *Deutsche Übersetzung eines Auszugs aus der Präsentation zur Studie »Engaging and Cultivating Millennials and Gen Z« der DENISON UNIVERSITY und OLOGIE*

SNAPCHAT USAGE AMONG INSTAGRAMMERS
% of Instagram Engagers/Contributors who are also using Snapchat each month

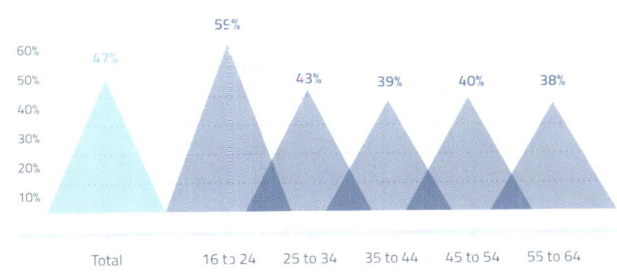

globalwebindex.net **/// Question:** Which of the following apps have you used in the past month? **/// Source:** GlobalWebIndex Q2 2016 **/// Base:** Instagram Engagers/Contributors aged 16-64 (exc. China)

Abb. 1.3: *Überschneidung von Instagram- und Snapchat-Nutzern nach einer Studie von GlobalWebIndex*

1.3.5   Pinterest

Pinterest wird häufig in einem Atemzug mit Foto- und Video-Sharing-Plattformen, wie Instagram oder Snapchat, erwähnt. In seiner Kernfunktionalität ist Pinterest jedoch in erster Linie eine visuelle Suchmaschine und gleichzeitig Kurationsplattform für visuellen Content.

Pinterest, dessen Name von »Pin« und »Interest« stammt, hat dabei das Prinzip der Pinnwand ins Internet übertragen. Nutzer können auf Pinterest online oder mobil virtuelle Pinnwände bzw. »Pinboards« erzeugen, auf die sie Bilder und Videos aus dem Web von Dingen oder Orten, für die sie sich interessieren, pinnen. Der gepinnte Content bleibt dabei analog zum klassischen Lesezeichen im Web immer mit seiner Quelle verbunden. Mit einem Klick auf das Bild oder Video gelangt man so auf die jeweilige Fundstelle im Internet.

Die Boards dienen auf diese Weise oft als Wunschzettel für spätere Käufe oder als Planungshilfe für zukünftige Urlaube. Gleichzeitig sind die »Pins« der Nutzer auch für andere »Pinner« eine Inspirationsquelle für Shopping, Reisen, Basteln, Kochen und vieles mehr und entfalten durch ihre virale Verbreitung auf Pinterest eine hohe Umsatzrelevanz für Shop-Betreiber.

Der direkte Upload eigener Fotos oder Videos analog zu Instagram ist auf Pinterest ein eher seltenes Nutzungs-Szenario und wird produktseitig auch nicht forciert.

1.3.6   YouTube

YouTube und Instagram waren bisher klar durch den professionellen Video-Fokus von YouTube und den Foto-Schwerpunkt von Instagram voneinander abgegrenzt. Mit den Bestrebungen von Facebook, in nur wenigen Monaten zu einer »Video First«-Plattform zu avancieren und dies auch für seine Tochterfirmen zu forcieren, wird auch der Video-Konsum auf Instagram angekurbelt. Die stetige Weiterentwicklung der Story-Funktionalitäten, die bessere Integration von IGTV sowie der verstärkte Konsum von Live-Videos werden diesen Trend weiter bestärken. Instagram (genau wie Facebook und Snapchat) stößt damit in ein Terrain vor, das YouTube bisher mit seinen kreativen Videomachern und deren selbst produzierten Sendungen besetzt hat. YouTube unterdessen entwickelt sich immer stärker zum professionellen On-Demand-Angebot klassischer TV-Sender und konkurriert damit bereits mit Netflix oder Amazon Video.

1.3.7   Tumblr

Ein in seiner Reichweite immer noch stabiles Bilder-Netzwerk ist die Blogging-Plattform Tumblr, die im Mai 2013 von Yahoo akquiriert wurde und laut der Social-Media-Trends-Studie 2018 des Bitkom von fünf Prozent der deutschen Internetnutzer genutzt wird. Tumblr ermöglicht es seinen Nutzern, mit wenig Aufwand, ohne Programmierkenntnisse und in kurzer Zeit, ein eigenes Blog zu starten. Dazu werden in erster Linie Bilder und Texte verwandt, aber auch Video- und Audiodateien, Zitate, Links oder Chat-Protokolle. Die Plattform ist Device-übergreifend verfügbar. Die Nutzer können auf Tumblr sowohl ihre eigenen Inhalte veröffentlichen als auch mittels »Reblogging« die Inhalte fremder Blogs. Darüber hinaus stehen alle Möglichkeiten der sozialen Interaktion, wie das Bewerten und Favorisieren anderer Blogs oder einzelner Blog-Posts und das Teilen von Inhalten im Internet, insbesondere auf Facebook und Twitter, zur Verfügung.

Bilder spielen, wie auch bei Instagram, eine zentrale Rolle. Instagram dient dabei als einer der Inhalte-Lieferanten für Fotos und Videos und ist durch eine seiner Sharing-Optionen eng mit Tumblr verwoben.

Beide Netzwerke entsprechen dem Wunsch der Menschen nach kreativer Entfaltung und der Schärfung des persönlichen Profils im Netz. Tumblr geht jedoch noch einen Schritt weiter und bietet Nutzern eine Heimat, die sich über die eigenen Fotos und Videos hinaus ausdrücken wollen. Mit der Zunahme unterschiedlicher Content- und Storytelling-Formate auf Instagram wird das Wachstum von Tumblr sehr wahrscheinlich jedoch weiter gebremst.

1.3.8 Flickr

Das älteste weltweit verbreitete Bilder-Netzwerk ist die in 2018 vom Fotodienst Smug-Mug akquirierte Foto-Community Flickr. Das Foto-Netzwerk existiert schon seit 2004 und erreicht nach eigenen Angaben 120 Millionen Nutzer weltweit. Die Nutzerzahl in Deutschland belief sich im März 2016 laut Statista allerdings nur auf 403.000 Unique User.

Flickr spricht jedoch nach wie vor eine besonders fotoaffine Zielgruppe an. Die meisten Fotos und inzwischen auch Videos auf Flickr sind intensiv und aufwendig bearbeitet, bevor sie mit der Flickr-Community geteilt werden. Dementsprechend ist auch die Flickr-Website der Haupt-Nutzungsort der Community. Flickr ist damit die bevorzugte Plattform für professionelle Fotografen sowie Unternehmen. Letztere dokumentieren in alter Tradition Firmen- und Kundenevents über das Netzwerk.

Flickr positioniert sich gegenüber Instagram deutlich mehr über professionelle Fotos als über den sozialen Aspekt. Das Wachstum des Netzwerks geht dadurch langsamer voran, die bestehenden Nutzer bleiben Flickr jedoch treu.

Ein Großteil der Nutzer ist daran interessiert, über die Community mehr über die Kunst der Fotobearbeitung zu erlernen und sich auf diesem Gebiet weiterzuentwickeln. Flickr-Mitglieder konnten ihre Fotos auch kommerziell lizenzieren lassen und so beispielsweise über den Kooperationspartner Getty Images verkaufen. Letzterer arbeitet inzwischen jedoch mit dem Konkurrenten EyeEm zusammen. EyeEm, ursprünglich als Konkurrent zu Instagram in Berlin gestartet, etabliert sich mehr und mehr als Plattform für professionelle Fotografie und will einen Großteil der über seine Community veröffentlichten Fotos lizenzieren lassen und an Markenartikler verkaufen.

Kapitel 2

Grundlagen

Die folgenden Ausführungen sollen Ihnen zunächst einen möglichst guten Überblick über die wichtigsten Funktionalitäten der Instagram-App geben.

2.1   Wichtigste Funktionalitäten der App

Instagram hat sich mit seinen Funktionalitäten inzwischen zu einer starken Hybrid-Plattform aus Twitter, Facebook, Snapchat, YouTube und sogar Pinterest formiert. Die Gemeinsamkeit zu Facebook und Twitter liegt vor allem im zentralen Nachrichten-Strom bzw. Homefeed, der im Falle von Instagram ausschließlich aus Fotos und Videos besteht und sich aus Ihren eigenen sowie den Beiträgen der Instagrammer speist, denen Sie auf der Plattform folgen.

Das Abonnieren bzw. Folgen anderer Accounts sowie das Sich-abonnieren- bzw. -folgen-lassen auch ohne eine freundschaftliche Verbindung zum Abonnenten analog zu Facebook ist wiederum ein typisches Element von Twitter. Ebenso der selbstverständliche Einsatz von Hashtags zur Verschlagwortung und Wiederauffindbarkeit von Beiträgen.

Mit der Einführung von Instagram Direct, Instagram Stories sowie sich selbst löschenden Fotos und Videos hat Instagram dagegen elementare Funktionalitäten von Snapchat übernommen.

Die Funktion »Gespeicherte Beiträge« greift darüber hinaus ein wesentliches Prinzip von Pinterest auf, nämlich Ideen und Inspirationen für zukünftige Käufe oder Projekte zu sammeln.

Mit der Einführung von Instagram TV bzw. IGTV und der damit verbundenen Möglichkeit, auch längere bzw. »longform videos« auf Instagram hochzuladen und dauerhaft zu speichern, bewegt sich Instagram zudem ganz offensiv auf dem Terrain von YouTube.

Die Funktionalitäten von Instagram umfassen aus Unternehmenssicht derzeit folgende wesentliche Elemente, die im Verlauf dieses Kapitels näher erläutert werden:

- INSTAGRAM-PROFIL
- INSTAGRAM BUSINESS-PROFIL
- INSTAGRAM CREATOR-PROFIL
- INSTAGRAM WEBPROFIL
- INSTAGRAM STORIES
- INSTAGRAM LIVE-VIDEO
- INSTAGRAM IGTV
- INSTAGRAM DIRECT
- INSTAGRAM EXPLORER
- HOMEFEED
- AKTIVITÄTEN
- KAMERA

2.1.1   Instagram-Profil

Das Instagram-Profil (siehe dazu auch Abbildung 2.1) bildet den Dreh- und Angelpunkt Ihrer Marketing-Aktivitäten auf Instagram, vorausgesetzt, Sie entscheiden sich nicht ausschließlich für eine reine Werbestrategie und damit gegen den Aufbau einer eigenen Unternehmenspräsenz auf der Plattform (Näheres dazu auch in Abschnitt 3.1 »Ein eigenes Profil oder eine reine Werbestrategie?«). Auf Ihrem Profil können sich die Community-Mitglieder, Ihre bestehenden und vor allem potenziellen Kunden im wahrsten Sinne des Wortes ein Bild von Ihrem Unternehmen, Ihrer Marke oder Ihren Produkten machen.

Hier haben Sie die Chance, Besucher Ihres Profils zu echten Interessenten und damit potenziellen Konsumenten zu machen. Die Beiträge, die Sie über Instagram veröffentlichen, werden in Ihrem Profil in einer chronologischen Reihenfolge gespeichert und sind damit nicht nur dauerhaft sichtbar, sondern auch über Hashtags jederzeit wieder auffindbar (sofern Sie Ihre Beiträge mit Hashtags markiert haben). Nutzer können auf diese Weise auch Ihre zurückliegenden Fotos und Videos liken, kommentieren, teilen oder speichern.

Ein eigenes Profil bildet auch die Voraussetzung dafür, mit der Instagram-Community zu kommunizieren, eigene Instagram Stories zu veröffentlichen und die durch Ihre Anzeigen-Kampagnen ausgelösten Reaktionen in der Community zu moderieren. Denn ohne ein eigenes Instagram-Profil ist es beispielsweise nicht möglich, auf Kommentare zu Ihren Werbe-Posts zu antworten. Ausführliche Ausführungen zu Werbeschaltungen auf Instagram finden Sie in Kapitel 7.

2.1.2   Instagram-Business-Profil

Ein Äquivalent zur Unternehmensseite auf Facebook bildet ein Business-Profil auf Instagram. Dieses unterscheidet sich von einem privaten Profil äußerlich lediglich durch zusätzliche Buttons, über die Instagrammer mit Ihrem Unternehmen in Kontakt treten können. Instagram testet derzeit verschiedene Profil-Designs, weshalb Sie gegebenenfalls auf optische Unterschiede in den Business-Profilen stoßen (siehe dazu Abbildung 2.1). Je nachdem, welche Kontakt-Daten Sie in Ihrem Business-Account hinterlegen, werden Buttons, wie ANRUFEN, E-MAIL, WEGBESCHREIBUNG oder SHOP, oberhalb Ihrer Foto- und Videobeiträge in Ihrem Profil platziert. Zudem erscheint unterhalb Ihres Profilnamens eine Unternehmenskategorie, die durch die Verknüpfung Ihres Business-Profils mit Ihrer Facebook-Seite übernommen wird. Mehr dazu und wie Sie ein Business-Profil im Detail erstellen, erfahren Sie in Abschnitt 4.1 »Einrichten Ihres Business-Profils«.

Die wichtigste Funktionalität Ihres Business-Profils ist neben der spontanen Kontaktmöglichkeit zu Ihrem Unternehmen direkt aus der Customer-Journey Ihres potenziellen Kunden heraus, die Verfügbarkeit von Statistiken bzw. INSIGHTS. Mehr dazu finden Sie in Abschnitt 4.12 »Erfolgsmessung – hilfreiche Tools«.

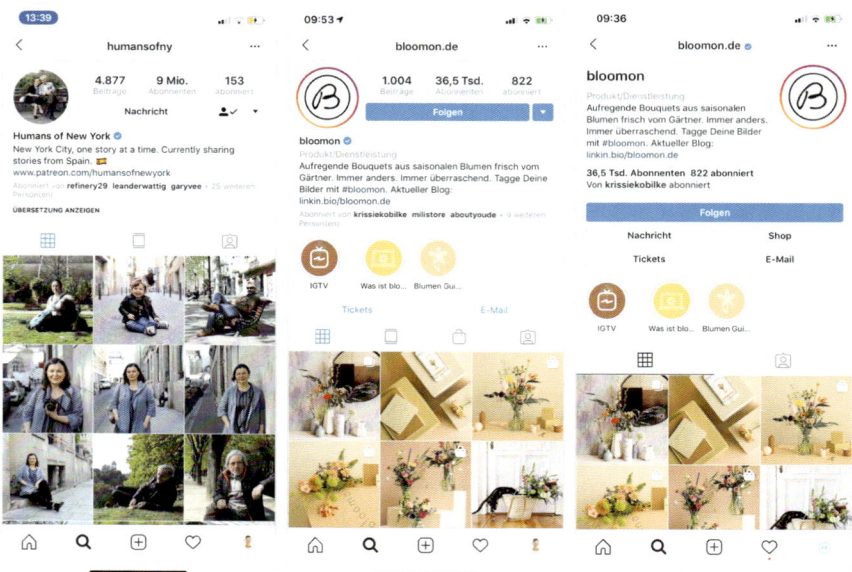

Abb. 2.1: Privates Profil von Humans of New York (@humansofny) und Business-Profil in unterschiedlichen Designs von bloomon (@bloomon.de)

Darüber hinaus plant Instagram eine Weiterentwicklung der Business-Profile. Unter anderem soll es möglich sein, Ihre Dienstleistung direkt wie in dem in Abbildung 2.2 gezeigten Beispiel über Ihr Business-Profil buchen zu können.

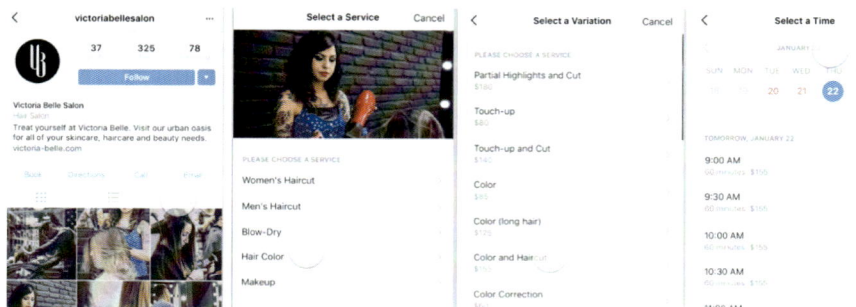

Abb. 2.2: Beispiel für die direkte Buchungsmöglichkeit einer Dienstleistung über das Business-Profil (Quelle: https://business.instagram.com/blog)

Schon jetzt können ausgewählte wie in Abbildung 2.3 gezeigte Call-to-Action-Buttons für Reservierungen und Buchungen, beispielsweise via Bookatable, OpenTable, Eventbrite oder Appointments by Facebook (bzw. »Termine auf Facebook«) in Ihr Profil aufgenommen werden. Gerade Letzteres eignet sich hervorragend dazu, Ihren Kunden

Ihre Services und Dienstleistungen sowohl auf Ihrer Facebook-Seite als auch in Ihrem Business-Profil auf Instagram leichter zugänglich zu machen. Indem Sie das Termin-buchungs-Tool von Facebook auf Ihrer Facebook-Seite einrichten, können Sie auch di-rekt via Instagram darauf zugreifen.

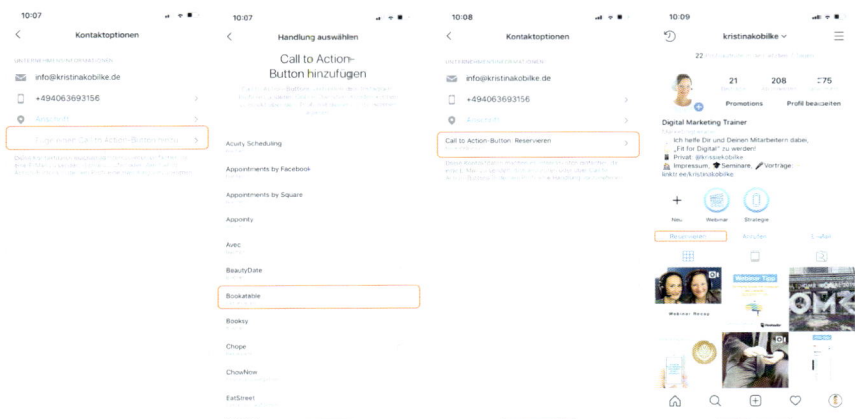

Abb. 2.3: *Beispiel für die Aktivierung eines Call-to-Action-Buttons in Ihrem Business-Profil*

2.1.3 Instagram-Creator-Profil

Um speziell die Bedürfnisse der aus Sicht von Instagram wichtigsten Zielgruppe, näm-lich Influencer, Stars, Künstler und Content-Produzenten, zu erfüllen, hat Instagram eine weitere Profilart – das Creator-Profil – eingeführt. Die Besonderheiten dieses Pro-fils zielen insbesondere darauf ab,

▸ ein verbessertes Community-Management im Bereich von Instagram Direct (siehe dazu Abschnitt 2.1.11 »Instagram Direct«) zu ermöglichen (beispielsweise über hochwertige Filter, Direct Messages nach deren Absender, z.B. Marken und Unter-nehmen, oder deren Empfangszeitpunkt zu priorisieren oder auch Kontaktmöglich-keiten für bestimmte Personengruppen einzuschränken).

▸ bessere Analyse-Tools für die pro Content-Format generierte Reichweite sowie Fol-lower-Wachstum und -Engagement im Zeitverlauf bereitzustellen (hierbei wurde auch die Follow/Unfollow-Funktionalität, die Influencer bisher über Drittanbieter-Apps genutzt haben, integriert). Die Tools dienen auch einer größeren Transparenz gegenüber Marken, mit denen Influencer kooperieren.

▸ die persönliche Marke der »Creators« besser herauszustellen, in dem diese/r sich in seiner/ihrer Profilbeschreibung beispielsweise einer spezifischeren Influencer-Kate-gorie, wie Schauspieler, Unternehmer, Journalist, Musiker etc., anstelle einer klas-sischen Facebook-Seitenkategorie zuordnen kann.

Creator Accounts bleiben bisher nur Instagrammern ab einer Followerzahl von 10.000 vorbehalten (Stand Mai 2019).

2.1.4 Instagram-Webprofil

Während die Instagram-App der Hauptnutzungsort der Community ist, bietet das Instagram-Webprofil Instagram-Mitgliedern die Möglichkeit, auch über das Web auf Instagram zuzugreifen, Beiträge zu liken und zu kommentieren sowie ihre Fotos, Videos, Stories sowie IGTV-Inhalte, wenn gewünscht, auch im öffentlichen Netz zu präsentieren.

Auf diese Weise können auch Menschen, die Instagram noch nicht nutzen, die Instagram-Beiträge von Freunden, Stars oder Unternehmen anschauen oder über die auch im Web vorhandene Instagram-Suche nach ihnen suchen.

So sind beispielsweise die Foto-Beiträge der German Roamers, einer Community aus talentierten Landschaftsfotografen und Influencern, die unter dem Hashtag #weroamgermany fantastische Landschafts- und Naturaufnahmen aus Deutschland auf Instagram teilen, auch im Web zugänglich.

Abb. 2.4: *Webprofil-Ansicht der German Roamers (@germanroamers)*

Voraussetzung dafür ist, dass Sie Ihre Beiträge öffentlich auf Instagram teilen. Fotos oder Videos von Nutzern, die ein öffentliches Teilen in ihren Privatsphäre-Einstellungen ausschließen, sind über die Webprofile nicht abrufbar.

Aus Unternehmenssicht bietet Ihnen Ihr Webprofil die Chance, Ihre bestehenden und potenziellen Kunden, die Ihr Profil auf Instagram noch nicht kennen, auf Ihr dortiges Engagement aufmerksam und zu potenziellen Followern zu machen.

Wichtiges Element sind in diesem Zusammenhang die »Instagram Web Embeds«, mit denen Sie Ihre eigenen, aber auch die Inhalte fremder Instagrammer mit deren Einwilligung auf Ihrer Website oder in Ihr Blog einbetten können. Dazu zählen sowohl Foto- und Video-Beiträge als auch IGTV-Videos. (Eine Anleitung sowie die rechtlichen Rahmenbedingungen dazu finden Sie im Abschnitt 4.1.9.) Ausgenommen von den Web Embeds sind aufgrund ihrer maximalen Haltbarkeit von 24 Stunden jedoch Stories.

Das Webprofil eines Nutzers ist über die URL *instagram.com/nutzername* erreichbar. Das Instagram-Profil des Unternehmens Nike beispielsweise ist im Web somit über *http://instagram.com/nike* frei zugänglich.

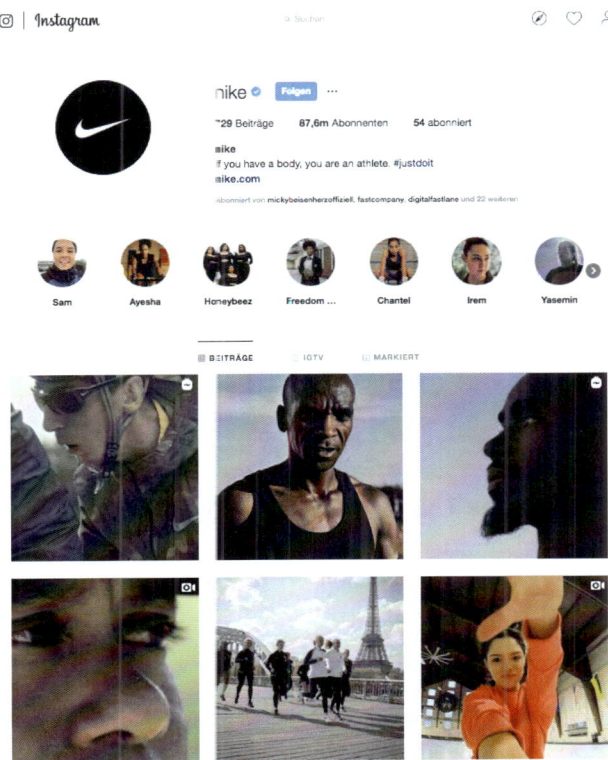

Abb. 2.5: *Webprofil-Ansicht von Nike (@nike).*

Mit einem Klick auf einzelne Bilder oder Videos des Webprofils erscheinen diese vergrößert auf einer eigenen Foto- bzw. Video-Seite inklusive der »Gefällt mir«-Angaben, der verwendeten Hashtags sowie dem Ort, an dem das Bild oder Video aufgenommen wurde, sofern der Nutzer diese seinem Foto oder Video hinzugefügt hat. Weiterhin sind alle Kommentare zu dem jeweiligen Bild oder Video sichtbar. IGTV-Videos sind über einen eigenen Reiter im Webprofil abrufbar.

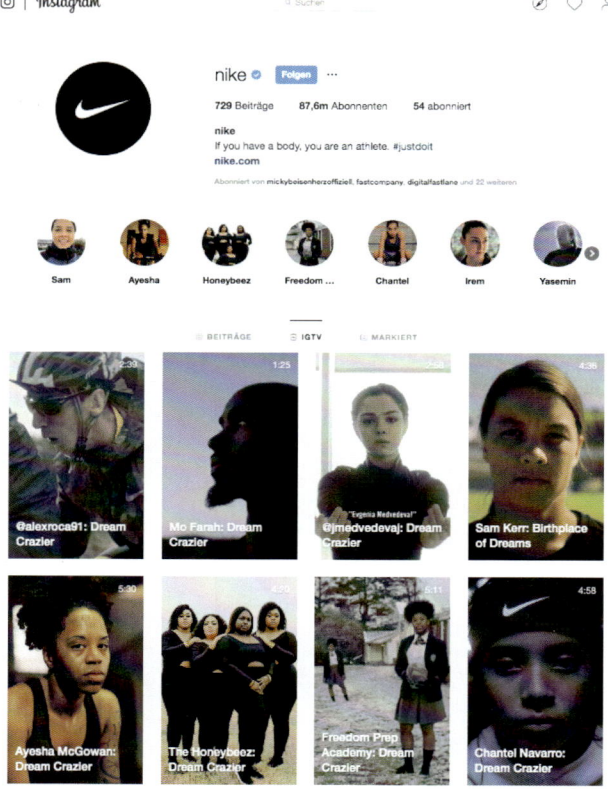

Abb. 2.6: *Ansicht des Reiters »IGTV« im Webprofil von Nike (@Nike)*

Ein Upload von Fotos, Videos oder Stories über das Webprofil ist derzeit jedoch noch nicht möglich, wohl aber der Upload von IGTV-Videos, indem Sie sich in Ihrem Webprofil anmelden, den Reiter IGTV aufrufen und »Hochladen« wählen.

Weitere Funktionen des Webprofils

Des Weiteren bietet das Webprofil die Möglichkeit, über die Option PROFIL BEARBEITEN die eigenen Profil-Informationen zu bearbeiten, das Passwort zu ändern sowie über

KOMMENTARE unangemessene Kommentare sowie Kommentare mit bestimmten Keywords zu verbergen (siehe dazu auch Abschnitt 2.2.3 »Kommentare verbergen«).

Verwaltung von Drittanbieter-Apps

Eine weitere sinnvolle Funktion des Webprofils bietet der Menüpunkt AUTORISIERTE ANWENDUNGEN auf der Seite PROFIL BEARBEITEN. Hier werden Ihnen alle Apps angezeigt, bei denen Sie sich mit Ihren Instagram-Zugangsdaten angemeldet haben. Neben einer Beschreibung der jeweiligen App können Sie hier auch sehen, in welchem Umfang diese auf Ihre Instagram-Daten zugreift, und den Zugriff gegebenenfalls wieder aufheben.

Inzwischen hat sich ein wahres Ökosystem an Apps und Webanwendungen um Instagram herum gebildet. Häufig werden damit Funktionen abgedeckt, die Instagram (noch) nicht bietet.

Instagram fördert die Entstehung dieser Apps und Anwendungen selektiv und bietet Entwicklern eine sogenannte API (Application Programming Interface) an.

2.1.5   Instagram Stories

Das zukünftige Herzstück Instagrams sind die im August 2016 – ursprünglich nach dem Vorbild der Snapchat Stories – eingeführten Instagram Stories. Denn sie werden in einer Ära des visuellen Storytellings dem Wunsch der Menschen nach einer persönlichen, authentischen und involvierenden Kommunikation mit anderen Nutzern und insbesondere auch Unternehmen gerecht. Entsprechend prominent ist auch ihre Platzierung an erster Stelle im Homefeed der Nutzer sowie zukünftig im Instagram Explorer bzw. der Ansicht SUCHEN UND ERFORSCHEN. Ein Umstand, der Ihrem Unternehmen und Ihrer Marke zu mehr Sichtbarkeit auf Instagram verhelfen kann, sofern Sie regelmäßig neue Stories veröffentlichen.

Tipp

Je häufiger und regelmäßiger Sie Stories veröffentlichen, idealerweise einmal pro Tag, desto wahrscheinlicher ist die Sichtbarkeit Ihrer Story im »First Screen« des Homefeeds Ihrer Follower sowie im Instagram Explorer. Darüber hinaus wird das häufige Posten von Stories mit einer größeren Reichweite Ihrer klassischen Posts belohnt (siehe dazu auch Abschnitt 2.1.10 »Homefeed«).

In der Profil-Ansicht weist, wie im Beispiel des Blumenhändlers bloomon (@bloomon.de), ein farbiger Rand des Profilfotos auf das Vorhandensein einer Story hin. Laut Instagram wurden die Instagram Stories von der Community sehr schnell adaptiert und inzwischen von 500 Millionen Instagrammern und damit jedem zweiten Community-Mitglied täglich genutzt. Ein Drittel der am häufigsten angesehenen Stories stammt dabei von Unternehmen.

Abb. 2.7: *Bild-Beitrag im Homefeed und Navigation innerhalb der Instagram-App (iOS)*

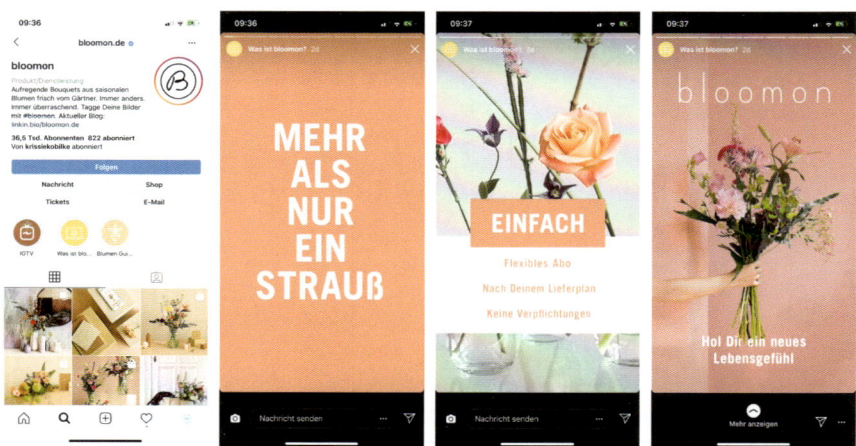

Abb. 2.8: *Auszug aus einer Instagram Story des Blumenhändlers bloomon (@bloomon.de)*

Aus Unternehmenssicht bedeutet dies, dass Sie mithilfe einer Story einerseits gut sichtbar in den Homefeed bzw. das Sichtfeld Ihrer Follower gelangen können. Andererseits eröffnet Ihnen eine Story die Chance, im Explorer von Nutzern zu erscheinen, die auf Basis ihres Nutzungsverhaltens mit großer Wahrscheinlichkeit ein Interesse an Ihrem Unternehmen, Ihren Produkten oder Ihrer Marke haben. Denn sowohl im Homefeed als auch im Instagram Explorer bestimmt der Instagram Algorithmus, welche Stories in welcher Reihenfolge angezeigt werden (siehe dazu auch Abschnitt 2.1.10 »Homefeed«).

Indem Sie Ihren Stories zudem Hashtags hinzufügen sowie Orte markieren (auch Location Tags genannt), ergibt sich die Option, in übergreifenden Hashtag- und Location-Stories zu erscheinen und damit gezielt zu Nutzern vorzudringen, die diesen Hashtags und Orten auf Instagram folgen oder nach ihnen suchen. Damit sind Stories ein probates Mittel, Ihre Marken-Community auf Instagram gezielt aufzubauen.

2.1.6 Was sind Instagram Stories konkret?

Instagram Stories sind ein eigenes vertikales, den mobilen Screen füllendes, Content-Format in Form von Fotos und Videos, die als Slideshow zu einer Geschichte oder auch einer Art Tagebuch zusammengefügt werden und entweder über den Instagram Messenger bzw. Instagram Direct mit einzelnen Community-Mitgliedern oder aber der Öffentlichkeit auf Instagram sowie auf Ihrer Facebook-Seite geteilt werden können (vorausgesetzt, Sie haben in Ihren Story-Einstellungen den Button TEILE DEINE STORY AUF FACEBOOK aktiviert). Jeder einzelne Teil der Geschichte ist dabei je nach Veröffentlichungszeitpunkt nur für 24 Stunden auf der Plattform sichtbar, es sei denn, er wird einer Highlight-Story (siehe dazu auch Abschnitt 4.4.3) oder Ihrem IGTV-Kanal hinzugefügt und damit dauerhaft in Ihrem Profil sichtbar.

Nutzer als auch Unternehmen haben im Rahmen der Story-Kamera-Funktion (Stand Juni 2019) die Möglichkeit,

▸ Text
▸ klassische Fotos
▸ Videos
▸ Boomerangs
▸ Live-Videos

zu erstellen und diese mit

▸ Text-Effekten
▸ Stickern, wie
▸ Hashtag-Sticker
▸ Location-Sticker
▸ Countdown-Sticker
▸ Quiz-Sticker
▸ Fragen-Sticker
▸ Voting-Sticker
▸ Umfrage-Sticker
▸ Mention-Sticker (zur Erwähnung und Verlinkung des eigenen oder fremden Instagram-Accounts)
▸ GIF-Sticker
▸ Uhrzeit-Sticker
▸ Temperatur-Sticker
▸ saisonal wechselnde Grafik-Sticker
▸ Foto- und Video-Filter
▸ Video-Effekte, wie Superzoom oder Zurückspulen (Rewind)

- Augmented-Reality-Filter für Gesicht und Umgebung
- Emojis
- oder handschriftlichen Details

zu einem multimedialen Erlebnis zu gestalten und und zu ihrer Story hinzuzufügen.

Dabei lassen sich Fotos und Videos direkt in der Story-Kamera erstellen oder aber vorhandene Fotos und Videos auf Ihrem Smartphone zu einer Story zusammenfügen und mit der Community teilen.

Hinweis

Die Fotos und Videos auf Ihrem Smartphone sind am unteren Bildschirmrand verfügbar, indem Sie in der geöffneten Stories-Kamera einmalig nach oben wischen. Sie haben hier die Möglichkeit, sowohl einzelne als auch mehrere Fotos oder Videos gleichzeitig auszuwählen und in Ihrer Story zu veröffentlichen. Darüber hinaus können Sie hier auch Videos erstellen, die länger als 15 Sekunden sind. Drücken Sie dabei den Video-Button einfach für die gesamte Dauer Ihrer Aufnahme. Instagram unterteilt das längere Video dabei automatisch in 15-Sekunden-Sequenzen.

Die Fotos und Videos einer Story lassen sich sowohl einzeln speichern, indem Sie in den Einstellungen Ihrer Stories-Kamera GETEILTE FOTOS SPEICHERN aktivieren, oder auch zusammenhängend in Form eines Videos. Letzteres ist über das Download-Symbol am oberen Seitenrand Ihrer Story möglich. So können Instagram Stories auch auf Ihrer eigenen Website, im Blog oder anderen Social-Media-Kanälen wiederverwendet werden.

Die gespeicherten einzelnen Story-Bestandteile lassen sich zudem über das Archiv-Symbol (ein Uhrzeiger mit entgegen dem Uhrzeigersinn gerichteten Pfeil) am oberen linken Seitenrand Ihrer Profil-Ansicht aufrufen.

Unternehmen gehen bei der Erstellung von Instagram Stories inzwischen sehr planvoll vor. Sie konzipieren für ihre Geschichten durchaus hochwertige Storyboards und greifen trotz der geringen Halbwertszeit der Stories verstärkt auf vorproduzierte Inhalte externer Dienstleister zurück (mehr dazu in Abschnitt 4.4 »Erstellen von Instagram Stories«).

Aus Unternehmenssicht besonders spannend sind die, im Unterschied zu einer Snapchat Story, mehrfach vorhandenen Verlinkungsmöglichkeiten einer Instagram Story, die für mehr Reichweite und Sichtbarkeit auf der Plattform sorgen.

- **Profilfoto und Profilname**

   Das betrifft zum einen die Möglichkeit, über das auf jedem Foto oder Video einer Story eingeblendete Profilfoto sowie den Account-Namen jederzeit auf das Profil des Story-Absenders zu gelangen.

- **Nutzer in einer Story markieren (taggen)**

   Weiterhin können Sie bis zu zehn Nutzer innerhalb einer Story taggen, indem Sie deren Profilnamen über das Text-Symbol in Ihr Foto oder Video eintippen und dabei ein @ voranstellen. Auf diese Weise können Sie Ihre Partner, treue Fans Ihrer Marke und auch Ihr eigenes Profil in Szene setzen. Tippt der Betrachter den markierten Account-Namen an, erscheint zunächst dessen Profilfoto und Profilname, über die er durch nochmaliges Antippen direkt aus Ihrer Story heraus in das markierte Profil gelangt und anschließend wieder zu Ihrer Story zurückkehren kann.

▸ **Orte markieren**

Über die in den Instagram Stories verfügbaren Sticker lassen sich auch »Standort-Sticker« zu Ihrer Story hinzufügen. Auf diese Weise haben Sie nicht nur die Chance, beispielsweise auf Ihren stationären Shop oder Ihr Event aufmerksam zu machen, sondern auch Teil einer übergreifenden »Location-Story« auf Instagram zu werden und damit Ihre Sichtbarkeit auf Instagram massiv zu erhöhen.

Dabei werden Teile von Instagram Stories unterschiedlicher Instagrammer, die mit einer bestimmten Region, zum Beispiel »New York«, und damit verbundenen Standorten markiert sind, seitens Instagram zu einer übergreifenden Geschichte zusammengeführt.

Sucht ein Instagrammer nach dem Ort bzw. der Region New York, werden ihm nicht nur eine Karte sowie die Fotos und Videos, denen Standorte im Raum New York hinzugefügt wurden, angezeigt, sondern auch eine Location-Story. Ob und in welchem Umfang Ihre Story in dieser übergreifenden Story erscheint, ist jedoch nicht planbar.

Location-Stories werden gemeinsam mit den Top-Live-Videos an erster Stelle, noch vor allen anderen Instagram Stories im Instagram Explorer angezeigt.

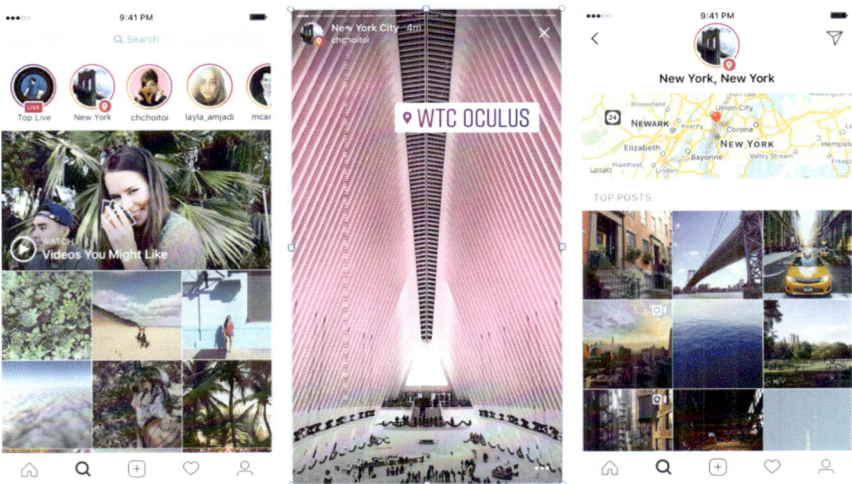

Abb. 2.9: *Explorer-Ansicht mit Location-Story von New York, Auszug aus der New-York-City-Location-Story und Suchergebnisseite zur Ortssuche New York auf Instagram (Quelle: Instagram-Business-Blog)*

Sie erfahren über die Statistiken Ihres Business-Profils, ob und welcher Teil Ihrer Instagram Story in einer Location-Story verwendet wird. Ebenso können Sie hier auch einstellen, dass der ausgewählte Teil Ihrer Story wieder aus der Location-Story entfernt wird.

Tipp

Wählen Sie einen möglichst spezifischen Standort für Ihre Story aus, zum Beispiel anstelle von Hamburg *Hamburg Millerntor-Stadion*. Es kann sich dabei um einen konkreten Veranstaltungsort, Ihren POS, Ihren Unternehmenssitz, den Entstehungsort Ihrer Kampagne o.Ä. handeln. So haben Sie die Chance, nicht nur in der übergreifenden Location-Story für Hamburg, sondern auch in weiteren spezifischeren Location-Stories zu erscheinen, zum Beispiel zum Stadtteil St. Pauli, und damit Ihre Sichtbarkeit zu erhöhen.

Sollten für Sie wichtige Orte, wie zum Beispiele Ihre stationären Geschäfte, nicht auf Instagram verfügbar sein, können Sie diese auf Ihrer Facebook-Seite, idealerweise über den Business Manager anlegen, da Instagram auf die Ortsdatenbank von Facebook zugreift. Eine genaue Anleitung dazu findet sich im Facebook-Business-Hilfebereich »Hinzufügen und Bearbeiten von Unternehmensstandorten im Business Manager«.

▸ **Hashtags einsetzen**

Analog zu Location-Stories hat Instagram auch Hashtag-Stories auf der Plattform etabliert.

Sie fügen Ihrer Instagram Story Hashtags hinzu, indem Sie entweder aus der Sticker-Sammlung Ihrer Instagram Story den Sticker #HASHTAG auswählen und das entsprechende Schlagwort in den Sticker hineinschreiben oder ein Schlagwort, versehen mit dem Raute-Symbol, direkt auf Ihr Foto oder Video schreiben und/oder aus den Hashtag-Vorschlägen, die Ihnen Instagram daraufhin macht, den passenden Hashtag wählen.

Hinweis

Pro Story-Sequenz kann immer nur ein Hashtag-Sticker vergeben werden. Weitere Hashtags lassen sich jedoch manuell über den Schreibmodus hinzufügen. Um Ihre Story nicht mit Hashtags zu überladen, können Sie diese auch manuell verkleinern und beispielsweise hinter einem Sticker verstecken.

Sucht ein Instagrammer nach dem entsprechenden Schlagwort, stößt er nicht nur auf Fotos und Videos, die mit dem betreffenden Hashtag markiert wurden, sondern auch auf eine dazugehörige Hashtag-Story. Auch hiermit erhöhen Sie Ihre Chance auf mehr Sichtbarkeit auf Instagram.

Abb. 2.10: Suchergebnis-Ansicht für das Hashtag #onthetable und Auszug aus der
#ONTHETABLE-Hashtag-Story sowie Hashtag-Eingabe während der Story-Erstellung
(Quelle: Instagram-Business-Blog)

▸ **Externe Links setzen**

Verifizierte Accounts sowie Accounts mit einer Mindestanzahl von 10.000 Followern haben darüber hinaus die Chance, externe Links zu setzen und Nutzer somit
auf ihre mobile Website, ihren Shop oder weitere Zielseiten zu leiten. Es bleibt abzu-
warten, ob diese externe Verlinkungsmöglichkeit auch mittelfristig nicht verifizier-
ten Accounts zur Verfügung steht.

Weiterhin bietet Instagram die Option, mithilfe von Story Ads gezielt Werbung zwischen
einzelnen Stories zu schalten, die über diverse Call-to-Action-Buttons eine externe Verlinkungsmöglichkeit zulässt (mehr dazu in Kapitel 7).

2.1.7 Instagram-Live-Videos

Ein weiteres wichtiges Kernelement neben den Instagram Stories ist die Funktion Live-
Video, mit der Sie bis zu 60-minütige Live-Übertragungen bzw. Live-Streams mit Ihrem
Smartphone analog zu Facebook Live starten können.

Live-Videos teilen sich ihren prominenten Platz mit den Instagram Stories im Homefeed sowie im Explorer und sind durch ein LIVE-Symbol am unteren Rand des Profilfotos gekennzeichnet. Die Funktion LIVE steht Ihnen als eine von vier Kameraoptionen
innerhalb der Stories-Kamera zur Verfügung. Sie gelangen in den LIVE-Modus, indem
Sie die Menüleiste am unteren Seitenrand innerhalb der Stories-Kamera nach links
bewegen.

Abb. 2.11: *Homefeed-Ansicht mit Live-Video sowie Live-Video-Ansicht mit eingehenden Kommentaren und Likes (Quelle: Instagram-Business-Blog)*

Sobald Sie Ihren Live-Stream starten, werden ausgewählte Follower Ihres Accounts via Instagram Direct vom Start Ihrer Live-Sendung informiert und können sich direkt einschalten.

Am oberen Seitenrand erscheint die Anzahl der aktuellen Zuschauer Ihrer Sendung. Je länger Ihre Sendung andauert und je mehr Zuschauer Ihren Stream verfolgen, desto mehr Nutzer werden informiert. Hintergrund dieser Vorgehensweise ist das Bestreben Instagrams, Nutzer möglichst nur auf relevante Live-Videos aufmerksam zu machen.

Eine Besonderheit des Live-Video-Formats von Instagram ist es, dass Sie die Live-Sendung mit einer weiteren extern zugeschalteten Person durchführen können. Hierbei gibt es zwei Optionen:

▸ Sie laden die bestimmte Person oder auch einen Ihrer Zuschauer direkt nach dem Start Ihres Live-Videos via Instagram Direct in Ihre Sendung ein. Wichtig ist dabei, dass diese Person bereits Ihrem Live-Video zuschaut. Nimmt er/sie Ihre Einladung an, erscheint er/sie gemeinsam mit Ihnen in einer geteilten Bildschirmansicht. Zudem werden auch die Follower Ihres Gastes über die Live-Sendung informiert.

▸ Ein Zuschauer bittet Sie, Ihrer Sendung beitreten zu können, und Sie entscheiden, ob Sie dem Beitritt zustimmen oder ihn ablehnen.

Die große Chance eines Live-Streams auf Instagram liegt aus Unternehmenssicht in der direkten Rückkanalfähigkeit des Formats. Nutzer, die Ihren Stream anschauen, können währenddessen mithilfe von Kommentaren oder »Gefällt mir«-Angaben an Ort und Stelle mit Ihnen interagieren. Sie bekommen somit eine unmittelbare Reaktion auf den Inhalt Ihres Streams, aber auch zu Ihrem Unternehmen und Ihrer Marke. Auf diese Weise können Sie sich direkt mit Ihren bestehenden und potenziellen Kunden auseinandersetzen, deren Lob, Anregungen oder Fragen aufnehmen und im Verlauf Ihrer Sendung oder auch im Nachgang verarbeiten. Dabei ist die Reichweite Ihrer Live-Sendung zunächst nicht entscheidend. Denn in einer überschaubaren Zuschauerzahl liegt die Chance eines intensiveren Austauschs mit Ihnen und Ihrer Zielgruppe als auch den Zuschauern untereinander.

Hinweis

Nutzer, die Ihren Live-Stream durch negative Kommentare stören, können von Ihnen direkt während Ihrer Sendung blockiert werden, indem Sie auf das X neben ihrem Namen tippen.

Darüber hinaus haben Sie über das ...-Symbol am unteren rechten Seitenrand in der Live-Video-Ansicht die Option, Kommentare während Ihrer Live-Sendung generell auszuschalten. Letzteres bedeutet jedoch auch ein Verzicht auf die wertvolle Interaktion mit Ihren Zuschauern und damit auf ein belebendes Element Ihrer Sendung.

Zudem können Sie auch einen Kommentar oberhalb der eingehenden Kommentare zu Ihrer Sendung fixieren, indem Sie ihn antippen und kurz gedrückt halten. Diese Funktion ist praktisch, wenn Sie sich eines bestimmten Kommentars in Ihrer Sendung gesondert annehmen oder Zuschauer, die später zu Ihrer Sendung hinzustoßen, über das Thema, über das Sie gerade sprechen, informieren wollen.

Eine tolle Möglichkeit, Ihr Live-Video zu strukturieren, ist die Integration von Fragen-Stickern in Ihren Live-Stream (siehe dazu Abbildung 2.12.) Eine genaue Anleitung zur Umsetzung dieser Mechanik finden Sie in Abschnitt 4.5 »Durchführung von Live-Videos«.

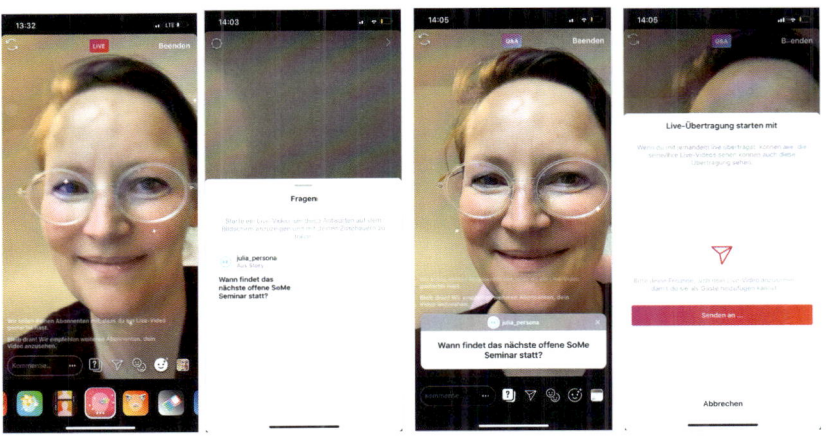

Abb. 2.12: *Funktionalitäten eines Live-Videos in der Stories-Kamera*

Sie selbst können das Ende Ihres Live-Streams jederzeit bestimmen, indem Sie den ENDE-Button am oberen rechten Seitenrand in der Live-Video-Ansicht antippen. Im darauf folgenden Screen erhalten Sie eine Übersicht über die Anzahl der Teilnehmer an Ihrer Sendung. Da Statistiken zu Ihrem Live-Stream noch kein integraler Bestandteil Ihres Business-Profils sind, ist es empfehlenswert, sich diese Daten zu notieren oder einen Screenshot davon anzufertigen.

Perspektivisch werden die Analysemöglichkeiten Ihres Live-Videos sehr wahrscheinlich noch um Ein- und Ausstiege von Teilnehmern, das Kommentar- und Like-Aufkommen während Ihrer Sendung und weitere ergänzt werden und über Ihr Business-Profil abrufbar sein.

 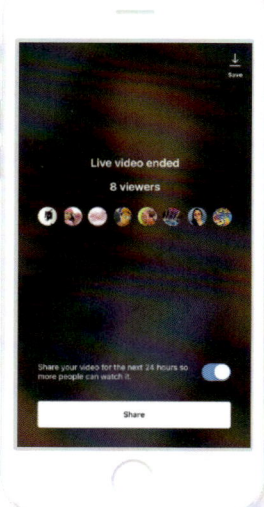

Abb. 2.13: Ende eines Live-Videos mit Anzahl der Zuschauer sowie Möglichkeit, das Video auf Instagram zu teilen (Quelle: Instagram-Business-Blog)

Weiterhin können Sie Ihr Live-Video über den Button SPEICHERN am oberen rechten Seitenrand in der Galerie Ihres Smartphones speichern oder aber als Instagram Story teilen. Damit ist Ihr Live-Video für weitere 24 Stunden inklusive aller Kommentare sichtbar und kann noch eine höhere Reichweite generieren. Über die Statistiken Ihres Business-Profils können Sie anschließend abrufen, wie viele Nutzer Ihr Live-Video zusätzlich gesehen haben. Weiterhin bietet es sich an, Ihr Live-Video, sofern es sich aus Ihrer Sicht um einen Mehrwert für Ihre Community handelt, in Ihrem IGTV-Kanal zu speichern und über einzelne Posts und Stories zu promoten.

2.1.8   IGTV

IGTV ist analog zu Instagram Stories ein eigenständiger Content-Kanal innerhalb der Instagram-Plattform, der zudem auch als eigene App über den Apple sowie Google Play Store verfügbar ist (Die App kann jedoch nur mit einer Instagram-Mitgliedschaft genutzt werden). Es handelt sich dabei um eine explizite Video-Plattform, mit der Sie insbesondere longform Video-Inhalte, basierend auf Ihren Interessen und Abonnements auf Instagram konsumieren können. Die Videos können dabei analog zu Foto- oder Video Posts gelikt, kommentiert oder aber in Ihrer Story sowie via Instagram Direct mit Ihren Kontakten auf Instagram geteilt werden (siehe dazu auch Abbildung 2.14).

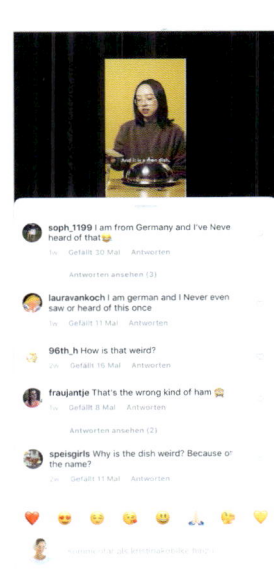

Abb. 2.14: *Einstiegsseite von IGTV, einzelne Video-Ansicht sowie Ansicht der Kommentare*

Mit der Einführung von IGTV will Instagram vor allem YouTube-Createuren eine neue Heimat geben und seinen Nutzern gleichzeitig ein auf die neuen Mediennutzungsgewohnheiten der Menschen abgestimmtes mobiles TV-Erlebnis verschaffen.

Videos sollen dabei vor allem im Hochformat betrachtet werden können, was Createure und Unternehmen jedoch gleichermaßen vor die Herausforderung stellt, horizontal produzierte longform Videos in ein vertikales Format zu transferieren. Instagram ermöglicht es deshalb zwischenzeitlich, sowohl horizontalen als auch vertikalen Video-Content auf IGTV zu veröffentlichen. (Siehe dazu auch Abschnitt 4.5 »Durchführung von Live-Videos«.)

Auch Sie haben die Option, einen eigenen IGTV-Kanal in Ihrem Profil anzulegen und dort Videos von einer Länge von mindestens 15 Sekunden bis zu zehn Minuten, sofern

Sie bereits eine größere Followerschaft oder aber über ein verifiziertes Konto verfügen, bis zu 60 Minuten dauerhaft hochzuladen. Um einen eigenen IGTV-Kanal zu eröffnen, bieten sich zwei Wege an:

- über das IGTV-Icon in Ihrem Homefeed (siehe dazu auch Abbildung 2.15) und dort über das +-Symbol
- über den Reiter IGTV in Ihrem Webprofil

Hinweis

Die konkreten Anforderungen (Länge, Dateityp, Auflösung, Größe etc.) für Ihre IGTV-Videos können Sie tagesaktuell über den Instagram-Hilfebereich abrufen: *https://help. instagram.com* und hier im Suchfeld »IGTV« eingeben.

Sofern Ihr IGTV-Video die Dauer von 60 Sekunden überschreitet, ist es möglich, Vorschau-Videos in Form eines Posts oder innerhalb Ihrer Stories zu platzieren, die direkt auf Ihr IGTV-Video verlinken und damit Ihre Follower sowie weitere interessierte Nutzer darauf aufmerksam machen. Auf diese Weise können Sie Ihre Markencommunity noch stärker, länger und intensiver mit Ihrer Markenwelt in Berührung bringen.

Wie finden Ihre bestehenden und potenziellen Follower darüber hinaus Ihre IGTV-Inhalte?

- Über das IGTV-Icon auf ihrem Homefeed
- Über den Instagram Explorer (siehe dazu auch den folgenden Abschnitt zum »Instagram Explorer«)
- Über Ihr Profil – Ihr IGTV-Kanal erscheint an erster Stelle unterhalb Ihrer Profilbeschreibung und an erster Stelle Ihrer Highlight-Stories.

2.1.9 Instagram Explorer

Der Instagram Explorer bzw. die Ansicht SUCHEN UND ENTDECKEN entspricht Ihrer mithilfe des Instagram-Algorithmus zusammengestellten, personalisierten Startseite. Er soll Ihnen auf der Suche nach neuen, interessanten Inhalten, Profilen sowie kaufbaren Produkten eine reichhaltige visuelle Inspiration bieten. Hier werden IGTV-Videos, Videos, Fotos sowie perspektivisch Stories und Live-Videos angezeigt, die sich an Ihren Interessen und denen Ihres Netzwerks auf der Plattform orientieren (siehe dazu auch »Instagram-Algorithmus«).

Unter einem eigenen IGTV-Reiter werden zudem explizit IGTV-Inhalte aggregiert, die einerseits von Profilen stammen, denen Sie bereits folgen oder denen Sie auf Basis Ihrer Abonnements sowie Ihres Nutzerverhaltens potenziell folgen würden. Analog dazu finden Sie unter einem eigenen Shop-Reiter aktuelle Produkt-Posts der Profile, denen Sie folgen, sowie weitere möglicherweise für Sie interessante Shopping-Angebote auf der Plattform.

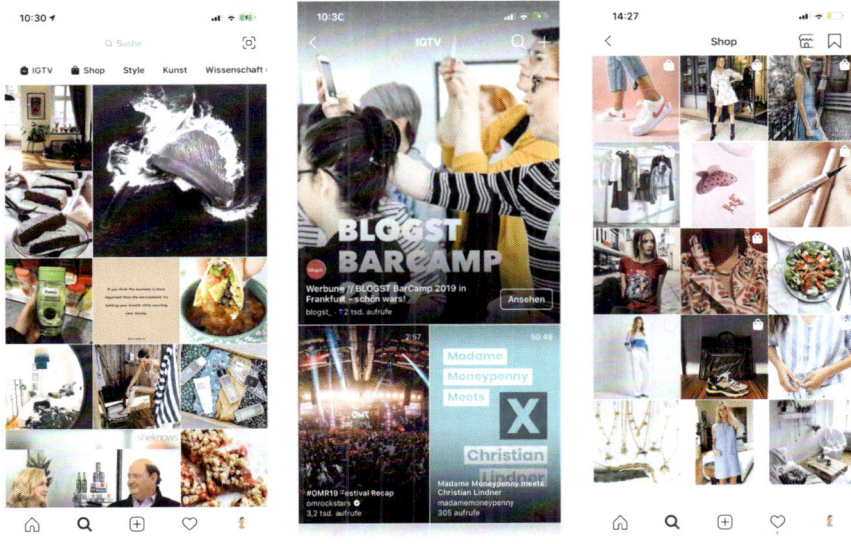

Abb. 2.15: *Einstiegsseite des Instagram Explorers, Ansicht des IGTV-Reiters sowie des Shop-Reiters*

Besonders prominent werden zunehmend Videos in das Sichtfeld der Nutzer gesetzt – was mit Blick auf Ihre eigene Inhalte-Strategie auf Instagram ein wichtiger Anlass ist, mehr Bewegtbild-Inhalte zu veröffentlichen (siehe dazu auch Abschnitt 4.3 »Erstellen qualitativer Video-Posts«). Denn während Fotos zwar immer noch die große Mehrheit der Inhalte auf Instagram ausmachen und auch das größte Engagement erzielen, will sich Instagram noch stärker für die Bewegtbild-Ära aufstellen. Dementsprechend stark wird Video-Content auf der Plattform promotet.

Der Explorer verfügt darüber hinaus über eine äußerst starke Suchfunktion. Über das Suchfeld am oberen Ende der Explorer-Ansicht können Sie gezielt nach Nutzern, Namen, Orten, Hashtags oder allen vieren gleichzeitig suchen.

In den dynamisch generierten Ergebnisansichten werden je nach Ihrem Suchauftrag passende Profile, die in ihrem Namen oder Inhalt mit Ihrem Suchbegriff übereinstimmen, angezeigt. Im Falle von Hashtags und Orten sehen Sie auf den Ergebnisseiten, neben den bereits erwähnten Hashtag-Stories sowie Location-Stories unter BELIEBTESTE BEITRÄGE zuerst die Fotos und Videos mit der aktuell größten Anzahl von »Gefällt mir«-Angaben und Kommentaren sowie darunter unter NEUESTE BEITRÄGE alle Fotos und Videos, die zuletzt mit dem betreffenden Hashtag und Ort markiert wurden.

In seinem Ergebnisbericht vom Q3 2018 verkündete Facebook, dass Instagrammer im Schnitt 20 Prozent ihrer gesamten Instagram-Zeit im Bereich SUCHEN UND ENTDECKEN verbringen.

Für Ihre eigenen Beiträge auf Instagram bedeutet dies, sich bestmöglich für die Instagram-Suche aufzustellen, indem Sie, wie auch schon in den vorangegangenen Ausführungen erwähnt:

- regelmäßig Instagram Stories produzieren
- regelmäßig Video-Inhalte veröffentlichen oder in Ihren Stories verarbeiten
- Ihre Beiträge und Ihre Instagram Stories sorgfältig mit relevanten Hashtags und Ortsinformationen versehen
- gegebenenfalls für Ihr Unternehmen wichtige Nutzer in Ihren Beiträgen und Stories markieren
- sowie wichtige Schlagworte für Ihr Geschäft direkt in Ihrer Profilbeschreibung verwenden. (Näheres dazu in Abschnitt 4.1.5 »Ihre Biografie«.)

2.1.10   Homefeed

Der Homefeed ist eine unendliche Abfolge von Fotos und Videos, die von Ihnen und den Nutzern, denen Sie folgen, veröffentlicht wurden. Grundsätzlich sehen Sie dabei alle Fotos und Videos, die diese in diesem Moment, innerhalb der letzten Minuten, Stunden oder auch Tage auf Instagram gepostet haben. Allerdings wird die Reihenfolge, in der diese Beiträge in Ihrem Homefeed erscheinen, inzwischen durch den Algorithmus bestimmt. Im Unterschied zum Facebook-Algorithmus, der einen wesentlichen Teil der Beiträge aus dem Newsfeed filtert, bleiben die Foto- und Videobeiträge im Instagram-Homefeed grundsätzlich sichtbar.

Wichtig: Instagram-Algorithmus

Mit dem Ziel, die Nutzungsintensität der Plattform zu erhöhen, hat Instagram einen selbstlernenden Algorithmus eingeführt, der die bis dato chronologische Reihenfolge von Beiträgen im Homefeed durch eine neue Sortierung ablöst und Nutzern die für sie relevanten Foto- und Videobeiträge zuerst anzeigen soll.

Der Algorithmus gewichtet dabei all die Inhalte höher, die mit hoher Wahrscheinlichkeit das Interesse des Users treffen. Dazu wertet er eine Reihe von Signalen aus,

- etwa mit welchen Beiträgen ein Nutzer in der Vergangenheit besonders häufig interagiert hat und dies somit sehr wahrscheinlich auch zukünftig tun wird,
- welche Beiträge auch von seinen unmittelbaren Kontakten gemocht und kommentiert werden,
- ob ein Beitrag von einem seiner engen Kontakte stammt, mit dem er beispielsweise auch private Nachrichten über Instagram (und gegebenenfalls Facebook) austauscht
- oder auch ob der Absender eines Beitrags ein einflussreicher Kontakt seiner Community ist

Wenn auch nicht offiziell bestätigt, liefert auch das Nutzerverhalten auf Facebook eine Reihe von Signalen, die für die Bewertung der Relevanz von Inhalten auf Instagram eine Rolle spielen dürften.

Darüber hinaus enthält der Homefeed Werbe-Posts bzw. als »Gesponsert« markierte Beiträge, die sich in der Regel mit ihrer Bildsprache und Tonalität nahtlos in die übrigen Beiträge einfügen.

Kritische Stimmen sehen in der Einführung des Algorithmus lediglich ein Mittel zum Zweck, Werbeanzeigen gezielt in den Homefeeds der Community-Mitglieder aussteuern zu können. Für den Aufbau organischer Reichweite würden aber gerade die Bemühungen von Influencern und Unternehmen, die die Veröffentlichung ihrer Beiträge auf einen bestmöglichen Zeitpunkt abstimmen, durch den Algorithmus untergraben. Darüber hinaus folgen Instagrammer anderen Community-Mitgliedern durchaus bewusst und stellen sich auf diese Weise selbst einen relevanten Homefeed zusammen, den sie regelmäßig durchscrollen.

Aus Unternehmenssicht lässt sich der Instagram-Algorithmus und damit Ihre Position im Homefeed Ihrer Follower oder im Explorer in erster Linie dadurch beeinflussen, regelmäßig, idealerweise mindestens einmal pro Tag einen qualitativen Post sowie eine Story zu veröffentlichen, mit deren Ihre Wunschzielgruppe auf der Plattform interagiert. Darüber hinaus kann sich auch der Veröffentlichungszeitpunkt positiv auf die Sichtbarkeit und Reichweite Ihrer Inhalte auswirken. Über die Statistiken Ihres Business-Accounts können Sie feststellen, zu welchem Tageszeitpunkt Ihre Follower am ehesten auf Instagram aktiv und damit in der Lage sind, Ihre Inhalte zu konsumieren.

Und schließlich ist der gezielte Einsatz von Werbung ein immer wichtiger werdendes Mittel, Ihre Sichtbarkeit auf Instagram zu erhöhen (mehr dazu in Kapitel 7).

2.1.11 Instagram Direct

Um Instagrammern über die bewusst reduzierten Interaktionsmöglichkeiten der Instagram-App hinaus eine direkte und private Kommunikation untereinander zu ermöglichen, führte Instagram die Direct-Messaging-Funktion »Instagram Direct« ein. Die bis dahin beliebtesten Alternativen seitens der Community waren die sowohl mit iOS, Android und Windows Phone kompatible App Kik sowie verstärkt Snapchat. Inzwischen ist Instagram Direct eine wesentliche Nutzungsoption der App, die in ihrem Funktionsumfang stetig erweitert wird. So können Instagrammer nicht nur Sprachnachrichten über Instagram Direct versenden oder mit mehreren Usern gleichzeitig chatten, sondern auch Videochats mit bis zu sechs Personen gemeinsam durchführen.

Laut einer im Oktober 2018 durchgeführten Studie des auf Messenger-Marketing spezialisierten Unternehmens MessengerPeople sowie dem Markt- und Meinungsforschungsinstitut YouGov teilen Menschen in Deutschland Inhalte am liebsten via WhatsApp (mit 62 Prozent aller Nennungen Platz 1), Facebook (35 Prozent, Platz 2), E-Mail (22 Prozent, Platz 3) oder aber Instagram (12 Prozent, Platz 4).

Neben der Möglichkeit, sich direkt in einem Chat auszutauschen, ist es ein weiterer Ansatz von Instagram Direct, sich gegenseitig auf interessante Inhalte auf Instagram aufmerksam zu machen. Fotos oder Videos, aber auch ganze Suchergebnis-Seiten zu einem bestimmten Hashtag oder Standort können dabei an einzelne oder mehrere Personen auf Instagram versandt werden.

Die Community-Mitglieder machen von dieser Möglichkeit jedoch weniger Gebrauch als gedacht. Es hat sich analog zu Facebook eher etabliert, Nutzer, die von einem für sie spannenden Foto- oder Videobeitrag erfahren sollten, direkt in einem Kommentar unter dem betreffenden Beitrag zu markieren. Unternehmen machen sich dies in ihrer Markenkommunikation auf Instagram zunutze, indem sie Instagrammer direkt dazu aufrufen, einen oder mehrere Freunde in einem Kommentar zu ihrem Beitrag zu markieren, damit diese von einem Gewinnspiel, einem motivierenden Zitat oder einem neuen Produkt erfahren. Der Nutzer wird von seiner Markierung über seinen AKTIVITÄT-Reiter benachrichtigt.

Mit der Option, Stories an Freunde oder Gruppen von Freunden zu senden, will Instagram über Instagram Direct zudem noch stärker dem Bedürfnis unkomplizierter, flüchtiger visueller Kommunikation Rechnung tragen.

Aus Unternehmenssicht eröffnet Instagram Direct die Möglichkeit, in eine 1:1-Kommunikation mit den Community-Mitgliedern einzusteigen. Schon jetzt kontaktieren, laut Instagram-interner Daten aus dem April 2018, 150 Millionen Instagrammer-Unternehmen via Instagram Direct mindestens einmal im Monat. Darüber hinaus erhält jede dritte Unternehmensstory eine Direktnachricht. Häufigster Anlass für den Einstieg in die direkte Kommunikation der User mit Unternehmen sind dabei Fragen zu Preisen oder Produktverfügbarkeiten.

Um Instagram Direct möglichst effizient in Ihrer Kommunikation mit Ihrer Community nutzen zu können, haben Sie unter anderem die Möglichkeit, vorgefertigte Antwort-Texte bei häufig wiederkehrenden Fragestellungen zu hinterlegen. Sie finden dazu im Bereich Einstellungen/Unternehmen einen Menüpunkt Schnellantworten und können hier Texte hinzufügen, die Sie im Alltag über ein Tastaturkürzel schnell aufrufen und via Instagram Direct versenden können.

Abb. 2.16: *App-Screenshots aus dem Bereich Einstellungen/Unternehmen/ Schnellantworten*

2.1.12   Aktivität

Der Reiter AKTIVITÄT mit dem Herz-Symbol enthält in der gleichnamigen Ansicht AKTIVI-TÄT alle aktuellen »Gefällt mir«-Angaben und Kommentare zu Ihren Fotos und Videos in Form eines News-Tickers. Darüber hinaus werden Sie hier informiert, wenn ein Insta-gram-Nutzer Ihr Profil abonniert. Sofern Sie Ihr Konto mit Facebook verknüpft haben, erfahren Sie zudem, welche Ihrer Facebook-Freunde sich mit welchem Nutzernamen neu bei Instagram angemeldet haben, und können ihnen direkt folgen.

Am oberen Rand der Seite haben Sie die Möglichkeit, zwischen den Ansichten ABONNIERT und DU zu wechseln. Tippen Sie auf den Button ABONNIERT, erscheinen alle aktuellen »Gefällt mir«-Angaben und Kommentare der Nutzer, denen Sie auf Instagram folgen.

Je nach Ihrem eigenen Aktivitätsgrad sowie dem der Instagrammer, denen Sie folgen, sehen Sie in beiden Ansichten nur die Aktivitäten, die gerade, das heißt in den letzten Minuten, Stunden oder maximal Tagen aktuell sind. Länger zurückliegende Aktivitäten werden wieder gelöscht.

2.1.13   Kamera

In der Mitte der Navigation befindet sich hinter dem kleinen +-Symbol die Kamera-Funktion der App. Mit Antippen dieses Symbols öffnet sich die Camera-Roll bzw. Bil-dergalerie Ihres Smartphones, aus der Sie nun Fotos und Videos auswählen, gegebe-nenfalls mit Instagram-Filtern und weiteren Effekten bearbeiten und anschließend mit der Community und anderen Netzwerken teilen können. Darüber hinaus ist es Ihnen hier möglich, unmittelbar in den Foto- oder Video-Modus der App zu wechseln, um Foto- oder Videobeiträge direkt mit Instagram zu erstellen.

Mit dem zunehmenden Qualitätsanspruch der Instagrammer lädt die Mehrheit der Community-Mitglieder, darunter insbesondere Unternehmen, jedoch verstärkt außer-halb der App erstellte und mit externen Bildbearbeitungsprogrammen sorgfältig vere-delte Fotos auf Instagram hoch. Zwar bietet Instagram durchaus hochwertige Tools zur Bildbearbeitung, diese werden in der Regel jedoch nur noch dosiert eingesetzt. Auch die Verwendung von Filtern unterliegt inzwischen dem strengen Grundsatz »Weniger ist mehr«.

Ein Foto- oder Video-Upload über das Instagram-Webprofil ist bisher noch nicht mög-lich, gegebenenfalls aber in naher Zukunft eine Option. Um vorproduzierte Inhalte auf Instagram zu teilen, müssen diese also zunächst auf das Smartphone überspielt wer-den. Zu diesem Zweck bieten sich Cloud-Lösungen, wie Dropbox, Google Drive oder Apple iCloud, an, mit denen Sie Inhalte sowohl speichern als auch mit verschiedenen Plattformen und Endgeräten synchronisieren können (siehe dazu auch Abschnitt 4.6 »Transfer externer Fotos und Videos«).

Eine weitere Kamerafunktion ist darüber hinaus für die Erstellung der Instagram Stories verfügbar. Die Story-Kamera ist in Ihrem Homefeed über das Kamera-Symbol am oberen linken Seitenrand erreichbar oder indem Sie auf dem Bildschirm nach rechts wischen.

2.2   Interaktion mit der Community

2.2.1   Fotos liken und kommentieren

Um einen Beitrag zu liken, tippen Sie einfach zweimal nacheinander auf das betreffende Foto oder Video. Es erscheint für einige Millisekunden ein weißes Herz in dessen Mitte. (Alternativ können Sie natürlich auch das Herz-Symbol unterhalb des Fotos oder Videos antippen.) Sobald ein Instagrammer Ihren Foto- oder Video-Beitrag mit einem »Gefällt mir« markiert, erscheint eine kleine Sprechblase mit der Anzahl neuer Likes über dem Reiter AKTIVITÄT.

Um ein »Gefällt mir« rückgängig zu machen, tippen Sie einfach wieder auf das »Gefällt mir«-Symbol. Ihre gesamten »Gefällt mir«-Angaben können Sie im Bereich OPTIONEN auf Ihrem Instagram-Profil einsehen, indem Sie das Rädchen-Symbol (iOS) bzw. die drei Punkte (Android, Windows Phone) antippen und auf BEITRÄGE, DIE DIR GEFALLEN tippen.

Ein »Gefällt mir« wird auf Instagram von den Nutzern sehr spontan und teilweise in Windeseile vergeben, während sie durch ihren Bilderstream bzw. Homefeed scrollen oder Ihr Foto oder Video im Instagram Explorer entdeckt haben. Ob Ihr Foto oder Video gelikt wird, hängt maßgeblich von dessen Qualität oder auch »Stopping Power« ab und vor allem von der Wahl passender Hashtags.

Kommentare lassen sich sowohl Ihren eigenen als auch fremden Beiträgen hinzufügen, indem Sie auf die Sprechblase unterhalb des Fotos oder Videos tippen. In der Regel sind die Kommentare, die Nutzer hinterlassen, eher kurz und drücken spontane Begeisterung für Ihren Beitrag aus. Natürlich gibt es hier auch Ausnahmen, indem Nutzer ihre Abneigung zu Ihrem Bild ausdrücken, was jedoch nicht der Etikette auf Instagram entspricht und eher selten vorkommt. Weiterhin werden Kommentare dazu genutzt, Fragen zu dem Beitrag zu stellen, etwa mit welcher App das Bild oder Video bearbeitet wurde, wo sich der Ort auf dem Bild befindet oder ob und wo es das Produkt zu kaufen gibt.

Die meisten Instagrammer nutzen für Kommentare Emojis. Beliebt sind neben Smileys Symbole, die den Inhalt des Fotos wiedergeben oder unterstreichen. Wenn auf dem Foto beispielsweise eine Blüte zu sehen ist, werden Kommentare dazu häufig mit Emojis von Blumen ergänzt. Dies ist eine spielerische Art, Sympathie unter Gleichgesinnten auszudrücken.

Darüber hinaus fügen Nutzer Ihren Beiträgen über Kommentare zusätzliche Hashtags hinzu, die Sie bei der Beschreibung Ihres Fotos oder Videos gar nicht im Kopf hatten oder die Sie noch nicht kannten. Sie können diese Hashtags Ihrem Foto- oder Videobeitrag nun in einem weiteren Kommentar oder in einer nachträglichen Bearbeitung Ihrer Bildunterschrift hinzufügen. (Hintergrund dazu ist, dass jeder Instagrammer nur seine eigenen Fotos oder Videos markieren kann.) Auf diese Weise wird Ihr Beitrag einer noch breiteren Öffentlichkeit zugeführt. Diese Form der Kommunikation zeigt die Wertschätzung der Community-Mitglieder. Darüber hinaus stellt der Nutzer, der ein Hashtag ergänzt, unter Beweis, dass er sich auf der Plattform auskennt, und gewinnt die Aufmerksamkeit Ihrer Follower sowie der Nutzer, die sich Ihren Beitrag auf Instagram anschauen.

2.2.2 Kommentare löschen

Um einen Kommentar, den Sie bei einem anderen Nutzer hinterlassen haben, zu löschen, tippen Sie unterhalb des betreffenden Fotos oder Videos auf die Sprechblase. Es erscheinen nun alle Kommentare zu diesem Beitrag. Tippen Sie Ihren eigenen Beitrag an und wischen Sie mit dem Finger nach links. Ganz rechts in Ihrem Kommentar erscheint nun ein Papierkorb-Symbol, das Sie antippen können, um Ihren Kommentar zu löschen. In der Android-Version erscheint das Papierkorb-Symbol am oberen rechten Seitenrand, nachdem Sie auf Ihren Kommentar getippt haben.

Auf die gleiche Weise löschen Sie einen Kommentar eines anderen Nutzers zu Ihren eigenen Beiträgen. Hierbei ist jedoch Vorsicht geboten, da das Löschen von Kommentaren in der Community oder generell in sozialen Netzwerken nicht unbemerkt vonstattengeht und gegebenenfalls einen weiteren negativen Kommentar nach sich zieht.

2.2.3 Kommentare verbergen

Sollten Sie dennoch mit unliebsamen Kommentaren zu kämpfen haben, bietet sich die Filter-Funktion zur Moderation Ihrer Kommentare an. Dabei können Sie Kommentare zu Ihren Beiträgen, die bestimmte Keywords, Sätze oder auch Emojis enthalten, von vornherein verbergen. Die Funktion ist über Ihre Einstellungen unter dem Stichwort KOMMENTARE verfügbar. Eine Liste mit Stichworten, die Sie filtern wollen, lässt sich sehr einfach auch über das Webprofil pflegen.

2.2.4 Auf Kommentare antworten

Zur Etikette auf Instagram zählt auch die dankende Reaktion auf wertschätzende Kommentare. Damit der Nutzer von Ihrer Reaktion erfährt, ist es wichtig, dass Sie ihn in Ihrem Kommentar markieren bzw. taggen. Das funktioniert auf zweierlei Wegen.

Sie schreiben, wie schon im Rahmen der Instagram Stories erläutert, ein @ vor seinen Instagram-Nutzernamen. Schon nach den ersten Buchstaben schlägt Instagram Ihnen eine Reihe Nutzernamen vor, aus denen Sie nur noch den richtigen auswählen müssen. Sobald Sie Ihren Kommentar gesendet haben, erhält der Nutzer eine entsprechende Nachricht in seinem AKTIVITÄT-Reiter.

Die zweite Variante ist, dass Sie direkt auf ANTWORTEN unterhalb des Kommentars des Nutzers tippen. Auf diese Weise öffnet sich ein neues Kommentarfeld, in dem der Nutzer, dem Sie antworten möchten, bereits markiert ist.

Ungeschriebene Regel in der Community ist es auch, dass Sie sich bei jedem Instagrammer, der Ihren Post kommentiert hat, mit einem separaten Kommentar bedanken oder auch offene Fragen zeitnah, idealerweise innerhalb von 24 Stunden, beantworten. Das erfordert zwar Fleiß, zeigt jedoch Ihre Wertschätzung und regt einen Dialog mit Ihren Kunden an. Im Falle von Hunderten Kommentaren ist ein solches Vorgehen natürlich nur noch eingeschränkt möglich. Nichtsdestotrotz ist dieser Aspekt des Community-Managements elementar, um Ihre Markencommunity nachhaltig aufzubauen.

2.2.5   Personen markieren

Die Funktion »Nutzer taggen« bzw. »Personen markieren« kann für Sie in vielerlei Hinsicht relevant sein.

Etwa um

‣ den Urheber von User Generated Content hervorzuheben

‣ Influencer in einem Post zu benennen

‣ weitere Marken in einem Post zu promoten

‣ im Falle von Shoutouts einen anderen reichweitenstarken Account zu promoten

Um andere Nutzer in Ihren Beiträgen zu markieren, auch taggen genannt, tippen Sie in der TEILEN AUF-Ansicht auf PERSONEN MARKIEREN und anschließend auf Ihr Foto. (Für Videos ist diese Funktion nicht verfügbar.)

Geben Sie nun im Feld SUCHE NACH EINER PERSON oben links auf der Seite den Anfangsbuchstaben des Nutzernamens der Person bzw. des Profils ein, das Sie auf Ihrem Foto markieren wollen. Bedenken Sie, dass Ihre Markierung nicht erscheint, sofern Sie Ihr Foto über Instagram Direct teilen.

Sobald Sie einen Nutzernamen ausgewählt haben, erscheint dieser nun in der Sprechblase. Um deren Position auf dem Foto zu verschieben, tippen Sie einfach auf den Namen und ziehen Sie ihn auf die gewünschte Stelle in Ihrem Bild. Sie können auch mehrere Instagram-Profile in Ihrem Foto taggen, indem Sie noch einmal auf Ihr Foto tippen und einen weiteren Nutzernamen auswählen.

Die so markierten Nutzer erhalten, nachdem das Foto veröffentlicht wurde, eine Nachricht über Ihre Markierung in im Reiter AKTIVITÄT und können das Foto oder Video zudem auf ihrer Profilseite unter FOTOS VON DIR ansehen.

Um Ihrem Foto einen Nutzernamen hinzuzufügen, bedarf es nicht zwingend eines Motivs, auf denen Personen abgebildet sind. Sie können Nutzernamen auch zu Landschaftsaufnahmen oder Stillleben hinzufügen, allerdings steht dies nicht im Einklang mit den Nutzungsbedingungen von Instagram, was insbesondere im Rahmen von Gewinnspielen zu beachten wäre (siehe dazu auch Kapitel 8).

Bilder, in denen Nutzer getaggt sind, enthalten das Nutzersymbol, das Sie auch auf Ihrer Profilseite auf dem Reiter FOTOS VON DIR sehen. Tippen Sie auf das Symbol in dem Bild, erscheinen die Namen der markierten Instagram-Profile. Tippen Sie auf die einzelnen Namen, gelangen Sie auf die Profilseiten der markierten Nutzer.

Wichtig

Setzen Sie die PERSONEN MARKIEREN-Funktion möglichst nur dann ein, wenn die betreffende Person oder Marke auch wirklich auf Ihrem Foto zu sehen ist oder aber im Entstehungsprozess des Fotos involviert war oder bereits zu Ihrem Netzwerk gehört. Um Influencer oder potenzielle Kooperationspartner auf sich aufmerksam zu machen, eignet sich eher eine direkte Ansprache via Instagram Direct, andernfalls könnte Ihre Markierung auch als Spam verstanden werden und insbesondere im Falle von Unternehmen einen Markenrechtsverletzung darstellen, indem Sie eine wirtschaftliche Zusammenarbeit mit einer Marke vortäuschen bzw. sich gegebenenfalls mit einer Marke »schmücken«.

»Personen markieren«-Funktion kontrollieren

Sofern Sie nicht möchten, dass Fotos, auf denen Sie markiert sind, automatisch in FOTOS VON DIR und damit in Ihrem Profil erscheinen, können Sie die Einstellung MANUELL HINZUFÜGEN aktivieren. Gehen Sie dazu auf Ihr Profil und dort auf den rechten Reiter mit dem Nutzersymbol. Sie gelangen nun in die Ansicht FOTOS VON DIR. Tippen Sie auf das Rädchen-Symbol (iOS) bzw. die drei Punkte (Android) oben rechts auf der Seite und aktivieren Sie in den Markierungsoptionen anstelle von AUTOMATISCH HINZUFÜGEN die Option MANUELL HINZUFÜGEN. Jetzt können Sie aus den Fotos, auf denen Sie markiert sind, diejenigen auswählen, die in Ihrem Profil erscheinen sollen.

Wenn Sie ein Foto, auf dem Sie markiert sind, in Ihrem Profil verbergen wollen, tippen Sie dazu auf das Foto und dort auf Ihren Namen. Es erscheint ein Popup-Fenster, in dem Sie IN MEINEM PROFIL VERBERGEN aktivieren können. Unter WEITERE OPTIONEN im selben Fenster haben Sie darüber hinaus die Option, Ihre Markierung gänzlich zu löschen, indem Sie MICH AUS FOTO ENTFERNEN antippen.

Personen nachträglich markieren

Um einen Nutzer nachträglich zu markieren, tippen Sie unterhalb Ihres Foto-Beitrags auf das Symbol mit den drei Punkten und wählen aus den nun erscheinenden Optionen NUTZER MARKIEREN aus. Jetzt können Sie, wie vorangehend beschrieben, einen Nutzer hinzufügen.

2.2.6   Orte markieren

Mit der immer größeren Relevanz von lokalen Informationen in sozialen und vor allem mobilen Medien hat Instagram, wie schon an verschiedenen Stellen erwähnt, die Funktion des Geo-Taggings eingeführt. Damit können Sie Ihren Fotos und Videos, neben der Möglichkeit, Nutzer zu markieren, auch geografische Koordinaten bzw. einen Ort hinzufügen. Instagram greift zu diesem Zweck auf die Ortsdatenbank von Facebook zu. Sofern ein für Sie relevanter Ort nicht auf Instagram verfügbar ist, müssen Sie ihn auf Facebook anlegen. Das kann auch im Rahmen einer Facebook-Seite erfolgen. Damit ist

Ihr Ort auch auf Instagram verfügbar und kann sowohl von Ihnen als auch allen anderen Nutzern ausgewählt werden.

Um Ihren Fotos einen Ort hinzuzufügen, tippen Sie in der TEILEN AUF-Ansicht auf den Button ORT HINZUFÜGEN. Instagram analysiert jetzt Ihre GPS-Daten, sofern Sie dies in Ihren Smartphone- oder Tablet-PC-Einstellungen zulassen. Es erscheint eine von Facebook bereitgestellte Liste an Orten in Ihrer unmittelbaren Nähe, aus denen Sie nun den betreffenden auswählen können. Auch Orte, die durchaus weit von Ihrem tatsächlichen Standort entfernt sind, können Ihrem Foto oder Video beigefügt werden. Tippen Sie dazu einfach den betreffenden Ortsnamen in das Suchfeld ein und wählen Sie Ihren Wunschort aus der Ergebnisliste aus.

Wenn Sie Ihr Foto oder Video mit einem Geo-Tag veröffentlichen, erscheint dieses oberhalb des Fotos oder Videos und direkt unterhalb Ihres Nutzernamens. Nutzer, die Ihren Beitrag betrachten, können auf das Tag tippen und gelangen dabei auf eine Landkarte, in der der genaue Ort markiert ist. Unterhalb der Karte erscheinen alle Fotos und Videos der Instagram-Community, die am gleichen Ort entstanden sind bzw. mit dem gleichen Geo-Tag versehen wurden. Oberhalb der Karte sehen Sie, falls vorhanden, die aktuelle Location-Story zu diesem Ort.

Diese Ansicht kann für Sie selbst spannend sein, denn hier sehen Sie, aus welcher Perspektive andere Instagrammer diesen Ort betrachtet haben oder im Falle Ihres Geschäfts, Ihre (potenziellen) Kunden.

Inzwischen ist es auch möglich, Ihren bereits veröffentlichten Beiträgen nachträglich ein Geo-Tag hinzuzufügen oder den bestehenden Ort zu ändern, indem Sie in Ihrer Profilansicht auf das betreffende Foto oder Video gehen, das Symbol mit den drei Punkten unterhalb Ihres Beitrags antippen und anschließend über die Option BEARBEITEN ORT HINZUFÜGEN bzw. ORT ENTFERNEN oder ORT ÄNDERN auswählen.

Kapitel 3

Entwicklung einer Instagram-Strategie

Mit der stetig steigenden Relevanz von Instagram als Marketing- und Vertriebskanal stellt sich in Unternehmen, PR- und Media-Agenturen immer häufiger die Frage, mit welcher Strategie sich schnellstmöglich Erfolge auf der Plattform erzielen lassen.

Als erste Hürde erweist sich hier bereits die Anforderung, Erfolg auf Instagram zu definieren. Die pure Jagd nach möglichst vielen Followern oder Likes mit generischen und damit allseits gefälligen Inhalten wird dem Potenzial, das Instagram inzwischen für Ihr Marketing und Ihren Vertrieb bietet, nicht (mehr) gerecht. Denn wie schon in Kapitel 1 erwähnt, zeichnen sich Instagrammer nicht nur durch eine überdurchschnittliche Affinität zu Marken, sondern auch durch eine erhöhte Kaufbereitschaft aus.

Vor diesem Hintergrund ist es für Sie vielversprechend, mit einer passgenauen Strategie eine eigene treue Markencommunity auf Instagram aufzubauen, die Ihrer Marke ernsthaft zugewandt ist. Vorteil dieser Strategie ist es, dass Sie Ihre Community in einem inspirierenden und kaufaffinen Umfeld immer wieder gezielt aktivieren können. Dieses Vorgehen zahlt damit auch langfristig auf Ihre Marketing- und Unternehmensziele ein.

»Looking for love in the forest of likes« lautet eine dazu passende Maxime in Instagrams Headquarter, die sich im übertragenen Sinne auch als das Bestreben interpretieren lässt, relevante Beziehungen zu Ihren markenaffinen Community-Mitgliedern aufzubauen.

3.1   Ein eigenes Profil oder eine reine Werbestrategie?

Natürlich können Sie auch mit einer reinen Werbestrategie von den Vorzügen der Plattform profitieren, für die es, technisch gesehen, gar keine eigene Instagram-Präsenz braucht (siehe dazu Kapitel 7). Doch verzichten Sie dabei bewusst darauf, Ihrer Zielgruppe eine noch intensivere Auseinandersetzung mit Ihrer Marke innerhalb der positiv behafteten Instagram-Welt zu ermöglichen. Denn Instagram ist ein Ort für ein kraftvolles visuelles Storytelling, das sich nicht nur über einzelne Foto- und Videobeiträge Ihrer Marke erstreckt, sondern vor allem auch über Ihr gesamtes Instagram-Profil, Ihre Instagram Stories, Ihren IGTV-Kanal und/oder ganze Hashtagseiten nutzergenerierter Inhalte, die mit Ihrem Markenhashtag versehen sind.

»Scrollytelling«

Scrollytelling hat der Social-Media-Experte Curt Simon Harlinghausen dieses Instagram-typische Phänomen genannt, bei dem Nutzer nicht nur einen Foto- oder Videobeitrag betrachten, sondern anschließend ausgiebig durch das Profil einer Marke und weiterführende Inhalte scrollen.

Im Gegensatz zu anderen sozialen Netzwerken fristet Ihr Instagram-Profil also keineswegs ein Dasein unter Ausschluss der Öffentlichkeit, sondern wird aktiv aufgerufen. Übrigens auch und gerade dann, wenn Instagrammer über Werbe-Posts auf Ihr Unternehmen aufmerksam werden. Laut Instagram-interner Daten stammen zwei von drei

Ansichten eines Unternehmensprofils von Nicht-Followern. Es macht also durchaus Sinn, beide Strategien, den Aufbau organischer Reichweite mithilfe eines eigenen Instagram-Profils sowie Werbekampagnen, miteinander zu kombinieren (mehr dazu in Abschnitt 7.4.1 »Vorteile eines eigenen Instagram-Profils«).

Unternehmen bietet sich über ein eigenes Instagram-Profil die Chance, mit ihrer Zielgruppe zu interagieren und sowohl damit als auch mit visuellen Inhalten positive Emotionen zu wecken oder zu verstärken. Auf diese Weise lässt sich nicht nur nachhaltig Sympathie in Ihrer Wunschzielgruppe aufbauen, sondern auch eine höhere Kaufbereitschaft und schließlich mehr Abverkäufe und Weiterempfehlungen generieren.

In Zeiten der wachsenden weltweiten Popularität von Instagram erfordert der Aufbau einer Markencommunity inzwischen jedoch nicht nur Langmut, sondern vor allem ein kreatives Storytelling. Denn Instagrammer haben mittlerweile die Qual der Wahl, wenn es darum geht, anderen talentierten Nutzern, und dazu zählen definitiv auch Unternehmen und Marken, auf der Plattform zu folgen. Mit der Einführung des auf Relevanz bedachten Instagram-Algorithmus ist die Bereitstellung qualitativer und inspirierender Foto- und Videobeiträge, mit denen die Wunschzielgruppe stetig interagiert, jedoch wichtiger denn je.

Genau dieser Aspekt stellt in der überwiegenden Mehrheit der Unternehmen noch eine große Herausforderung dar. Neben deutlich begrenzten Ressourcen mangelt es oftmals an Ideen, mit welchen Inhalten Instagram auf welche Art und Weise dauerhaft bespielt werden kann.

Dieses Kapitel beschäftigt sich deshalb mit der Frage, wie Sie im Rahmen Ihrer Instagram-Strategie systematisch relevante Geschichten finden und damit ein eigenes Profil auf Instagram aufbauen können.

Doch bevor wir die wichtigsten Schritte zur Erstellung Ihrer Instagram-Strategie näher beleuchten, möchte ich noch auf einige grundlegende Vorüberlegungen eingehen, die Ihnen helfen sollen, das Potenzial von Instagram in Bezug auf Branding, Abverkauf, Traffic, Leads und Viralität besser einzuschätzen.

3.1.1 Branding

Lässt sich mit Marketingaktivitäten auf Instagram die Markenbekanntheit steigern? Die Antwort lautet definitiv ja.

Das zeigt zum Beispiel der maßgeblich durch Instagram getriebene Erfolg von Start-ups, die sich mit einer gänzlich neuen Marke eine treue und vor allem konvertierende Markencommunity auf Instagram aufgebaut haben. Dazu zählt beispielsweise der Uhrenhersteller Kapten & Son (@kaptenandson) aus Münster, der seine Markenbekanntheit mit gezieltem Influencer-Marketing via Instagram erheblich steigern und in das Relevant Set seiner Wunschzielgruppe gelangen konnte (mehr dazu in Kapitel 6 »Influencer-Marketing«).

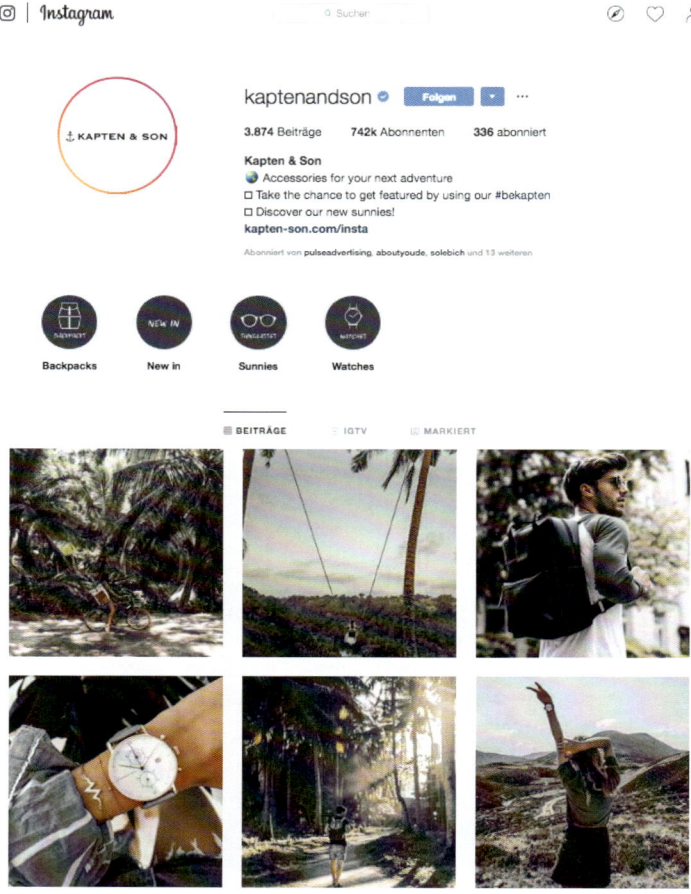

Abb. 3.1: *Webprofil-Ansicht der Marke Kapton & Son (@kaptonandson)*

Marken gehören seit jeher hinsichtlich der Größe ihrer Communitys, der Interaktion mit ihren Followern und der Nutzungsintensität ihrer Inhalte zu den erfolgreichsten Instagrammern.

Die schon in Kapitel 1 erwähnte positive Grundstimmung gegenüber Marken auf Instagram bietet Ihnen die Chance, Ihre Kunden emotional anzusprechen und im Dialog mit ihnen Ihr Markenimage aufzubauen und weiterzuentwickeln. Sie können dabei Ihre Geschichte und Ihr Selbstverständnis als Marke sowie deren Werte und Attribute über Bilder oder Videos erzählen und die Ideen und Vorstellungen Ihrer Kunden dabei einfließen lassen. Und das passiert ganz ohne Nebengeräusche. Denn Ihr Bild oder Video steht immer im Zentrum des Betrachters und füllt dessen Smartphone- oder Tabletbildschirm fast vollständig aus.

Indem Sie Instagram über ein eigenes Profil nutzen und Ihre Kreativität im Zusammenhang mit Ihrer Marke ausdrücken, sind Sie automatisch Teil der Community und auf Augenhöhe mit Ihren Followern und denen, die Ihre Bilder und Videos darüber hinaus betrachten. Das ist zum einen die perfekte Basis, um zu Ihren Kunden durchdringen zu können, und zum anderen, dauerhafte Beziehungen zu ihnen herzustellen.

Das Besondere an Instagram ist dabei, dass Sie Ihren Kunden besonders nah kommen können und umgekehrt. Denn Instagram steht für Authentizität, Menschlichkeit und Humor. Menschen gewähren anderen Menschen hier einen Einblick in Ihr Leben. Und so kann Ihre Marke bzw. Ihre Markenpersönlichkeit ebenfalls einen Einblick in Ihr Leben geben. »Die Marke erlebbar machen«, lautet oftmals eine Anforderung an Marketng-verantwortliche. Mit seinen reichhaltigen visuellen Storytelling-Tools, wie einem eigenen Instagram-Profil, Instagram Stories, Live-Videos oder gezielt ausgesteuerten Anzeigen bietet Ihnen Instagram die Möglichkeit, diese Anforderung umzusetzen und Ihre Marke auf unterschiedlichen Ebenen emotional zu inszenieren.

3.1.2   Abverkauf

Durch seine ursprünglich vergleichsweise weitgehende Isolation vom Web, indem Hyperlinks bisher nur an einer einzigen Stelle, nämlich Ihrer Profilbeschreibung (bzw. Biografie) sowie unter bestimmten Voraussetzungen in Ihren Instagram Stories einsetzbar waren, wurde Instagram in der Regel nicht primär als geeigneter Abverkaufskanal betrachtet. Mit der In-App-Shopping-Funktion von Instagram (siehe dazu auch die folgenden Ausführungen auf Seite 60ff. »Instagram-Shopping«), die es ermöglicht, Produkte sowohl in Foto- und Video-Posts als auch Stories zu taggen, sowie der Einführung von »Instagram Checkout«, womit der Kaufabschluss direkt innerhalb der Instagram App erfolgen kann, hat sich dies jedoch maßgeblich geändert. Instagram wird perspektivisch ein noch größeres Abverkaufs-Potenzial entfalten als bisher und zu einer großen Shopping-Plattform avancieren.

Ein Blick in die Kommentare unter den Foto- und Videobeiträgen der inzwischen vielfach vertretenen Unternehmen auf Instagram zeigt, wie stark das unmittelbare Produkt- und Kaufinteresse der Community tatsächlich ist.

Instagrammer drücken dabei ihr Gefallen (»nice!«, »love!«), ihren Besitz (»die habe ich auch, sind super!!!«) und mit der laut Instagram am häufigsten gestellten Frage »Wo kann ich das kaufen?« sehr oft ihre Kaufbereitschaft für ein bestimmtes Produkt aus. Zudem empfehlen sie es aktiv weiter, indem sie in den Kommentaren direkt ihre Instagram-Freunde markieren und zum Kauf anregen (»@krissiekobilke ist das nicht was für Dich?« oder »@krissiekobilke wollen wir das kaufen?«).

Instagrammer im Allgemeinen und Händler im Besonderen, die die Shopping-Funktionalität von Instagram noch nicht nutzen, verweisen mit der Bezeichnung »Link in Bio« oder auch #linkinbio deshalb in ihren Bildunterschriften auf einen Link in ihrer Profilbeschreibung bzw. Biografie zur direkten Kaufoption oder zu weiterführenden Inhalten zu ihrem Foto- oder Video-Post. (Problem: Durch den Instagram-Algorithmus werden Posts teilweise erst Tage später im Homefeed der Follower angezeigt, sodass der Link in der Biografie gegebenenfalls nicht mehr gültig ist.)

Abb. 3.2: *Instagram-Post von dm Deutschland (@dm_deutschland, Webprofil-Ansicht)*

Abb. 3.3: *Instagram-Post (Webprofil-Ansicht) von @fashionhippieloves mit dem Verweis »link in bio«*

Instagram-Shopping

Um die offensichtlichen Kaufabsichten der Instagrammer durch einen geeigneten Service aufzufangen, implementierte Instagram eine In-App-Shopping-Funktion in Posts und Stories. Dabei können Händler ihren organischen Posts bis zu fünf weiterführende Links oder einer einzelnen Story-Sequenz einen Produkt-Sticker (bzw. Produkt-Tags) hinzufügen und auf diese Weise einzelne Produkte markieren. Tippt ein Nutzer eine dieser Markierungen bzw. Tags wie im Beispiel des organischen Posts von CHRIST Juweliere und Uhrmacher in Abbildung 3.4 oder im Beispiel der Story von IKEA in Abbildung 3.5 an, gelangt er auf eine noch auf Instagram befindliche Produktdetailseite und von dort via AUF DER WEBSITE ANSEHEN auf die direkte Bestellmöglichkeit im Online-Shop des Händlers. Laut Instagram tippen rund 130 Millionen Instagrammer pro Monat auf Produktmarkierungen in Posts und Stories.

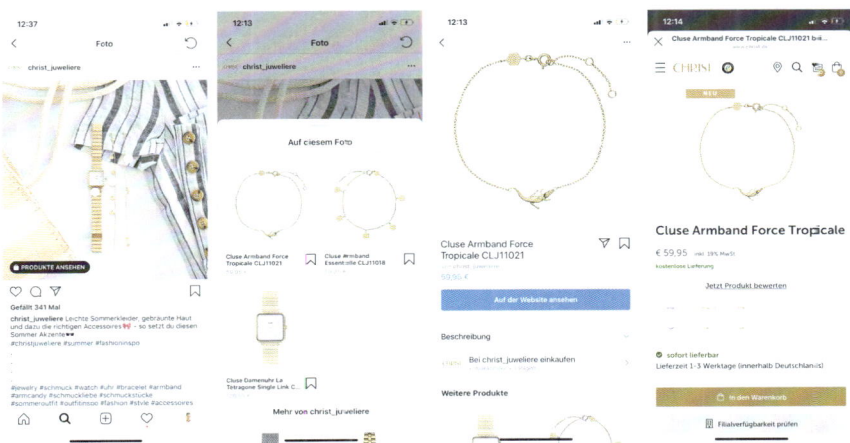

Abb. 3.4: *Beispiel-Ansicht von In-App-Shopping am Beispiel eines organischen Posts mit Produkt-Tags von CHRIST Juweliere und Uhrmacher (@christ_juweliere)*

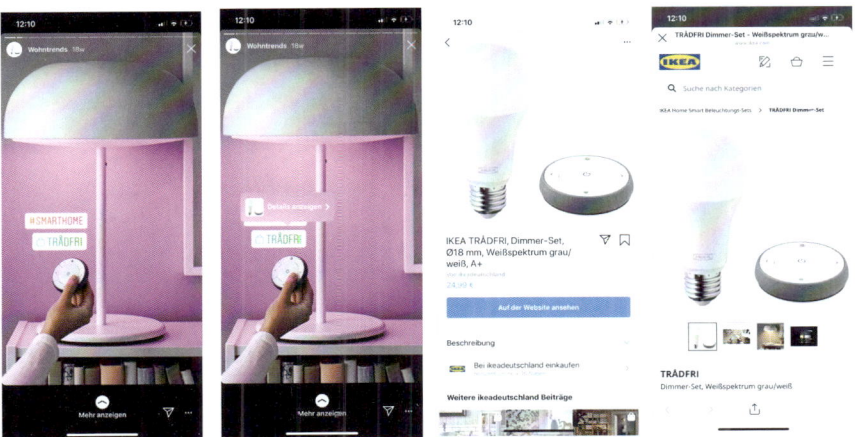

Abb. 3.5: *Beispiel-Ansicht von In-App-Shopping in Stories am Beispiel einer organischen Story-Sequenz von IKEA Deutschland (@ikeadeutschland)*

Um In-App-Shopping einzusetzen, müssen Händler folgende Voraussetzungen erfüllen:

▸ die Facebook-Handelsrichtlinien erfüllen (siehe dazu *https://www.facebook.com/policies/commerce?ref=fbb_ig_shopping_setup*)

▸ über ein Instagram-Business-Profil verfügen

▸ über eine verbundene Facebook-Seite verfügen

▸ überwiegend physische Güter verkaufen (das bedeutet beispielsweise, dass Sie keine Software über Instagram verkaufen können)

▸ das Instagram-Business-Profil mit einem Facebook-Katalog verknüpft haben

Letzteres funktioniert über zwei Optionen:

▸ den Upload Ihrer Produktinfos im Facebook Business Manager mithilfe des Catalog Managers von Facebook (*https://www.facebook.com/products/catalogs/new*) oder

▸ mithilfe eines Partners, wie Shopify, WooCommerce, Magento oder weiteren (siehe dazu ebenfalls *https://www.facebook.com/products/catalogs/new*)

Wichtig

Weitere Hilfestellung zum Setup Ihres Produkt-Katalogs über die Facebook-Marketing-API finden Sie auch auf der Seite Facebook for Developers:
https://developers.facebook.com/docs/marketing-api/catalog-setup

---

In beiden Fällen ist es damit möglich,

▸ sowohl Produkte auf Instagram in Ihren Posts und Stories zu taggen

▸ oder aber mit Ihren Produktinfos dynamisch generierte Werbeanzeigen sowohl auf Instagram als auch Facebook zu schalten, wie zum Beispiel Dynamic oder Collections Ads (siehe dazu auch Abschnitt 7.3.6 »Dynamic Ads« und 7.3.7 »Collection Ads«)

▸ Ihre Produkte über einen Facebook-Shop anzuteasern

▸ Ihre Produkte in organischen Posts auf Facebook zu taggen

▸ Ihre Produkte über den Facebook Messenger anzuteasern

▸ Ihre Produkte über den Facebook Marketplace anzubieten

Hinweis

Organische Posts und Stories mit Produkt-Tags können nicht werblich verlängert bzw. hervorgehoben werden (Stand Juni 2019).

Instagram Checkout

Eine Weiterentwicklung der In-App-Shopping-Funktion ist Instagram Checkout. Dabei findet der gesamte Kaufprozess inklusive Bezahlung wie im Beispiel von ColorPop Cosmetics (@colorpopcosmetics) Abbildung 3.6 innerhalb der Instagram-App statt. Stand heute (Juni 2019) befindet sich Checkout in einer Beta-Phase mit ausgewählten Unternehmen in den USA. Dabei erhält Instagram eine Provision über jede via Checkout durchgeführte Transaktion.

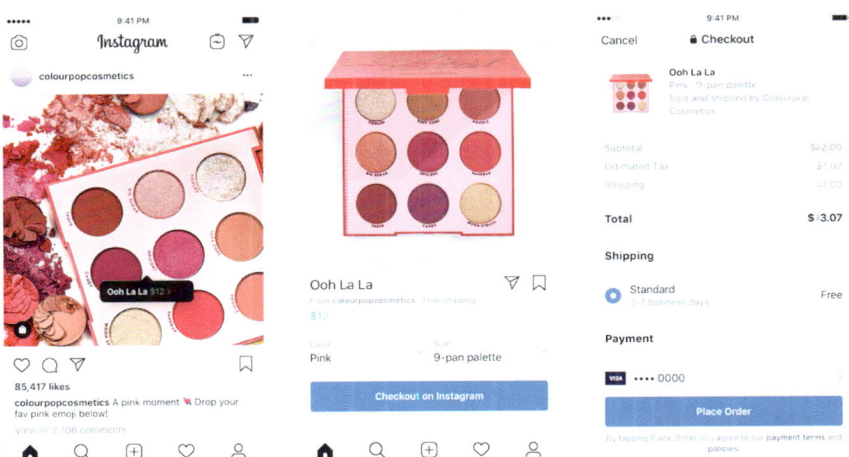

Abb. 3.6: *Instagram Checkout am Beispiel eines organischen Posts von ColorPop Cosmetics (@colorpopcosmetics)*

Aus Usersicht wird Shopping auf Instagram mithilfe der Checkout-Funktion insofern erleichtert, als dass die Zahlungsinformationen des Users nur einmalig in der App hinterlegt werden müssen (Stand heute Kredit- oder Debitkarte und PayPal) und ein Kauf damit wesentlich unkomplizierter abgewickelt werden kann. Zudem lässt sich ein Kaufabbruch aufgrund zu langer Ladezeiten des Online-Shops des Händlers umgehen.

Shopping for Creators

Mit der Funktionalität »Shopping for Creators« ermöglicht Instagram auch Influencern die Nutzung von Instagram Checkout, ohne dass sie den Status eines Händlers innehaben. Gerade diese Gruppe von Usern hat bei der Weiterentwicklung von Instagram zu einer E-Commerce-Plattform einen erheblichen Stellenwert, da Instagrammer sich nicht nur von Marken, sondern vermehrt auch von Influencern zu Käufen inspirieren lassen.

Anstelle der bisherigen Vorgehensweise von Influencern, Marken, die sie nutzen oder tragen, in ihren Posts oder Stories zu markieren und daraufhin eine immense Anzahl von Rückfragen zu den gezeigten Produkten in Kommentaren oder Direktnachrichten zu beantworten, können sie mithilfe von Checkout wie im Beispiel von Camila Coelho

(@camilacoelho) auf eine direkte Bestellmöglichkeit innerhalb der Instagram-App verweisen.

Voraussetzung dazu ist, dass sowohl der Influencer als auch die durch ihn promotete Marke am Instagram-Checkout-Programm teilnimmt.

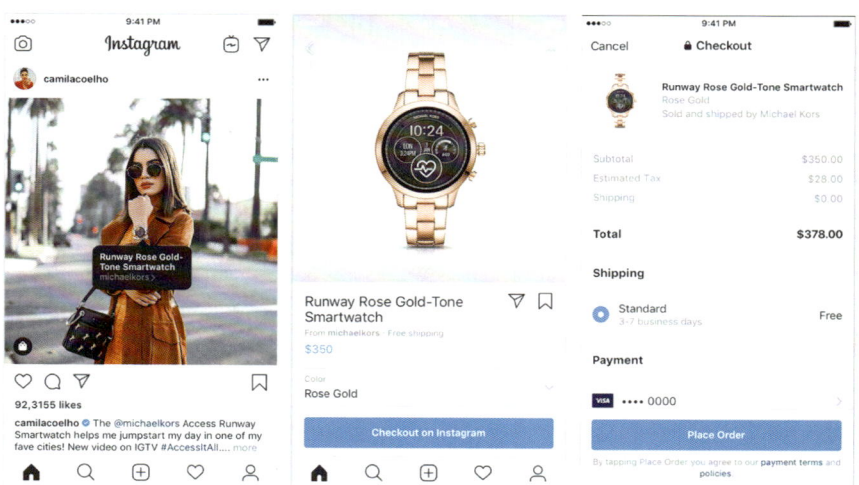

Abb. 3.7: *Beispielansicht eines organischen Posts der Influencerin Camila Coelho (@camilacoelho) mit Checkout-Funktion*

User Generated Content

Abgesehen von Marken- und Influencer-Content entfalten gerade auch die Produkt-fotos und Stories der übrigen Instagrammer eine inspirierende und vor allem besonders glaubwürdige Wirkung auf ihre meistens aus Freunden und Familie bestehende Followerschaft. Eine Studie des auf User-Generated-Content-Management spezialisierten Hamburger Unternehmens squarelovin zeigt, das gerade jüngere Käufergruppen bei Kaufentscheidungen eher, nämlich zu 61 Prozent, auf Social Media Content, der von ihren Freunden oder Bekannten stammt, vertrauen.

Eine Studie der Universität Wisconsin und dem Visual-Commerce-Unternehmen Olapic, das sich analog zu squarelovin darauf spezialisiert hat, Produktfotos, die von Käufern auf Instagram oder in anderen sozialen Netzwerken gepostet wurden, systematisch zu suchen und in Onlineshops zu integrieren, fand darüber hinaus heraus, dass ästhetische Produktfotos, auf denen Kunden ein Produkt nutzen oder tragen, die Konversionsrate in Onlineshops um fünf bis neun Prozent erhöht. Händler integrieren deshalb inzwischen vermehrt nutzergenerierte Produktfotos auf den Produkt-Detail-Seiten ihrer Shops.

So finden sich beispielsweise im offiziellen adidas-Online-Shop bei einer Vielzahl von Produkten nutzergenerierte Produkt-Fotos, die von ihren stolzen Besitzern vorrangig auf Instagram unter einem spezifischen Markenhashtag geteilt wurden.

Abb. 3.8: *Produkt-Detailseite im adidas-Webshop*

Die freiwilligen Markenbotschafter von adidas erlangen dabei oftmals selbst Kenntnis von den jeweils passenden Produkthashtags. adidas kommuniziert dazu in den Bildunterschriften seiner Produkt-Fotos und -Videos auf Instagram spezifische Produkthashtags und ruft darüber hinaus aktiv auf den Produkt-Detail-Seiten seines Shops dazu auf, Produkt-Fotos in sozialen Netzwerken zu teilen und mit diesem spezifischen Hashtag zu versehen.

Abb. 3.9: *Produkt-Detailseite im adidas-Webshop mit dem Aufruf, nutzergenerierte Produkt-Fotos zu teilen*

Weitere Informationen zu User-Generated-Content-Taktiken finden Sie in Kapitel 5 »Aufbau einer Community auf Instagram«.

Instagram Ads

Eine weitere bereits jetzt verfügbare Möglichkeit, potenzielle Käufer von Instagram direkt in Ihren Shop zu leiten, ergibt sich mit den von Instagram etablierten Werbeformen, wie beispielsweise Link Ads und Dynamic Ads, die einen Call-to-Action mit einer Verlinkung zu Ihrer Website enthalten. Diese und weitere Werbeformen werden in Kapitel 7 detailliert vorgestellt.

Store-Promotions

Die positive Stimmung innerhalb des Netzwerks kombiniert mit ästhetischen Produktfotos oder -videos regen jedoch nicht nur online Impulskäufe via Instagram an. Da Instagrammer mobil sind, und zwar nicht nur im Hinblick auf ihr Smartphone, sondern auch im Sinne von Beweglichkeit, draußen sein, die Welt erkunden, bieten sie auch Potenzial für den stationären Handel. Laut der in Kapitel 2 bereits zitierten Ipsos-Studie »Project Instagram« besuchte mehr als ein Drittel (34 Prozent) der Instagrammer aufgrund eines via Instagram entdeckten Produktes oder Services ein stationäres Geschäft. 18 Prozent tätigten einen Offline-Kauf.

Der erfolgreiche Fashion-Shop SUCK MY SHIRT aus München zeigt in seinen Highlight-Stories tolle Ansätze, seine Community nicht nur online, sondern auch offline zu begeistern. Wer das »SKMST«-Team beispielsweise beim Kickern oder PS4-Spielen im Store besiegt, erhält einen Rabatt von zehn Prozent auf den gesamten Einkauf. Der stationäre Shop wird darüber hinaus regelmäßig in den Stories sowie Posts promotet und Instagrammer so motiviert, auch in das stationäre Geschäft zu kommen.

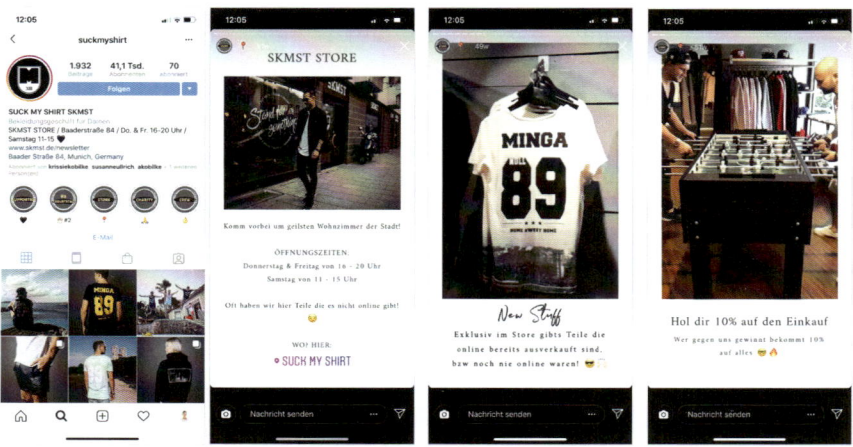

Abb. 3.10: *Profil-Ansicht von SUCK MY SHIRT (@suckmyshirt) sowie Auszüge aus der Hightlight-Story »Store«*

3.1.3 Traffic

Der einzige direkt messbare Traffic über Instagram, abgesehen von bezahlten Werbe-Posts, Verlinkungen in Stories sowie Produkt-Tags, sofern Sie Instagram Shopping einsetzen, wird über den Hyperlink in Ihrer Profilbeschreibung (bzw. Biografie) generiert, was Instagram im Vergleich mit anderen Traffic-Quellen auf den ersten Blick nicht standhalten lässt.

Sie sollten dennoch keine Chance ungenutzt lassen, auf Ihre URL aufmerksam zu machen. Denn wie schon in Kapitel 1 erwähnt, entdecken 74 Prozent der Instagram-mer Marken oder Produkte auf Instagram und mehr als die Hälfte davon rufen anschließend die dazugehörige Markenwebsite oder App auf. Dabei tippen sie entweder den Link in der Biografie an oder geben die Marken-URL oder Markennamen explizit in die Google-Suche oder in die Suche der App-Stores ein.

Tipp

Weisen Sie in Ihrer Biografie, in Ihren Bildunterschriften und in Kommentaren sowie Stories immer wieder auf den Link zu Ihrer Webseite hin und machen Sie damit Ihre URL bekannt. Auch wenn URLs in Bildunterschriften oder in Stories nicht anklickbar sind (es sei denn, es sind bestimmte Voraussetzungen, wie eine Verifizierung Ihres Accounts oder eine Followerzahl von mehr als 10.000 erfüllt), fördern Sie damit dennoch die Besuche auf Ihrer Website.

Teilen Sie Ihren Beitrag darüber hinaus mit anderen Netzwerken, sind die Links Ihrer Bildunterschrift oder Ihres Kommentars wiederum anklickbar, was den Traffic auf Ihrer Website positiv beeinflusst.

Weisen Sie auch immer wieder auf Produkte oder Aktionen auf Ihrer Website hin. Um in diesem Fall längere Produkt- oder Aktionslinks zu kürzen (und auch zu messen), eignen sich die Dienste bitly (*www.bitly.com*) oder owly (*www.ow.ly*).

Darüber hinaus macht es in bestimmten Posts (wie z.B. Zitate-Posts) Sinn, die URL Ihrer Website als Wasserzeichen in Ihre Fotos oder Videos zu integrieren. Das funktioniert beispielsweise mit dem Design-Programm Canva *https://www.canva.com* oder den kostenpflichtigen Varianten der Apps Over, Adobe Spark Post oder Mojo.

Auch wenn der Link in Ihrer Biografie verglichen mit anderen Kanälen zunächst vielleicht nicht zu Ihren Traffic-Treibern zählt, macht es Sinn, die Besucher, die darüber auf Ihre Seite gelangen, kontinuierlich zu messen. Der Traffic, der über den Link in Ihrer Biografie generiert wird, kann über die Statistiken Ihres Business-Profils nachvollzogen werden. Darüber hinaus sollten Sie in Erwägung ziehen, die Produkt- oder Aktions-URLs in Ihrer Biografie mit einem speziellen Kampagnen-Parameter zu versehen. So können Sie über Ihre Website-Statistiken nachvollziehen, wie hoch der über Instagram generierte Traffic einer bestimmten Aktion war (mehr dazu in Abschnitt 4.1.6 »Ihre URL« sowie 4.12 »Erfolgsmessung – hilfreiche Tools«). Erfahrungsgemäß kommen durchschnittlich zehn bis 20 Prozent des gesamten Website-Traffics von Instagram.

Sofern Sie Instagram Shopping einsetzen und eine starke Affinität zu Beauty-, Fashion- oder Lifestyle-Themen haben, kann Instagram aber auch zu Ihrer Haupt-Traffic-Quelle avancieren.

Der Großteil dieses Traffics, in der Regel mindestens 90 Prozent, stammt dabei von mobilen Geräten, denn Instagram wird fast ausschließlich über seine mobile App genutzt. Deshalb ist es sehr wichtig, dass der Link, den Sie in Ihrem Profil einsetzen, auf eine mobil optimierte Seite führt. Auch die Netzwerke, auf denen Sie Ihre Fotos und Videos via Instagram teilen, werden inzwischen überwiegend mobil genutzt. Der Anteil der Facebook-Nutzer beispielsweise, die das soziale Netzwerk mit dem Smartphone oder Tablet-PC nutzen, beträgt laut Facebook inzwischen über 90 Prozent.

Auch unabhängig von Ihrer Präsenz auf Instagram sollten Sie, falls noch nicht geschehen, in diesem Punkt schnellstmöglich aufrüsten, da immer mehr Menschen mit mobilen Endgeräten auf Websites zugreifen.

▸ Laut KPCB wächst der Anteil mobiler Webseitenzugriffe pro Jahr weltweit um das 1,5-Fache.

▸ Laut der GfK verbringen 14- bis 29-Jährige inzwischen Dreiviertel ihrer gesamten Online-Zeit auf dem Smartphone.

▸ Und auch bei den über 55-Jährigen entspricht die mobile Mediennutzung bereits mehr als der Hälfte ihrer Online-Zeit.

▸ Google hat zudem die mobile Optimierung von Seiten als Ranking-Faktor eingeführt und stuft Webseiten, die nicht für die mobile Nutzung ausgelegt sind, in den Suchergebnissen herunter, selbst wenn der Nutzer diese über einen Desktop-PC aufruft.

Ob Ihre Seite für die mobile Nutzung geeignet ist und welche Optimierungsmöglichkeiten Sie diesbezüglich haben, können Sie über den kostenlosen »Mobile Friendlyness Test« auf Google herausfinden (*https://www.google.com/webmasters/tools/mobile-friendly/?hl=de*).

3.1.4 Leads

Instagram bietet, wie schon in den vorangegangenen Abschnitten beschrieben, ein äußerst transaktionsaffines Umfeld. Der Link in Ihrer Biografie bildet dabei das zentrale Element, um mithilfe von Mehrwerten für Ihre Community, Leads, insbesondere qualifizierte E-Mail-Adressen, zu generieren. Damit gewinnt Instagram auch für B2B-Unternehmen zunehmend an Relevanz.

Als gängigste und zielführendste Strategie hat sich dabei das Angebot von relevanten Freebies als »Lead Magnet« über den Link in der Biografie etabliert. Dabei analysieren Unternehmen, auch im regelmäßigen Austausch mit ihrer Instagram-Community, die Problemstellungen ihrer Kunden (siehe dazu auch Abschnitt 3.4 »Analyse und Definition von Zielgruppen«) und bieten dazu Lösungen in Form von, in der Regel, kostenlosen

- ▸ Webinaren,
- ▸ Lehr-Videos,
- ▸ Whitepapern,
- ▸ Templates

- ▸ Toolkits
- ▸ Reports
- ▸ kostenlosen Produktdemos
- ▸ Buchkapiteln

oder anderen qualitativen Inhalten an.

Um das Freebie zu erhalten, muss der interessierte Nutzer, wie im Beispiel des Foundr Magazines (@foundr) seine E-Mail-Adresse hinterlassen. Auf diese Weise lässt sich der Adressbestand im Unternehmen gezielt aufstocken und bei entsprechender Einwilligung des Nutzers zu weiteren Marketingzwecken verwenden.

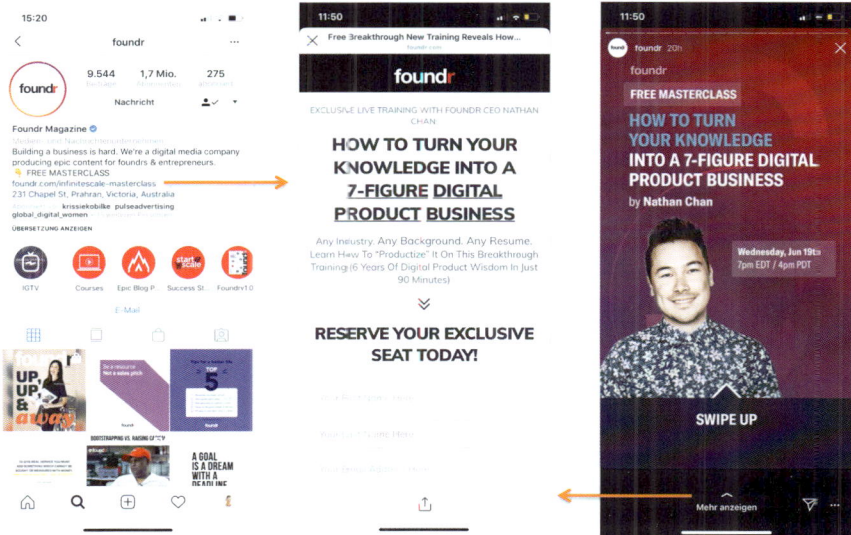

Abb. 3.11: Profil-Ansicht, Landingpage sowie Story-Sequenz von Foundr Magazine (@foundr)

Die so generierten Leads können im Anschluss etwa mithilfe weiterer vermittelter Mehrwerte, zum Beispiel über das Abonnement eines Newsletters oder weiteren lösungsorientierten Inhalten, mittelfristig schließlich zu zahlenden Kunden konvertiert werden.

Wichtig

Wichtig ist es, mit einem entsprechenden Call-to-Action über die zahlreichen Content-Formate auf Instagram wie Posts, Stories, Highlight-Stories, Bildbeschreibungen, Ihre Biografie, Hashtags oder auch Werbung gezielt auf Ihr Freebie hinzuweisen.

Spätestens an dieser Stelle zahlt sich eine nachhaltige und auf die Bedürfnisse Ihrer Zielgruppe ausgerichtete Content-Strategie auf Instagram aus (siehe dazu auch die folgenden Ausführungen). Indem Sie Ihren bestehenden und potenziellen Kunden über das Angebot von Freebies immer wieder beweisen, dass Sie nicht nur verkaufen, sondern ernsthaft Hilfestellung bieten wollen, gewinnen Sie langfristig Kunden via Instagram.

Leads via Instagram Direct

Auch über Instagram Direct können Sie beispielsweise bei Bestellwünschen oder konkreten Fragen und Hilfegesuchen Ihrer Kunden E-Mail- und/oder Adressdaten austauschen. (Der offene Austausch von privaten Daten, insbesondere Adressdaten, beispielsweise über Kommentare, ist laut den Nutzungsbedingungen von Instagram jedoch untersagt.) Darüber hinaus kann es auch eine Strategie sein, für Ihr Unternehmen relevante Instagrammer mit einer möglichst persönlichen Direktnachricht zu kontaktieren, Ihre Kontaktdaten zu hinterlassen und konkrete Hilfestellung anzubieten. Allerdings ist von dieser Strategie eindeutig abzuraten, da jede kommerzielle Nachricht bzw. Direktansprache von Usern (selbst wenn es sich dabei um einen Mehrwert für Ihren potentiellen Kunden handelt), ohne deren konkrete Zustimmung, gesetzlich verboten ist.

Leads via Gewinnspiel

Gewinnspiele eignen sich, wie auch auf anderen Social-Media-Plattformen, auch auf Instagram eher bedingt zur validen Adress-Generierung, insbesondere wenn es Ihr Ziel ist, zahlungsbereite Kunden zu gewinnen. Für die auf der Plattform seit jeher stattfindenden Foto- und Video-Wettbewerbe ist die Angabe einer validen E-Mail-Adresse oder gar Adresse zudem in der Regel nicht nötig und wird daher auch nicht akzeptiert. Zwar können Gewinnspiele analog zu Freebies auch über den Link in der Biografie angeteasert werden, allerdings ist die Qualität der generierten Adressen, je nach Bezug des Gewinns zu Ihrem Unternehmen, oftmals gering. Mehr zum Thema Gewinnspiele finden Sie in Kapitel 4 und 8.

Leads via Call-to-Action-Buttons Ihres Business-Accounts

Wie schon in Abschnitt 2.1.2 »Instagram-Business-Profil« beschrieben, lassen sich zudem mithilfe diverser verfügbarer Call-to-Actions-Buttons, zum Beispiel via Eventbrite, Appointments by Facebook und vielen mehr, Leads direkt über die Kontaktoptionen Ihres Business-Profils generieren. Auch hier empfiehlt es sich, Ihre Community regelmäßig auf eine Terminvereinbarungs- oder Reservierungsmöglichkeit direkt über Ihr Business-Profil hinzuweisen.

3.1.5   Viralität

Da das Reposten von Inhalten im Vergleich zu Facebook, Twitter oder Pinterest in der App funktional nicht vorgesehen ist, scheint Instagram in Bezug auf die Viralität seiner Beiträge einen Nachteil zu haben. Dieser wird jedoch durch das hohe allgemeine »Engage-ment-Level« der Instagrammer, die einfache »Teilen«-Funktion mit anderen Netzwerken, insbesondere Facebook, die Verbreitungsmöglichkeit von Posts via Stories, die verstärkte Nutzung von Hashtags sowie das häufige Markieren anderer Nutzer, vor allem in Kommentaren, aufgehoben.

3.2   Finden und Formulieren einer Unternehmensvision und -mission

Als Einstieg in Ihre Überlegungen, Ihr Unternehmen oder Ihre Marke auf Instagram zu visualisieren, eignet sich zuallererst die (Rück-)Besinnung auf die Vision und die Mission Ihres Unternehmens. Denn die Beschäftigung mit dem ursprünglichen oder aktuellen Zweck Ihres Unternehmens und Ihren damit verbundenen Glaubenssätzen verschafft Ihnen bereits einen Zugang zu einer viel größeren (Bilder-)Welt als die allgegenwärtige einengende Produktsicht.

Aus der Vision und der Mission Ihres Unternehmens lässt sich eine Vielzahl von Geschichten ableiten, die Sie über Instagram erzählen können und die Ihre bestehenden und potenziellen Kunden inspirieren werden. Sie bilden die übergeordnete visuelle Klammer für alle Foto- und Videobeiträge, die Sie über Instagram lancieren wollen. Gleichzeitig bildet die Vision und die Mission Ihres Unternehmens und deren Kommu-nikation über Ihre visuellen Inhalte Hashtags und Bildbeschreibungen ein solides Fundament für den Aufbau Ihrer treuen Markencommunity.

Ein sehr anschauliches und äußerst hilfreiches Konzept, Ihrer Vision und Ihrer Mission auf die Spur zu kommen, liefert der britische Bestsellerautor und Unternehmensberater Simon Sinek. Er ist der Überzeugung, dass die erfolgreichsten Unternehmen der Welt ein bestimmtes und exakt gleiches Muster in ihrem Denken, Handeln und ihrer internen und externen Kommunikation eint.

Dieses Muster hat Sinek im Modell des »Golden Circle« entschlüsselt und unter ande-rem in einem viel beachteten TED-Talk veranschaulicht: *https://www.ted.com/talks/ simon_sinek_how_great_leaders_inspire_action?language=de*.

Der Golden Circle besteht dabei aus drei Dimensionen:

▸ dem »Warum« bzw. der Vision eines Unternehmens
▸ dem »Wie« bzw. der Mission eines Unternehmens
▸ sowie dem »Was« bzw. den konkreten Produkten oder Services eines Unternehmens

Laut Sinek startet jedwede Handlung, insbesondere auch die Kommunikation eines langfristig erfolgreichen Unternehmens, zunächst mit der Frage nach dem »Warum«.

Denn Sinek ist überzeugt, dass Menschen im Allgemeinen »nicht kaufen, was Sie tun, sondern, warum Sie es tun«. Sie wollen Teil einer Idee, einer Vision sein.

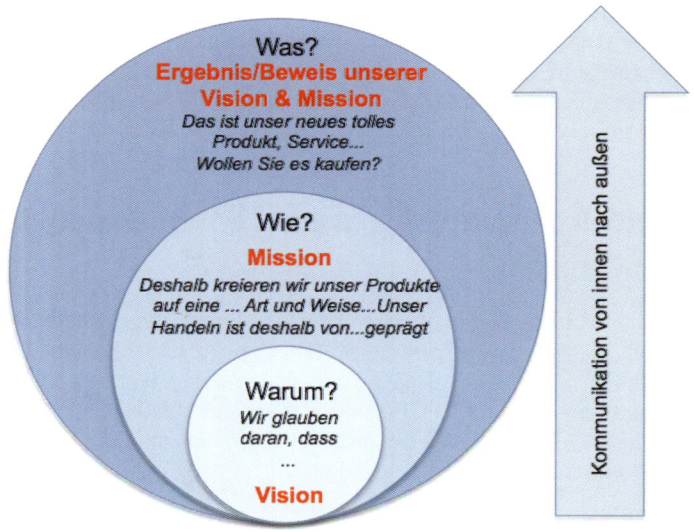

Quelle: Kristina Kobilke nach
„The Golden Circle" von Simon Sinek

Abb. 3.12: *Modell des »Golden Circle« nach Simon Sinek*

Warum?

Um Ihr »Warum« zu identifizieren, eignen sich folgende Fragestellungen:

- Warum gibt es Ihr Unternehmen oder Ihre Marke überhaupt?
- Mit welcher Motivation wurde Ihr Unternehmen gegründet?
- Was wollen Sie in der heutigen Welt bewegen oder verändern?
- Wonach streben Sie mit Ihrem Unternehmen? Was treibt Sie an?
- Was sind Ihre Werte, Einstellungen – Ihre Haltung (oder die Ihrer Marke)?
- Woran glauben Sie oder woran haben die Gründer Ihres Unternehmens geglaubt?

Die Frage nach dem »Warum?« zielt dabei also nicht auf das allgegenwärtige Unternehmensziel bzw. Ergebnis »Umsatz zu generieren« ab, sondern auf Ihre tief verwurzelten Glaubenssätze, mit denen Sie die Welt verändern oder verbessern wollen und die gleichzeitig die Vision Ihres Unternehmens bilden. Formulieren Sie Ihre Vision am besten wie folgt: »Wir glauben daran, dass ...«

Das amerikanische Start-up Cuyana (@cuyana) beispielsweise hat die Vision, dass Mode in einer Zeit von wöchentlich wechselnden Trends und damit verbundener möglichst günstig produzierter »Fast Fashion«, die in überbordenden Kleiderschränken endet, auch ganz anders sein kann, nämlich viel erfüllender und seelenvoller.

Die Gründerinnen glauben fest daran, dass der Besitz von deutlich weniger, dafür aber hochwertigeren Dingen (insbesondere Kleidung), zu denen man auch eine Beziehung hat, die man sogar liebt, zu einem besseren und erfüllteren Leben führt.

»We believe in style over trends, in quality over quantity, in loving your closet. We believe in fewer, better things«, lautet das wortwörtliche Credo.

Abb. 3.13: *»Über Uns«-Seite auf der Website von Cuyana*

Wie?

Das »Wie« wiederum beschäftigt sich mit der Fragestellung, auf welche Art und Weise Sie Ihre Vision erreichen wollen, oder einfacher ausgedrückt, wie Sie tun, was Sie tun, und was Sie dabei anders als andere machen. Es entspricht im übertragenen Sinne Ihrer Mission.

- Wie oder womit schaffen Sie es, dass Ihre Vision Realität wird?
- Mit welchen besonderen Produktionsprozessen, besonderen Herstellungsverfahren, Materialien, besonders klugen Köpfen in Ihrem Unternehmen wollen Sie Ihre Vision erreichen?
- Was machen Sie anders als Ihre Konkurrenz?
- Warum sollten Ihre potenziellen Kunden genau Ihnen vertrauen und nicht anderen Unternehmen?

Der Vision von Cuyana, »Mode erfüllender und seelenvoller« werden zu lassen, folgt die Mission, hochwertige und langlebige »Key Pieces« zu erschwinglichen Preisen in zeitlosen Designs zu kreieren.

Jedes Kleidungsstück oder Accessoire wird dabei von hochspezialisierten Kunsthand-werkern, die eine Expertise für bestimmte Materialien und traditionelle Fertigungswei-sen besitzen, in ihrer jeweiligen Heimat auf nachhaltige Art und Weise produziert.

Die Kleidung soll damit eine Seele bekommen, nicht an Trends gebunden sein, sondern bewusst von ihren Käuferinnen ausgewählt werden, um langfristig getragen und wirk-lich geliebt zu werden.

Cuyana versendet seine Ware zudem in einem Stoffbeutel, in dem die Käuferinnen Klei-dungsstücke, die sie nicht mehr benötigen, gegen einen Einkaufsrabatt an Cuyana zurückschicken können. Die Kleidung wird an Frauen in Not gestiftet.

Was?

Das »Was« bezieht sich schließlich auf Ihre Produkte und Dienstleistungen, die aus Ihrer Vision und Mission resultieren.

‣ Das »Golden Circle«-Modell von Sinek könnte im Fall von Cuyana also zum Beispiel wie folgt aussehen.

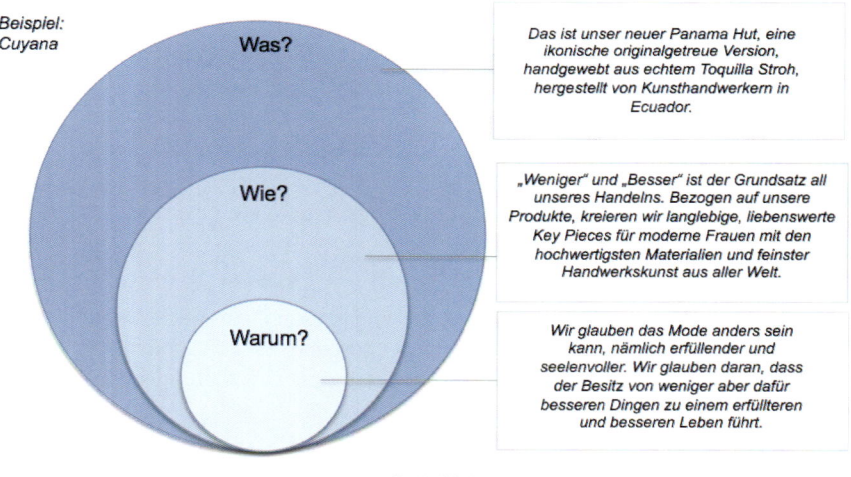

Quelle: Kristina Kobilke nach
„The Golden Circle" von Simon Sinek

Abb. 3.14: *»Golden Circle«-Modell am Beispiel Cuyana*

Cuyana bringt sein »Warum« und sein »Wie« via Instagram sowohl in der Biografie, über das Hashtag #fewerbetter, mit dem es seine Postings markiert, in den Instagram Stories als auch durch eine auf das Wesentliche reduzierte minimalistische Bildsprache zum Ausdruck.

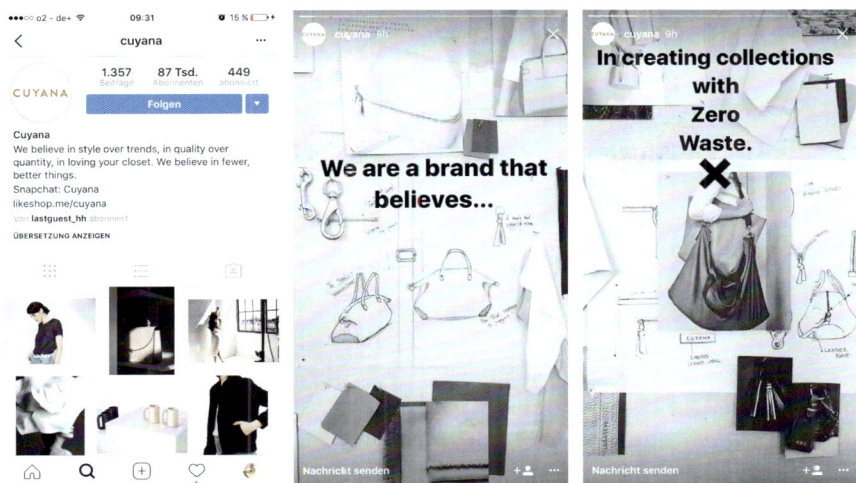

Abb. 3.15: *Instagram-Profil-Ansicht sowie Auszüge einer Instagram Story von Cuyana*

Grundsätzlich ließen sich die auf Instagram verfügbaren Content-Formate wie folgt auf den Golden Circle übertragen:

Warum:

▸ Profilbeschreibung in der Biografie

▸ (Marken-)Hashtag

▸ Bildsprache

▸ Tonalität

Wie:

▸ Instagram Stories (Blick hinter die Kulissen, Herstellung eines Produkts, Entstehung einer Kampagne ...)

▸ Live-Videos

▸ Bildunterschriften (Wo kommt dieses Produkt her? Wie wurde es hergestellt?)

Was:

▸ einzelne Foto- und Video-Posts mit Produktansichten

▸ Bildunterschriften (Produktbezeichnung ...)

▸ Markierungen (Mentions) von Herstellern, Designern etc.

▸ Markieren von Orten, an denen ein Produkt hergestellt wurde

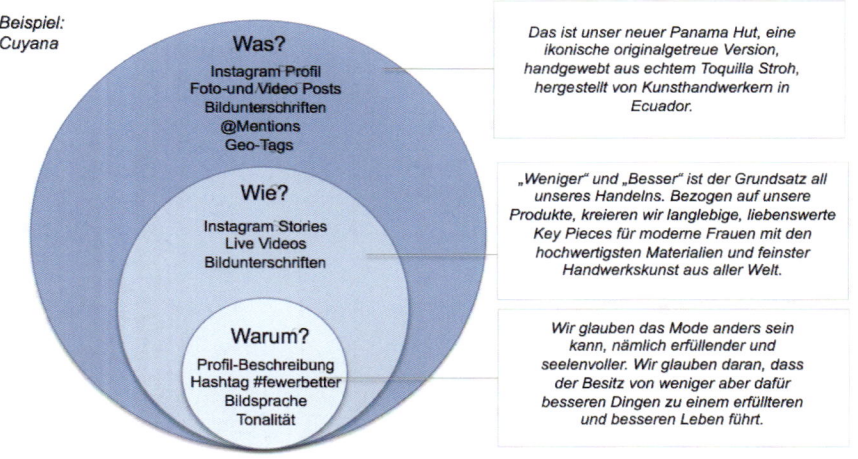

Abb. 3.16: Instagram-Content-Formate übertragen auf das Modell des Golden Circle

Die überwiegende Mehrheit der Unternehmen kommuniziert im Modell des Golden Circle von außen nach innen, also zunächst über das »Was« in Form von Produkteigenschaften und Fakten, jedoch selten über das »Wie« und »Warum«.

Laut Erkenntnissen aus dem Neuromarketing adressiert die Kommunikation über das »Was« jedoch nur den rationalen und analytischen Teil, nämlich den Neocortex, unseres Gehirns, der für die Verarbeitung von Daten und Fakten zuständig ist. Er steuert jedoch nicht unser Verhalten. Der emotionale Teil unseres Gehirns, das limbische System, das unter anderem für unsere (Bauch-)Gefühle und unser Verhalten, wie zum Beispiel Vertrauen oder Treue zuständig ist und nach Ansicht von Neuromarketing-Experten in erster Linie unsere Kaufentscheidungen verantwortet, bleibt von dieser Art der Kommunikation jedoch völlig unberührt. Um uns jedoch emotional zu erreichen, bedarf es einer Kommunikation über das »Warum« und das »Wie,« und das idealerweise in einer visuellen Form, denn das limbische System hat keinerlei Kapazität für Sprache.

In Bezug auf Ihre Kommunikationsstrategie auf Instagram bedeutet das, dass Sie Ihre Vision nicht nur in Ihren Texten, sondern auch immer wieder visuell zum Ausdruck bringen sollten. Denn auf diese Weise ziehen Sie genau die Menschen an, die die gleichen Glaubenssätze und Wertvorstellungen haben wie Sie und die gern Teil Ihrer Community sein und Ihre Produkte oder Services kaufen wollen.

Adressieren Sie die Wertvorstellungen Ihrer Kunden

Instagram bietet Ihnen mit einem inspirierenden Umfeld und reichhaltigen Storytelling-Tools die Möglichkeit, mit visuellen Inhalten und inspirierenden Texten genau die Menschen emotional zu erreichen, die ähnliche Wertvorstellungen und Einstellungen haben wie Sie bzw. Ihr Unternehmen. Die_enigen, die an das glauben, an das Sie glauben, bzw. die gleiche Vision haben wie Sie, sind auch eher bereit, Ihre Produkte oder Dienstleistungen zu erwerben und ein aktiver Teil Ihrer Community zu werden.

Ein sehr plakatives Beispiel dazu liefert der amerikanische Arbeits- und Wanderschuh-hersteller Danner (@dannerboots). In seinen Anfängen auf Instagram im Jahr 2011 setzte Danner noch auf die »Was«-Kommunikation und postete, ähnlich wie in einem Produkt-katalog, in erster Linie wenig inspirierende Produktansichten seiner Wanderschuhe.

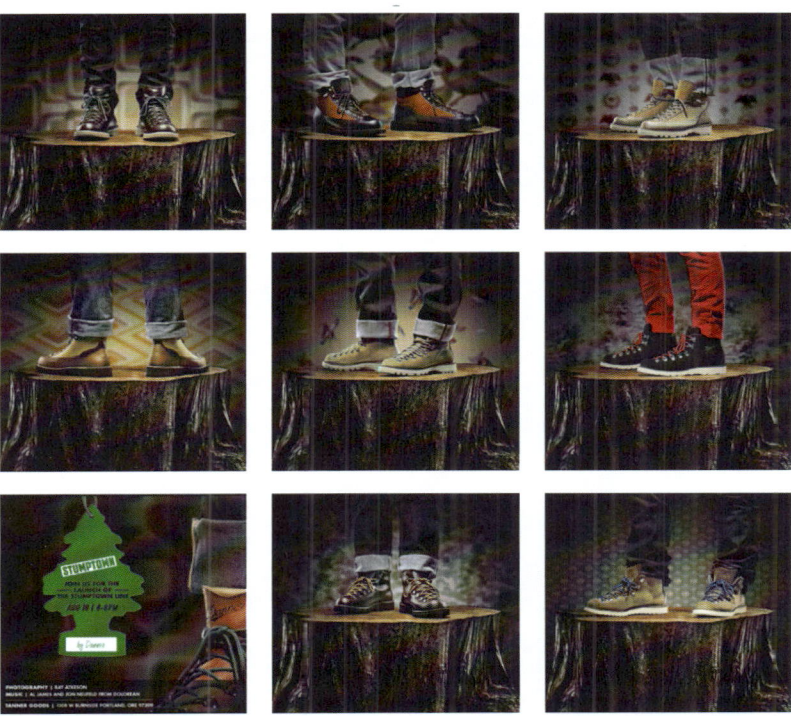

Abb. 3.17: *Instagram-Posts von @dannerboots aus dem Jahr 2011*

Heute eröffnet sich dem Betrachter des Danner-Accounts eine faszinierende Welt von Abenteuern, die sich mit den hochwertigen, traditionell gefertigten Wanderschuhen des Schuhherstellers erleben lassen. Da gibt es fantastische Wasserfälle, die dem uner-schrockenen Wanderer begegnen, oder den selbst gefangenen Fisch, der in der Pfanne über dem offenen Feuer brutzelt, oder der steinige Weg zum Berggipfel, der den stra-pazierfähigen Schuhen nichts anhaben konnte.

Die Geschichten werden dabei nicht nur von Danner selbst, sondern auch von der eige-nen Markencommunity erzählt und wecken bei Gleichgesinnten zuallererst die Sehnsucht, Teil dieser Wanderer-Community zu sein, ein neues Abenteuer mit Freunden zu planen und dabei gegebenenfalls auf die Wanderschuhe von Danner zu setzen.

Abb. 3.18: *Instagram-Posts von @dannerboots aus dem Jahr 2015*

Die über Instagram visuell kolportierte Vision von Danner könnte demnach wie folgt lauten: »Wir glauben fest daran, dass die Natur einmalige Erfahrungen für Menschen bereithält. Weder ein steiniger Untergrund, noch Glätte, Hitze oder Nässe können einen Menschen davon abhalten, das Abenteuer seines Lebens in der Natur zu genießen.«

Daraus leitet sich sinngemäß die Mission ab: »Wir stellen die besten (Wander-)Schuhe für qualitätsbewusste Männer und Frauen her, indem wir die traditionelle bewährte Handwerkskunst des Firmengründers Charles Danner weiterführen und uns dabei an den höchsten Standards messen. Unsere Schuhe sollen ihren Trägern damit den größtmöglichen Schutz und Komfort bieten und treue Begleiter ihrer einmaligen Erlebnisse in der Natur sein.«

Der Instagram-Account von Danner dient somit einerseits dem Zweck, Menschen dazu zu inspirieren, das Abenteuer ihres Lebens zu erleben, und andererseits subtil die besondere Qualität der Wanderschuhe von Danner herauszustellen.

3.3   Definition einer konkreten Zielsetzung

Im nächsten Schritt stellen Sie sich die wichtige Frage, was Sie im Sinne Ihrer Unternehmensvision- und mission mit Ihren nhalten auf Instagram konkret erreichen wollen und wie Sie Ihren Erfolg diesbezüglich messen können.

Instagram kann inzwischen zu einer Vielzahl von strategischen Zielen im Unternehmen beitragen, sei es:

- neue Kunden zu gewinnen,
- Kunden zu binden,
- über Employer Branding neue Mitarbeiter zu rekrutieren,
- Ihre Reputation zu verbessern
- oder gar Produktinnovationen hervorzubringen.

Damit zahlt es auf die übergeordneten Ziele Ihres Unternehmens ein, wie z.B. den Umsatz zu steigern oder die Kosten zu senken.

Doch damit Sie Ihren Erfolg auf Instagram bewerten und Ihre Aktivitäten immer wieder optimieren können, ist es erforderlich, diese generischen Ziele auf eines oder mehrere Ziele herunterzubrechen, die S.M.A.R.T. formuliert sind. S.M.A.R.T. heißt dabei, dass Ihre Ziele

- **spezifisch**
- **messbar**
- in Ihrer Organisation **akzeptiert**
- **realistisch** erreichbar
- und mit einem zeitlichen Bezug versehen bzw. **terminiert** sein sollten.

Ein äußerst hilfreiches Tool ist an dieser Stelle die von der Fokusgruppe Social Media des Bundesverbandes Digitale Wirtschaft (BVDW) veröffentliche Matrix sowie der gleichnamige Leitfaden »Erfolgsmessung in Social Media«.

Mit diesem Instrument ist es Ihnen möglich, Ihre strategischen Unternehmensziele systematisch für Social Media zu operationalisieren, Erfolgskennzahlen zu definieren und schließlich mithilfe klar messbarer Key-Performance-Indikatoren eine Zieldefinition zu entwickeln.

Ein erster Schritt ist dabei, aus einem übergeordneten strategischen Ziel, das einem Ihrer Unternehmensziele dient, konkrete Maßnahmen abzuleiten, mit denen Sie dieses Ziel erreichen könnten. Lautet Ihr Ziel beispielsweise, neue Kunden für Ihr Unternehmen zu gewinnen, um mehr Umsatz zu generieren, so könnte eine daraus abgeleitete Maßnahme sein, mit Ihren Aktivitäten zunächst einmal die Bekanntheit oder auch Sichtbarkeit Ihres Unternehmens, Ihrer Marke oder Ihrer Produkte auf Instagram zu steigern.

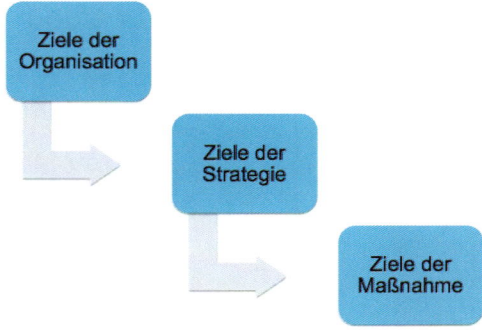

Abb. 3.19: Ableitung operationaler Ziele aus einem Unternehmensziel
(© Kristina Kobilke nach BVDW-Leitfaden »Erfolgsmessung in Social Media«)

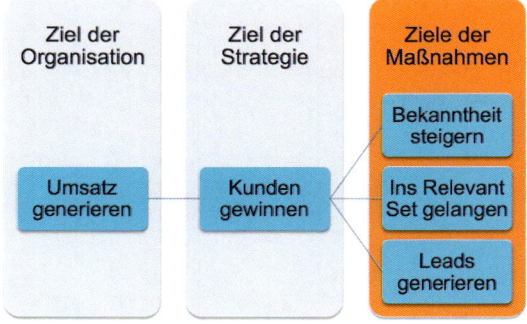

Abb. 3.20: Herleitung operationaler Ziele am Beispiel des Unternehmensziels
»Umsatz generieren« (© Kristina Kobilke nach BVDW-Leitfaden »Erfolgsmessung
in Social Media«)

Ein Indikator für die Wirkung Ihrer Maßnahme ist dabei die auf Instagram generierte Reichweite in der Community. Damit verbundene Messgrößen sind:

- die Anzahl Ihrer Abonnenten,
- die Zahl der Impressions Ihrer Beiträge,
- die Anzahl der über Ihre Beiträge erreichten Nutzer,
- Ihre Profilaufrufe
- oder die Anzahl der mit Ihrem Markenhashtag versehenen nutzergenerierten Posts.

Im Sinne einer S.M.A.R.T.en Formulierung könnte Ihre Zieldefinition, wohl wissend, dass ein rein auf die Gewinnung von Followern ausgerichteter Ansatz nicht Ihr alleiniges Ziel sein sollte, wie folgt lauten:

»Um unsere Bekanntheit auf Instagram zu steigern, generieren wir mit unseren Maßnahmen innerhalb der nächsten zwölf Monate eine Anzahl von 10.000 Abonnenten für unser Instagram-Profil.«

Gesetzt den Fall, Sie haben gerade eine Anzahl von 1.000 Abonnenten, verfolgen Sie damit ein äußerst ambitioniertes Ziel (siehe dazu auch die durchschnittliche Follower-Growth-Rate auf Instagram).

Abhängig von

- Ihrer Unternehmensgröße,
- Markenbekanntheit,
- der Größe Ihrer übrigen Social-Media-Kanäle,
- der Promotion Ihres Instagram-Accounts in Ihren On- und Offline-Kanälen
- und/oder auf Ihren Produktverpackungen,
- Ihrem Interaktionsniveau auf der Plattform
- sowie Ihrer generellen Inhalte-Strategie (beispielsweise die Zusammenarbeit mit Influencern)

kann Ihr Ziel aber wieder in greifbare Nähe rücken.

Follower-Growth-Rate

Als hilfreicher Key-Performance-Indikator (KPI) zur Überwachung Ihrer Fortschritte kann Ihnen Ihre Follower-Growth-Rate dienen, die den Zuwachs an Followern bzw. Abonnenten in einem bestimmten Zeitraum im Verhältnis zur Gesamtanzahl Ihrer Abonnenten bemisst. Als eine sehr gute Follower-Growth-Rate gilt auf Instagram ein durchschnittliches monatliches Wachstum Ihrer Followerschaft zwischen 6 und 8 Prozent. Je größer Ihr Account wird, desto schwerer wird es sein, dieses Wachstum aufrechtzuerhalten. Die Follower-Growth-Rate lässt sich idealerweise mit einem professionellen Tool überwachen (siehe dazu auch Abschnitt 3.9 »Organisation und Ressourcen« sowie Abschnitt 4.12 »Erfolgsmessung – hilfreiche Tools«).

Um ein überproportionales Follower-Wachstum zu erzielen, sind abseits von regelmäßigen Posts und Stories in der Regel auch intensivere Maßnahmen zum Ausbau Ihrer Community notwendig. Dazu zählen beispielsweise die gezielte Zusammenarbeit mit Influencern, das Schalten von Werbung (siehe dazu auch Abschnitt 7.5.2), unter bestimmten Voraussetzungen der Einsatz von Gewinnspielen sowie die verstärkte Promotion Ihres Accounts über weitere On- und Offline-Kanäle. (Nähere Informationen dazu finden Sie in Kapitel 5 »Aufbau einer Community auf Instagram«.)

Engagement-Rate

Ein weiterer, vor allem qualitativer Indikator für das Ziel, Ihre Bekanntheit auf Instagram zu erhöhen, sollte auch die Ihnen entgegengebrachte Aufmerksamkeit seitens der Community-Mitglieder sein. Diese drückt sich zum Beispiel in der Anzahl der Interaktionen mit Ihren Beiträgen aus.

Ein naheliegender KPI, der sich daraus ableiten lässt und der von den meisten Unternehmen als Gradmesser für die richtige Content-Strategie genutzt wird, ist die Engagement-Rate. Sie ergibt sich aus der Summe aller Interaktionen mit einem Ihrer Posts im Verhältnis zur Anzahl Ihrer Abonnenten. Ein weiteres Ziel könnte somit lauten:

»Wir steigern unsere Engagement-Rate bis Ende dieses Jahres auf durchschnittlich fünf Prozent.«

Die Mehrheit der Unternehmen (sowie auch der am Markt verfügbaren Social-Media-Analyse-Tools) berechnet die Engagement-Rate auf Instagram aus der Summe der Likes und Kommentare eines Posts im Verhältnis zur aktuellen Followerzahl. Allerdings sind auch shared und saved Posts interessante Kennzahlen, die das Involvement der Zielgruppe noch viel stärker ausdrücken können.

‣ Je nach Ihrer Zielsetzung kann es deshalb empfehlenswert sein, auch shared und saved Posts in der Berechnung Ihrer Engagement-Rate zu berücksichtigen,

‣ und/oder auch Kommentare, shared und saved Posts stärker zu gewichten, indem sie innerhalb der Formel mit einem bestimmten Faktor multipliziert werden.

Denn Likes sind auf Instagram schnell vergeben und gegebenenfalls wenig aussagekräftig, wenn Sie das tatsächliche Interesse Ihrer Community für Ihre Marke messen wollen.

Engagement on Reach

Darüber hinaus macht es absolut Sinn, die Likes, Shares, Kommentare und saved Posts nicht nur ins Verhältnis zur aktuellen Followerzahl zu setzen, sondern zur tatsächlich generierten Reichweite Ihrer Posts. Dies drückt die Engagement-on-Reach-Rate aus. Dabei setzen Sie die Interaktionen Ihres Posts (oder auch Ihrer Story) mit der real erreichten Anzahl von Instagram-Konten ins Verhältnis. Die Engagement-on-Reach-Rate ist darüber hinaus auch ein spannender KPI für die Bewertung von Influencern (siehe dazu auch Kapitel 6 »Influencer-Marketing«).

Reach-Rate

Im Zusammenhang mit der Engagement-on-Reach-Rate ist auch die Reach-Rate von Interesse. Sie drückt die tatsächlich mit einem Post oder einer Story erzielte Reichweite im Verhältnis zu Ihrer aktuellen Followerzahl aus. Eine sinkende oder steigende Reach-Rate lässt Rückschlüsse zur Effizienz Ihrer Content-Strategie zu. Denn die erzielte Reichweite Ihrer Posts hängt maßgeblich von deren Bewertung durch den Instagram-Algorithmus ab. Wesentliches Kriterium für den Algorithmus ist dabei das Engagement der Instagrammer mit Ihren Posts und Stories (siehe dazu auch Abschnitt 2.1.10 »Homefeed«).

Der vielfach zitierte und auf Instagram und Facebook spezialisierte Social-Media-Analytics- und Management-Anbieter Iconosquare ermittelte in seiner Benchmark-Studie im April 2019, bei der über 30.000 Business-Profile unterschiedlicher Branchen weltweit untersucht wurden, die in Abbildung 3.21 gezeigten durchschnittlichen Engagement-, Reach- sowie Engagement-on-Reach-Raten:

Instagram Engagement Benchmarks per Industry

	Engagement rate	Reach rate	Engagement on reach	Number of media posted per day
Shopping & Retail	2,8%	29,54%	8,26%	0,99
Media	5,55%	37,47%	13,21%	1,34
Food & Beverage	4,13%	36,00%	9,53%	0,60
Consumer Brands	4,39%	32,07%	11,68%	0,81
Travel	4,94%	39,94%	11,31%	0,62
Public Figure	5,77%	33,35%	17,06%	0,62

iconosquare

blog.iconosquare.com

Abb. 3.21: Ergebnisse der Iconosquare-Benchmark-Studie aus April 2019

Hashtag-Growth-Rate

Auch die Hashtag-Growth-Rate gibt Aufschluss darüber, wie sich Ihre Bekanntheit und Sichtbarkeit auf der Plattform verändert bzw. wie Ihre Markencommunity auf Instagram wächst. Sie drückt den Zuwachs der in einem bestimmten Zeitraum mit Ihrem Markenhashtag versehenen Posts im Verhältnis zu deren Gesamtzahl auf der Plattform aus. Auch hieraus ließe sich ein konkretes Ziel ableiten, beispielsweise:

»Mit unserer Aktion XY steigern wir die Anzahl der mit unserem Markenhashtag markierten Posts binnen vier Wochen um zehn Prozent.«

oder:

»Wir steigern unsere Hashtag-Growth-Rate bis Ende des Jahres um fünf Prozent «

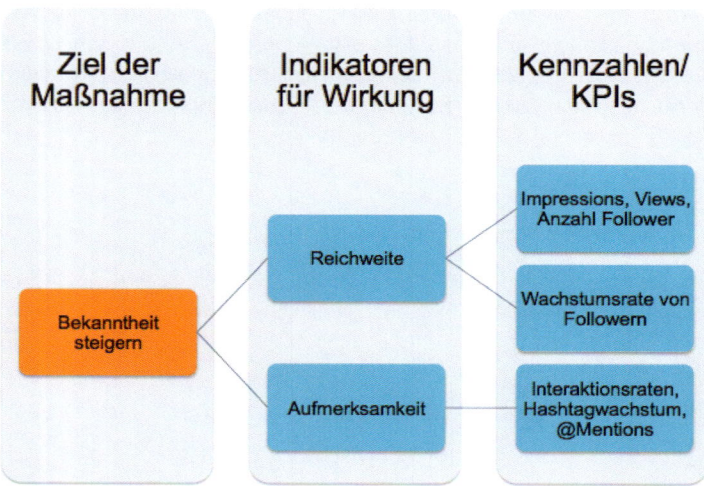

Abb. 3.22: *Ableitung von KPIs pro Maßnahme (© Kristina Kobilke nach BVDW-Leitfaden »Erfolgsmessung in Social Media«)*

Hashtag-Engagement-Rate

Spannend ist auch die Analyse der Engagement-Raten von Inhalten, die mit einem bestimmten Hashtag, beispielsweise Ihrem Markenhashtag oder einem Branchenhashtag versehen wurden. Die Hashtag-Engagement-Rate setzt dabei die Anzahl der Likes und Kommentare eines mit dem betreffenden Hashtag versehenen Posts ins Verhältnis zur Gesamtreichweite der mit diesem Hashtag versehenen Posts. Um diesen KPI zu ermitteln, ist der Einsatz professioneller Tools, wie Sprout Social, Simply Measured, Talkwalker oder Iconosquare unumgänglich (siehe dazu auch Abschnitt 3.4 sowie Abschnitt 4.12).

Insbesondere Tools mit einer starken Social-Listening-Komponente, wie Talkwalker oder Sprout Social, ermöglichen darüber hinaus, Meinungsführer zu identifizieren, die ihre Inhalte mit Ihrem Markenhashtag oder einem Branchenhashtag versehen haben.

Diese Insights helfen Ihnen einerseits dabei, Ihre Hashtag-Strategie zu optimieren, und andererseits, die für Ihr Unternehmen oder Ihre Marke richtigen Influencer zu identifizieren (siehe dazu auch Kapitel 6 »Influencer-Marketing«).

Share of Voice

Gerade durch die erhöhte Markenaffinität der Instagrammer und den damit verbundenen verstärkten Einsatz von Markenhashtags in Bildunterschriften sowie Erwähnungen von Marken in Posts und Stories kann Instagram einen wesentlichen Beitrag dazu leis ten, den Anteil der Gespräche über Ihre Marke zu erhöhen. Der Share of Voice gibt dabei die Anzahl der Nennungen Ihrer Marke im Verhältnis zur Gesamtzahl der Nennungen Ihrer wichtigsten Wettbewerber an. Diesen KPI können Sie entweder manuell ermitteln oder aber auf Social-Listening-Tools wie zum Beispiel Talkwalker zurückgreifen.

Share of Buzz

Der Share of Buzz gibt wiederum an, wie oft Ihre Marke oder Ihr Unternehmen im Zusammenhang mit einem für Sie wichtigen Positionierungsthema im Verhältnis zu Ihren vier wichtigsten Wettbewerbern genannt wurde.

Bounce-Rate

Bedeutend im Zusammenhang mit Ihrer Zieldefinition ist auch die Betrachtung von KPIs über die Plattform Instagram hinaus. Beispielsweise ist es wichtig, die Qualität des über Instagram generierten Traffics über Ihr Webanalyse-Tool (zum Beispiel Google Analytics) im Blick zu behalten. Diese drückt sich unter anderem in der Absprungrate bzw. Bounce-Rate auf Ihrer Website aus. Ist die Absprungrate besonders hoch, konnten Sie die Erwartungen der über Instagram generierten Besucher auf Ihrer Website offenbar nicht erfüllen. Dies kann inhaltliche, aber auch technische Ursachen haben, beispielsweise:

- gelangen die User nicht direkt auf den in Ihrer Biografie oder in einer Story angeteaserten Inhalt auf Ihrer Website
- die Inhalte und auch das Look & Feel Ihrer Website unterscheiden sich maßgeblich von Ihren Instagram-Inhalten
- Ihre Landingpage ist nicht mobil optimiert, baut sich zu langsam auf oder ist nur unzureichend über den Mobile Screen les- und nutzbar.

Wichtig

Damit Sie sowohl den organisch generierten Traffic von Instagram als auch den bezahlten Traffic von Werbekampagnen, die Sie auf Instagram schalten, in Ihrem Webanalyse-Tool identifizieren können, sollten Sie den Link in Ihrer Biografie, Links in Ihren Stories sowie auch die Links Ihrer Werbeanzeigen jeweils mit einem eindeutigen Kampagnen-Parameter bzw. einer eindeutigen Kampagnen-URL versehen.

Dazu können Sie in der Regel auf sogenannte »URL Campaign Builder« oder auch URL-Generatoren Ihres Webanalyse-Anbieters zurückgreifen.

Sofern Sie beispielsweise Google Analytics einsetzen, wäre dies der Google Campaign URL Builder: *https://ga-dev-tools.appspot.com/campaign-url-builder/*.

Im Falle von Matamo (ehemals Piwik): *https://ga-dev-tools.appspot.com/campaign-url-builder/*.

Conversion Rate

Die Conversion Rate misst die Umwandlung von Besucherströmen auf Ihrer Website zu Interessenten und Kunden. Conversions können dabei harte Abverkäufe in Ihrem Shop, aber auch einem Kauf vorgelagerte Handlungen, wie Downloads von Whitepapern, Registrierungen für Ihr Webinar oder Anmeldungen zu Ihrem Newsletter sein. Die Conversion-Rate wird dabei aus der Anzahl der auf Instagram zurückführbaren Conversions im Verhältnis zur Anzahl der via Instagram generierten Unique Visitors auf Ihrer Website / in Ihrem Shop errechnet. Auch hier macht es Sinn, mit entsprechenden Kampagnen-URLs zu arbeiten, um möglichst individuelle Conversion Rates zu ermitteln und in der Folge besser Einflussfaktoren auf diesen KPI zu identifizieren. Die Conversion Rate wird in der Regel über Ihr Webanalyse-Tool ausgewiesen.

Durchschnittlicher Warenkorb

Der durchschnittliche Warenkorb errechnet sich aus dem auf Instagram zurückführbaren Umsatz durch die Anzahl von Bestellungen der via Instagram generierten Unique Visitors in Ihrem Shop.

Arbeiten Sie häufig mit Gewinnspielen oder verfolgen keine stringente Content-Strategie auf Instagram, kann sich dies in einem geringen durchschnittlichen Warenkorb der via Instagram generierten Bestellungen niederschlagen. Ein hoher durchschnittlicher Warenkorb kann wiederum ein Zeichen dafür sein, dass Sie die richtige Marken- und Produktkommunikation auf Instagram verfolgen.

Um Ihre jeweiligen KPIs zu ermitteln, kontinuierlich zu überwachen und sich auch mit Ihrer Konkurrenz zu benchmarken, ist es empfehlenswert, in ein oder mehrere professionelle Analyse-Tools zu investieren (nähere Informationen dazu finden Sie im Abschnitt 3.9,»Organisation und Ressourcen«).

Zwar stehen Ihnen über Ihr Business-Profil Statistik-Tools bzw. Insights zur Verfügung, mit denen Sie eine Vielzahl von Kennzahlen, wie die Reichweite Ihrer Posts, die Aufrufe Ihres Profils sowie weitere Handlungen, nachvollziehen können. Die Ableitung von KPIs muss jedoch noch manuell oder über ein externes Tool erfolgen. Zudem sind sämtliche Insights Ihres Business-Profils derzeit nur 14 Tage lang verfügbar und müssen für eine langfristige Analyse in ein externes Reporting überführt werden.

3.4   Analyse und Definition von Zielgruppen

Um genau die Inhalte zu schaffen, die für Ihre Markencommunity relevant sind, ist es hilfreich, sich zunächst ganz bewusst in Ihre (Wunsch-)Zielgruppe hineinzuversetzen – sich mit ihren Werten, Emotionen, Sehnsüchten, Problemen und ihren Wünschen zu beschäftigen. Einen systematischen Ansatz dazu liefert das Persona-Konzept.

Dabei entwickeln Sie eine oder mehrere fiktive Persönlichkeiten, respektive Personas, die sich auf Basis vorangegangener Befragungen und Analysen Ihrer bestehenden oder potenziellen Kunden sowie weiterer Datenerhebungen maßgeblich an Ihrer tatsächlichen Zielgruppe orientieren.

Ihnen schreiben Sie in einer Art Steckbrief nicht nur soziodemografische Daten, wie Alter und Geschlecht zu, sondern darüber hinaus eine Vielzahl weiterer detailliert formulierter Merkmale zu ihren Einstellungen und Verhaltensmustern. Dazu zählen zum Beispiel:

▸ Herkunft
▸ Familienstand
▸ Lebenssituation
▸ Bildungsstand
▸ Karrierestufe
▸ Einkommen
▸ Interessen
▸ Hobbys
▸ Werte
▸ Glaubenssätze

Darüber hinaus ist es für Ihre spätere Themenfindung und Vernetzung mit der Community äußerst hilfreich zu wissen, welche Medienkanäle und Inhalte am intensivsten von Ihren Personas genutzt werden. Dazu zählen beispielsweise:

▸ Lieblingszeitschriften
▸ Lieblingssendungen
▸ Lieblingsblogs
▸ Haupt-Informationsquellen
▸ fünf bis zehn populäre Instagram-Accounts, denen Ihre Personas folgen

Ihre Personas erhalten zudem einen real klingenden Namen, ein Foto sowie ein Zitat, das ihre Erwartungen, Wünsche und Bedürfnisse in Bezug auf Ihr Produkt, Ihre Marke oder Ihr Unternehmen zum Ausdruck bringt. Auf diese Weise wird Ihre Zielgruppe nicht nur für Sie, sondern auch für alle anderen Menschen, die gegebenenfalls mit Ihnen zusammenarbeiten, greifbar und real.

Zudem ist es für Sie wichtig zu wissen, mit welchen Hürden sich Ihre Personas in Bezug auf Ihr Produkt oder Ihre Dienstleistung konfrontiert sehen. Worüber machen sie sich die größten Sorgen, wenn sie vor der Kaufentscheidung Ihres Produkts oder Ihrer Dienstleistung stehen?

Indem Sie sich auf dieser sehr individuellen Ebene mit Ihrer Zielgruppe auseinandersetzen, finden Sie heraus, an welche Themen oder Themengebiete Sie mit Ihren Inhalten auf Instagram noch anknüpfen könnten.

Sehr schöne Beispiele dazu liefern die Accounts von Netflix, Astra oder Visual Statements. Sie greifen die Lebenswelt ihrer jeweiligen Personas in ihren Posts auf.

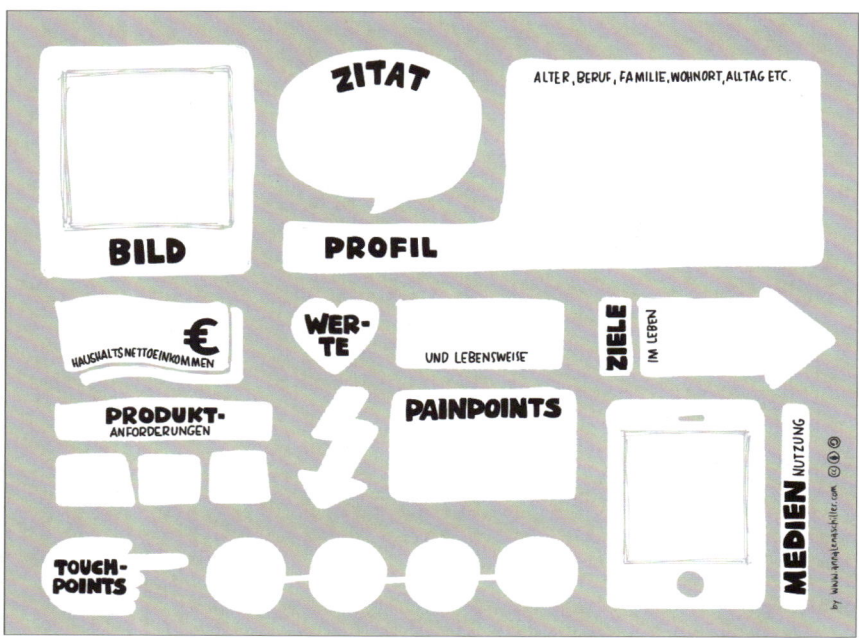

Abb. 3.23: Beispiel eines Persona-Templates (Quelle: Anna Lena Schiller www.annalenaschiller.com)

Abb. 3.24: Instagram-Post von Netflix Deutschland (@netflixde, Webprofil-Ansicht)

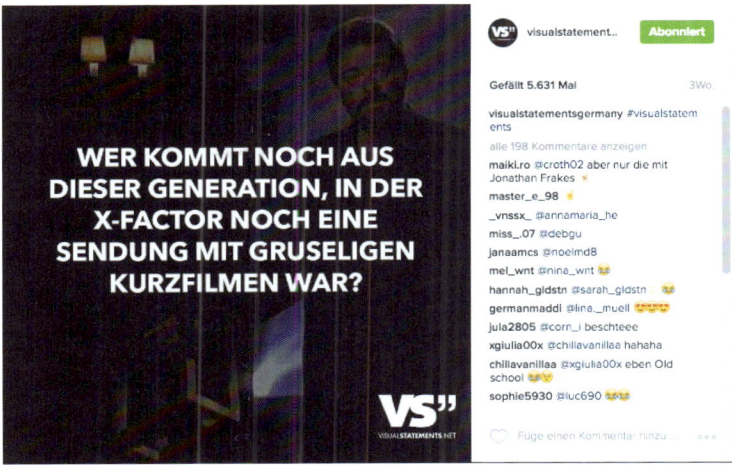

Abb. 3.25: *Instagram-Post von Visual Statements Deutschland (@visualstatementsgermany, Webprofil-Ansicht)*

Abb. 3.26: *Instagram-Post von Astra (@astra, Webprofil-Ansicht)*

Versuchen Sie darüber hinaus herauszufinden, welche Fragen sich Ihre Personas in Bezug auf Ihr Produkt oder Ihre Dienstleistung stellen.

Ein sehr hilfreiches Instrument, Ihre Zielgruppe genau in diesem Punkt zu analysieren und daraus schließlich Ideen für geeignete Inhalte abzuleiten, ist das kostenlose webbasierte Tool Answer The Public (answerthepublic.com), das in erster Linie zur Suchmaschinenoptimierung von Webseiten und Blogs eingesetzt wird. Das Tool gibt, vereinfacht ausgedrückt, Aufschluss darüber, welche Fragen Menschen im Zusammenhang mit bestimmten Keywords in die Suchmaschinen Google und Bing eingeben. Sie können damit in Erfahrung bringen, welche Fragen Menschen mit Ihrem Produkt, Ihrer Branche, Ihrer Dienstleistung in Verbindung bringen. Das wiederum gibt Ihnen fantastische Anregungen dazu, Inhalte zu entwickeln, die genau diese Fragen beantworten.

Abb. 3.27: *Homepage (Desktop) von Answer the Public (answerthepublic.com)*

Geben Sie beispielsweise die Begriffe »Auto kaufen« in die Suche des Tools ein (und stellen als Zielland DE für Deutschland ein), erhalten Sie allein 50 Fragen, die sich Menschen im Zusammenhang mit dem Autokauf stellen.

Abb. 3.28: *Suchanfragen via Google und Bing, die sich Menschen im Zusammenhang mit dem Autokauf stellen (Quelle: answerthepublic.com)*

Darüber hinaus fächert das Tool noch weitere Fragen in Kombination mit Präpositionen, wie ohne, mit, auf, bis, für und weitere auf.

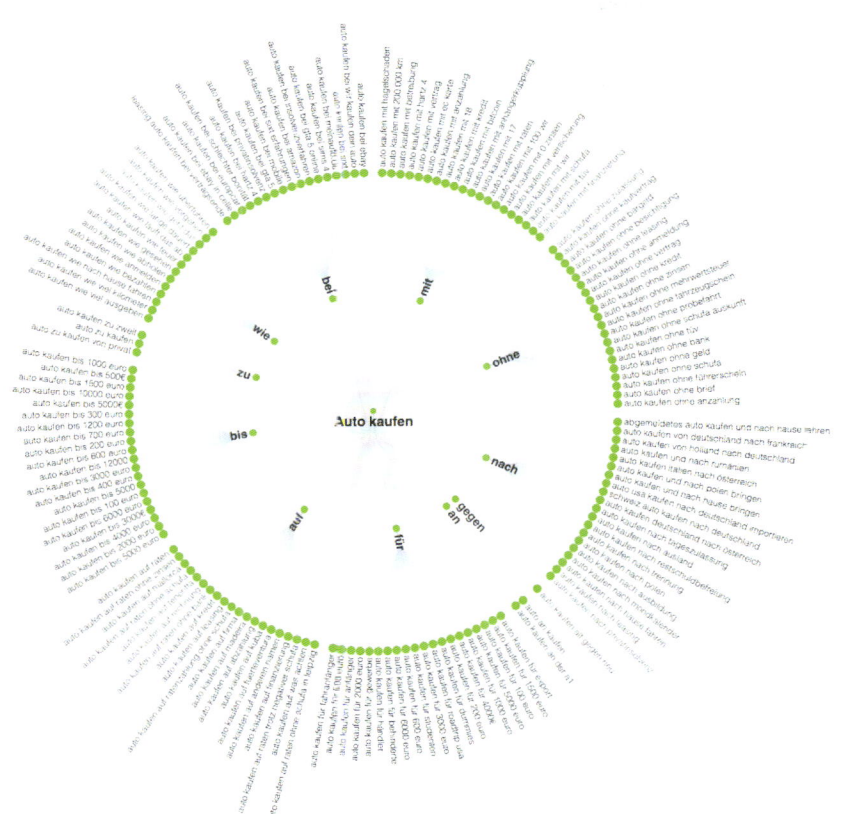

Abb. 3.29: *Suchanfragen in Kombination mit bestimmten Präpositionen, die sich Menschen im Zusammenhang mit dem Autokauf stellen (Quelle: answerthepublic.com)*

Ein Instagram-Profil oder mehrere?

Gegebenenfalls fragen Sie sich, ob Sie mit Blick auf die Umsetzung Ihrer Strategie mehrere Instagram-Profile, beispielsweise für Ihre unterschiedlichen Personas, unterschiedliche Produkte, Produkt-Kategorien oder Marken Ihres Unternehmens, anlegen sollten. Meine Empfehlung dazu ist, diese Entscheidung von Ihren verfügbaren Ressourcen sowie Ihrer gesamten Marketing-Strategie abhängig zu machen.

Der Fashion-Versandhändler ASOS (@asos) beispielsweise betreibt neben seinem internationalen Account (@asos) zusätzliche Accounts für einzelne Produkt-Sortimente, wie etwa ASOS curve (@asos_loves_curve) oder ASOS Face + Body (@asos_faceandbody).

Sehr spannend ist zudem die Zusammenarbeit mit Fashion-Experten, insbesondere Bloggern oder Models, die als Markenbotschafter bzw. offizielle ASOS-Insider ebenfalls einzelne Accounts für ASOS betreiben und dabei ihre ganz persönlichen Stile aus den ASOS-Sortimenten zusammenstellen und ihren Communitys authentisch präsentieren (mehr dazu in Kapitel 6 »Influencer-Marketing«).

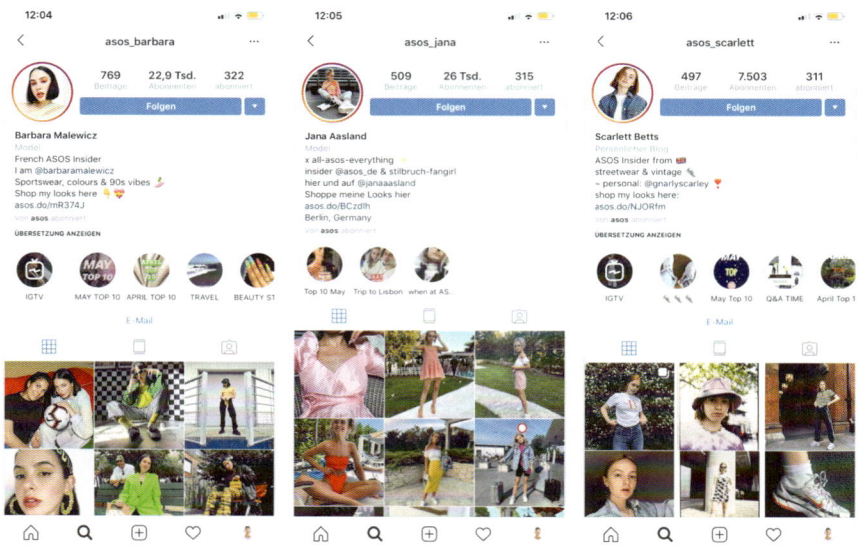

Abb. 3.30: *ASOS-Markenbotschafter-Accounts von Barbara Malewicz (@asos_barbara), Jana Aasland (@asos_jana) und Scarlett Betts (@asos_scarlett)*

Bei begrenzten inhaltlichen Ressourcen, aber verfügbaren finanziellen Mitteln ließe sich eine Multi-Account-Strategie also durchaus auch mit Influencern bewerkstelligen, was neben kreativen und inspirierenden Inhalten zusätzlich zu einer größeren Glaubwürdigkeit in der Community führen kann (mehr dazu in Kapitel 6 »Influencer-Marketing«).

Grundsätzlich ist es jedoch sinnvoll, sich zunächst auf einen Account zu konzentrieren und hierfür eine größtmögliche Reichweite und Engagement aufzubauen.

3.5   Bildsprache und Tonalität

Einer der wichtigsten Eckpfeiler für Ihre erfolgreiche Kommunikation auf Instagram ist Ihre Bildsprache und Tonalität. Sie sollten sich dabei

▸   einerseits an den (Lebens-)Gefühlen und Erwartungen Ihrer Zielgruppe orientieren, die Sie zuvor im Rahmen Ihrer Zieldefinition erarbeitet haben,

- andererseits aber auch Ihre eigene Markenpersönlichkeit zum Ausdruck bringen und Ihre Marke im Einklang mit Ihrer Vision und Mission inszenieren
- und drittens die Bildsprache-Trends Ihrer Branche auf Instagram berücksichtigen.

3.5.1   Bildsprache

Das auf den On-demand-3D-Druck von modernen Haushaltsgegenständen spezialisierte Unternehmen OTHR (@othr_) hat eine ähnliche Vision wie das zuvor erwähnte Unternehmen Cuyana (@cuyana): »Wir glauben daran, uns mit weniger und besseren Dingen zu umgeben.«

Damit einhergehende Eigenschaften und Attribute der Marke OTHR, wie zum Beispiel Ästhetik, Exklusivität oder auch Simplizität übersetzt OTHR in seiner Bildsprache auf Instagram etwa durch akkurate, auf das Wesentliche reduzierte minimalistische Bildkompositionen und schlichte Farben.

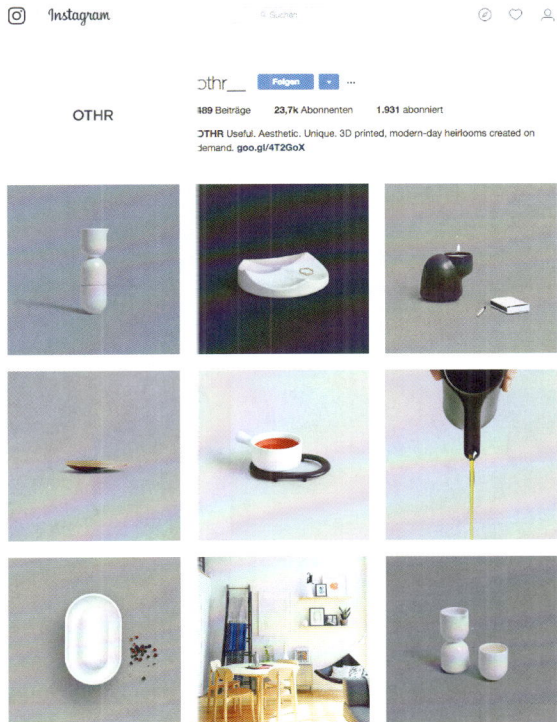

Abb. 3.31: Webprofil-Ansicht von OTHR (@othr_)

Während Kreativität und Vielseitigkeit beispielsweise durch farbenfrohe sowie formen- und detailreiche Foto- und Videobeiträge vermittelt werden kann, wie im Beispiel des Instagram-Accounts des Unternehmens Studio DIY, das von der DIY-Bloggerin Kelly Mindell gegründet wurde.

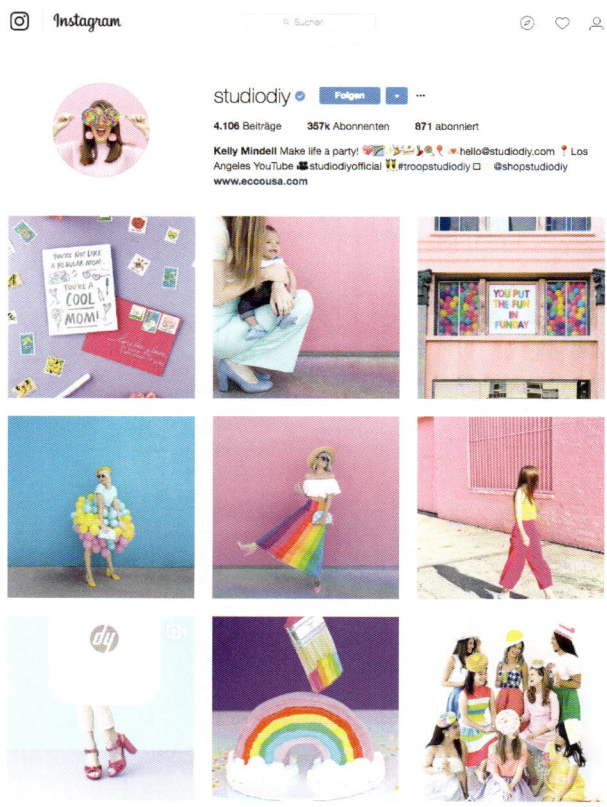

Abb. 3.32: *Webprofil-Ansicht von Studio DIY (@studiodiy)*

Erfolgskritisch ist auch, dass sich Ihre Beiträge in Ihrer Bildsprache möglichst nahtlos in die Instagram-Welt einfügen. Letzteres ist sehr gut auf den Instagram-Profilen des Lebensmitteleinzelhändlers EDEKA sowie der Marke NIVEA zu beobachten. Beide ge- stalten ihre Foto- und Videobeiträge im Instagram-typischen #onthetable-Look und greifen damit die Bildsprache von erfolgreichen Food- und Beauty-Bloggern auf.

Abb. 3.33: *Webprofil-Ansicht von EDEKA (@edeka)*

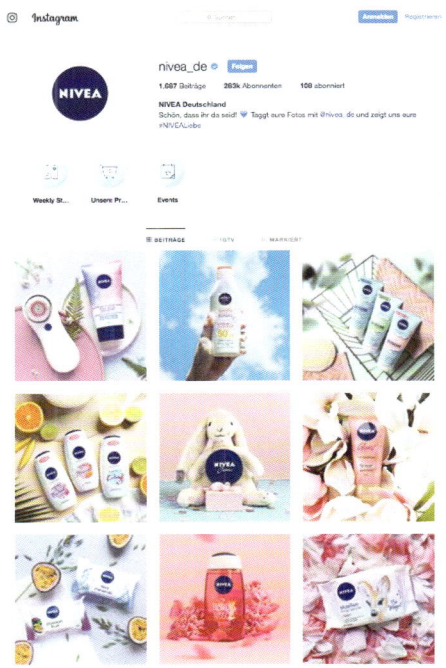

Abb. 3.34: *Webprofil-Ansicht NIVEA Deutschland (@nivea_de)*

3.5.2　Tonalität

Die Tonalität Ihrer Beiträge auf Instagram drückt sich wiederum insbesondere in Ihren Bildunterschriften, Texten auf Ihren Fotos und Ihren Videos, aber auch Ihren Kommentaren aus, die Sie bei anderen Community-Mitgliedern hinterlassen. Sind Ihre Foto- und Videobeiträge inklusive Ihrer Texte zum Beispiel eher emotional oder rational, humorvoll oder seriös, kreativ oder sachlich? Die Marke ASTRA drückt ihre humorvolle Tonalität auf Instagram beispielsweise über kleine Wortspiele in den Bildunterschriften ihrer Posts aus. Erst im Zusammenspiel mit dem jeweiligen Bildinhalt entfalten diese ihre volle Wirkung.

Abb. 3.35: Instagram-Post (Webprofil-Ansicht) von ASTRA (@astra)

Auch das von ASTRA zum Reposten von nutzergenerierten Inhalten verwandte Hashtag #reprost zahlt auf die humorvolle Tonalität der Marke auf Instagram ein.

Durchaus überlegenswert ist es auch, in Ihren Bildunterschriften oder Hashtags, Dialekt einfließen zu lassen. Letzteres kann ein kraftvolles Mittel sein, um Ihre Community noch enger an Ihre Marke zu binden. Mehr zum Thema Bildunterschriften finden Sie in Abschnitt 4.8 »Erstellen von Bildunterschriften«.

3.5.3　Qualität und Konsistenz

Orientieren Sie sich hinsichtlich der Qualität Ihrer Beiträge in Ihrem Profil durchaus an Ihrer, idealerweise hochwertig produzierten, Website. Die Ästhetik Ihrer Inhalte auf Instagram sollte gegenüber denen auf Ihrer Website oder Ihren übrigen Kanälen auf keinen Fall abfallen, sondern sich nahtlos fortsetzen. Es ist vor diesem Hintergrund sogar empfehlenswert, Fotos und Videos, die Sie für Ihre Website erstellt haben, auch für Instagram zu verwenden und umgekehrt. Und auch nutzergenerierte Inhalte, die Sie gegebenenfalls für Ihr Instagram-Profil auswählen, sollten zur Qualität Ihrer Bildsprache passen.

Gilt dieser Anspruch auch für Stories und IGTV?

Auch wenn hier die Meinungen auseinandergehen, bin ich überzeugt, dass auch für Stories von Unternehmen ein gewisser Qualitätsanspruch gelten sollte. Qualität drückt sich hier in grundsätzlich qualitativem Foto- und Videomaterial aus, das sich zum Beispiel durch eine gute Bildkomposition, eine hohe Auflösung und eine gute Story auszeichnet. Wichtig ist dabei jedoch, dass dieses Material mit den kreativen Möglichkeiten der Instagram Stories wie zum Beispiel Sticker, GIFs, Umfragen, AR-Effekten etc. kombiniert und aufgelockert wird. Reine Image-Videos oder gar TV-Spots in Stories generieren in der Regel weniger Aufmerksamkeit innerhalb der Community.

IGTV, das sich perspektivisch eher als klassischer TV-Kanal positioniert, lebt meiner Ansicht nach wiederum von besonders hochwertig produzierten Video-Inhalten. Hier findet durchaus ein aktueller Werbespot, ein hochwertig produzierter Image-Film oder ein spannendes Interview Platz.

Konsistenz

Qualität zeigt sich auf Instagram nicht nur in der Ästhetik Ihrer Foto- und Videobeiträge, stimmiger Texte und Hashtags, sondern auch in der Konsistenz Ihres Profils. Letztere ist ein entscheidender Faktor dafür, neue Follower für Ihr Profil und Ihre Community zu begeistern.

Gleichbleibendes Look & Feel

Konsistenz erreichen Sie durch ein gleichbleibendes Look & Feel bzw. einen einheitlichen Stil in Ihren Beiträgen sowie Bildunterschriften. Das erreichen Sie zum Beispiel über ein einheitliches Farbkonzept, wiederkehrende Bildkompositionen sowie auch die Berücksichtigung Ihrer Markenelemente (siehe dazu den App-Tipp zu »Over«).

App-Tipp

Mithilfe der Design-App Over (Android und iOS) können Sie in der Premium-Variante Ihre Markenelemente wie Ihr Logo, Ihren Farbcode (Hexadezimalcode) sowie Ihre individuelle Schrift für die Gestaltung von Posts und Stories benutzen. Die App bietet darüber hinaus diverse anpassbare Templates für Foto-, Video-Posts und Stories. Zudem können über die App erstellte Posts für Twitter, Facebook und Instagram vorausgeplant werden.

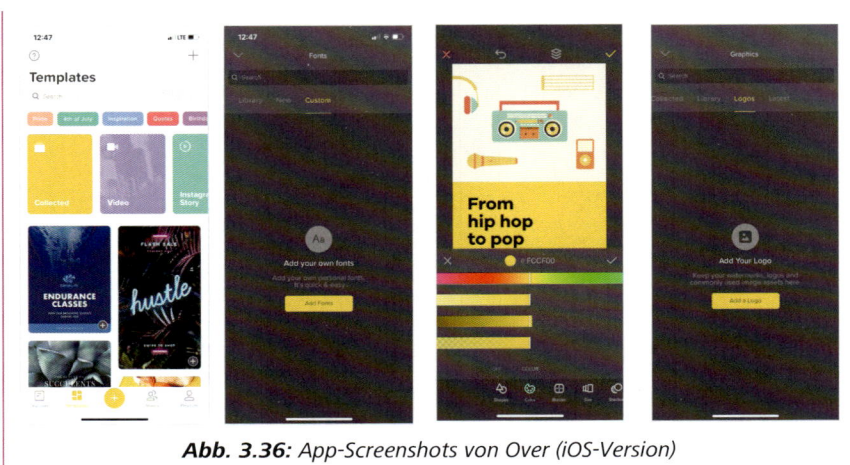

Abb. 3.36: *App-Screenshots von Over (iOS-Version)*

Das Schmuck-Label Koshikira (@koshikira) aus Hamburg inszeniert seine Schmuckstücke beispielsweise auf dem immer gleichen Untergrund. Zitate-Posts sind in einer konsequent einheitlichen Schrift (idealerweise Ihrer CI entsprechend) mit einem hellen Hintergrund gehalten.

Abb. 3.37: *Webprofil-Ansicht von Koshikira (@koshikira)*

Wiederkehrende Themen und Muster

Wiederkehrende Themen, die Sie in Ihren Beiträgen aufgreifen, zahlen ebenfalls auf die Konsistenz Ihres Profils ein. Das Beispiel des Blogger-Netzwerkes und der gleichnamigen Konferenz BLOGST zeigt, dass durch den Einsatz von beispielsweise Zitate- und Text-Posts in jedem zweiten Beitrag eine einheitliche Struktur, in diesem Fall ein »Schach-brett« entsteht. Das Profil von BLOGST folgt darüber hinaus einem einheitlichen Farb-konzept, das sich sowohl in den Icons der Highlight-Stories als auch in den einzelnen Ele-menten der Mood-Fotos oder Foto- und Video-Beiträge des Profils widerspiegelt. (Wie Sie die Icons Ihrer Highlight-Stories bearbeiten können, erfahren Sie in Kapitel 4, »Erstel-len von Highlight-Stories«.)

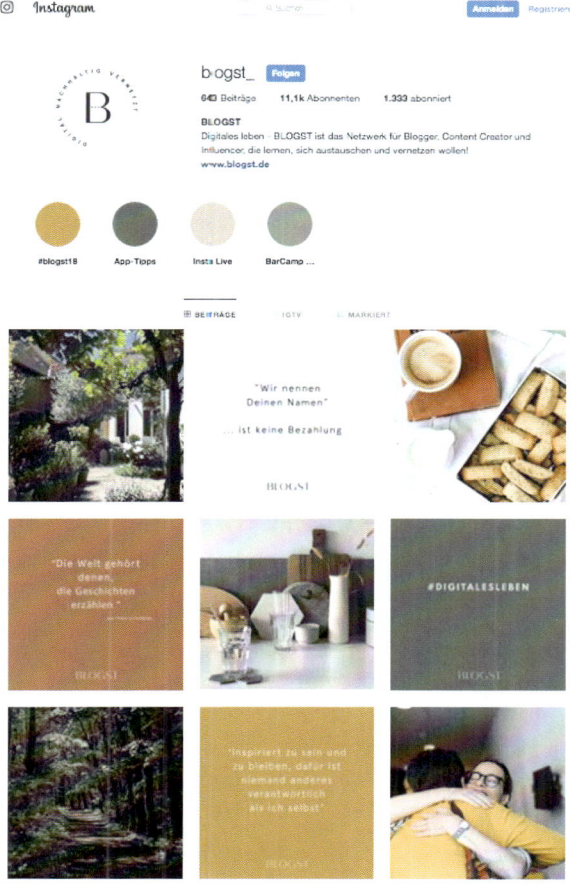

Abb. 3.38: *Webprofil-Ansicht des Profils des Blogger-Netzwerks und der Konferenz BLOGST (@blogst_)*

Die Beispiele von Burberry und Zalando zeigen wiederum, dass mehrere Posts zu einem bestimmten Thema nicht nur eine Geschichte erzählen und im Rahmen der Customer Journey ein Produktinteresse vertiefen können, sondern auch visuelle Qualität in ein Profil bringen. Empfehlenswert sind dabei mindestens drei Posts zu ein und demselben Thema oder Produkt, die direkt aufeinanderfolgend an einem Tag gepostet werden (siehe dazu auch »Posting-Frequenz« in Abschnitt 3.7).

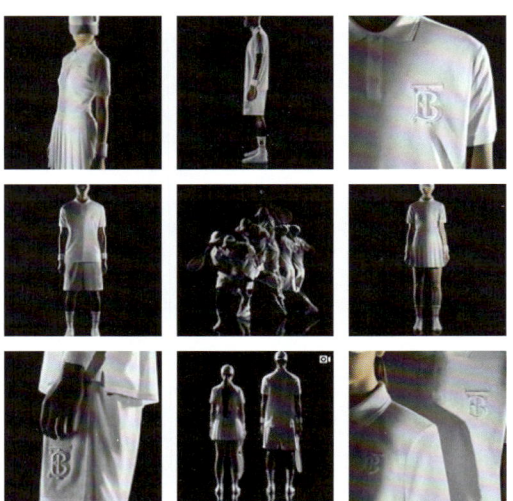

Abb. 3.39: *Auszug aus der Webprofil-Ansicht von Burberry (@burberry)*

Abb. 3.40: *Ausschnitt aus der Webprofil-Ansicht von Zalando (@zalando)*

Auch Instabanner können zu einer optischen Konsistenz und gleichzeitig zur kreativen Gestaltung Ihres Profils beitragen.

Ein Instabanner lässt sich mit Apps wie zum Beispiel der gleichnamigen App InstaBanner (iOS und Android) oder auch der im Folgenden vorgestellten App UNUM (iOS und Android) erstellen. Dabei wird ein Foto in mehrere Einzel-Fotos zerteilt und diese werden nacheinander gepostet. In der Summe ergeben die Posts, wie im Beispiel von Zalando Abbildung 3.40, wieder ein Gesamtbild.

Das Beispiel der HASPA zeigt, das sich die eigene CI, in diesem Fall der Haspa-typische rote Farbcode, auch in vorwiegend durch die Community generiertem Content finden lässt. Die HASPA greift dabei überwiegend auf eigene und fremde Foto-Beiträge zurück, die ein rotes Element akzentuieren und damit dem Profil eine visuelle Klammer geben (siehe dazu auch Kapitel 3, Seite 64ff. »User Generated Content«). Auch die Highlight-Icons sind CI-konform.

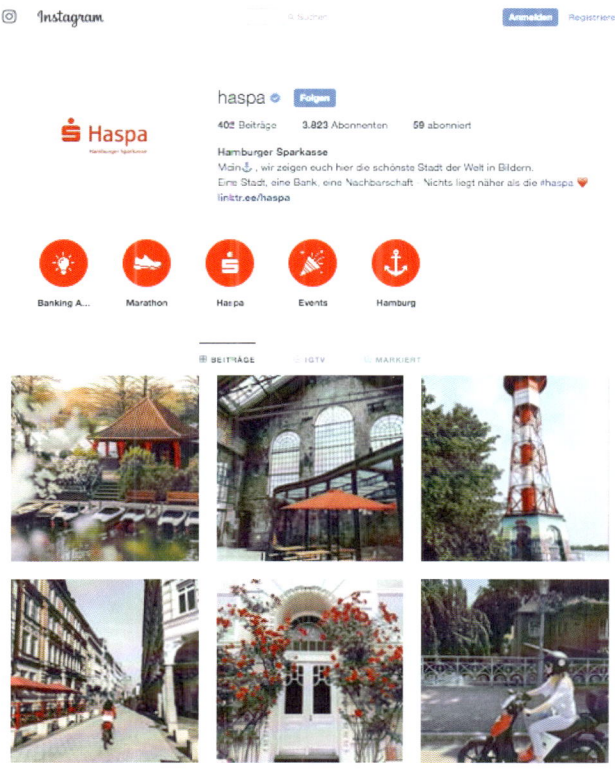

Abb. 3.41: *Webprofil-Ansicht*

Grundsätzlich empfiehlt es sich, die CI Ihres Unternehmens in Ihrem Instagram-Profil, aber auch in Ihren Stories zu berücksichtigen. Je nach Ihrer Inhalte-Strategie kann sich Ihre CI in folgenden Elementen Ihres Profils widerspiegeln:

▸ Schriften in Ihren Stories und Posts
▸ Hintergrundfarben von Zitate- und Text-Posts
▸ Farbwelt der Motive Ihrer Foto-, Video- und Story-Beiträge
▸ Requisiten für Ihre Foto-Produktionen (auch »Props« genannt)

Gerade Letztere können Ihnen dabei helfen, Ihre Produkte oder Dienstleistungen in typischer »Instagram-Storyteller-Manier« zu inszenieren und wie im Beispiel von CHRIST Juweliere und Uhrmacher (@christ_juweliere) mit Requisiten in einer bestimmten Farbe (in diesem Fall Gelb) auf eine bestimmte Saison oder ein individuelles Marketing-Thema (z.B. »Summer in the City«) einzugehen.

Abb. 3.42: *Auszug aus der Webprofil-Ansicht von CHRIST Juweliere und Uhrmacher (@christ_juweliere)*

Inspirationen zu möglichen Requisiten oder Bildmotiven zu einem bestimmten Farbcode finden Sie auch bei Pantone (@pantone).

Puzzle Feed

Ein aktueller Feed-Design-Trend auf Instagram ist der sogenannte Puzzle Feed. Dabei wird das Profil, wie im Beispiel des Designshops JuniperOats (@juniperoats), mithlfe von externen Apps oder Programmen, wie Photoshop oder Canva, zu einem großen Puzzle arrangiert. Ein solches Design erfordert neben einer langfristigen Planung allerdings auch Durchhaltevermögen, um die Ästhetik des Profils aufrechtzuerhalten.

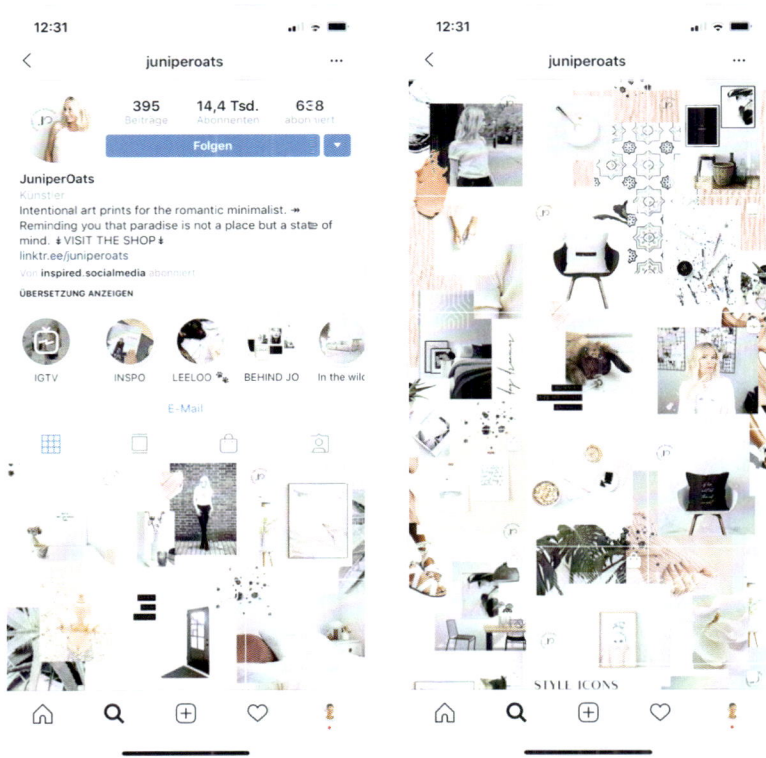

Abb. 3.43: *Profil-Ansicht des Designshops JuniperOats (@juniperoats)*

Individuelle Filter

Konsistenz lässt sich auch mithilfe eines individuellen Filters – unter Fotografen auch Preset genannt – oder einer gleichbleibenden Bildbearbeitung herstellen. Diese Strategie wird insbesondere von Influencern eingesetzt, die ihre individuellen Presets auch an ihre Community verkaufen. Die Beiträge der Bloggerin Debi Flügge (@debiflue) etwa wirken in ihrer Farbgebung und Bildbearbeitung durch ein gleichbleibendes Preset stringent.

Abb. 3.44: *Webprofil-Ansicht von Debi Flügge (@debiflue)*

App-Tipp »A Color Story«

Mit der App A COLOR STORY (iOS und Android) können Sie neben diversen Trend-Filtern, beispielsweise für Food- oder Fashion-Fotografie, einen individuellen Filter für Ihre Beiträge auf Instagram kreieren und immer wieder einsetzen.

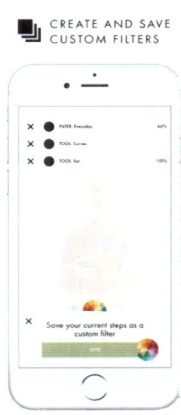

Abb. 3.45: App-Screenshots von A Color Story (iOS-Version)

App-Tipp »UNUM«

Um die Konsistenz Ihres Profils dauerhaft zu wahren, kann Ihnen zudem die App UNUM eine große Hilfestellung geben. Die App enthält ein umfassendes Tool-Kit, mit dem Sie unter anderem Ihre Foto- und Videobeiträge vor ihrer Veröffentlichung in Ihrem Instagram-Profil anordnen, bearbeiten und vorausplanen können, um eine größtmögliche Konsistenz Ihres Profils sicherzustellen. (Weitere Ausführungen zur App UNUM finden Sie in Kapitel 4 »Umsetzung Ihrer Instagram-Strategie«.)

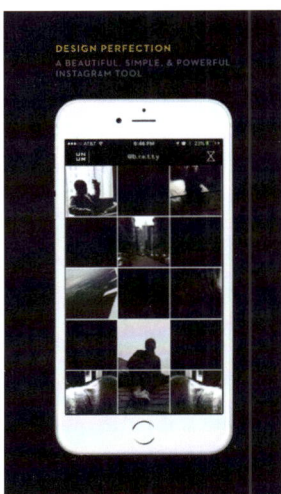

Abb. 3.46: App-Screenshots von UNUM (iOS-Version)

Wichtig

Sofern weitere Abteilungen oder externe Dienstleister an Ihren Instagram-Aktivitäten beteiligt sind, macht es Sinn, falls nicht ohnehin vorhanden, Ihre Anforderungen an Ihre Bildsprache und Tonalität schriftlich zu formulieren und damit als Richtschnur für alle Beteiligten festzuhalten.

3.5.4   Eine geeignete Bildsprache finden

Um auf pragmatische Weise eine zu Instagram passende und gleichzeitig auf Ihre Marke einzahlende Bildsprache zu finden und damit gleichzeitig Inhalte-Ideen für Instagram zu generieren, empfiehlt es sich, ein Moodboard für Ihre Marke zu entwickeln.

Zu diesem Zweck kann Ihnen Pinterest besonders dienlich sein.

Folgende Elemente sollten in Ihrem Moodboard enthalten sein:

- die Farben Ihrer Marke
- Symbole, die zu Ihrer Marke, Ihrem Unternehmen oder Ihren Produkten passen
- Bildwelten, die mit Ihrer Marke harmonieren
- Designs, von denen Ihre Marke inspiriert ist, das können sowohl geometrische Formen, Möbel, Mode oder Architektur sein
- Schriften, Typografien, an die Ihre Marke angelehnt ist

Abb. 3.47: *Exemplarisches Moodboard (Quelle: design2design.nl via Pinterest)*

Ihr Moodboard kann damit bereits als eine Art Blaupause für Ihre Inhalte-Strategie auf Instagram fungieren.

Beispielsweise ist das Instagram-Profil des amerikanischen Start-ups Oliver Cabell, einer Modemarke für hochwertige Accessoires und Taschen, von diesem Ansatz durchaus angeregt. Es entspricht quasi einem Live-Moodboard der Marke. Die einzelnen Bildbeiträge sollen dabei den Lebensstil des fiktiven Charakters Oliver Cabell widerspiegeln. Auf diese Weise werden Stimmungen, Farben und Formen und auch Werte, von denen die Marke inspiriert ist, transportiert. Die puristisch anmutenden Produkte von Oliver Cabell bilden nur einen kleinen Teil der Beiträge. Trotz der unterschiedlichen Bildmotive zieht sich durch die einheitliche Bildsprache ein roter Faden durch das Profil von @olivercabell.

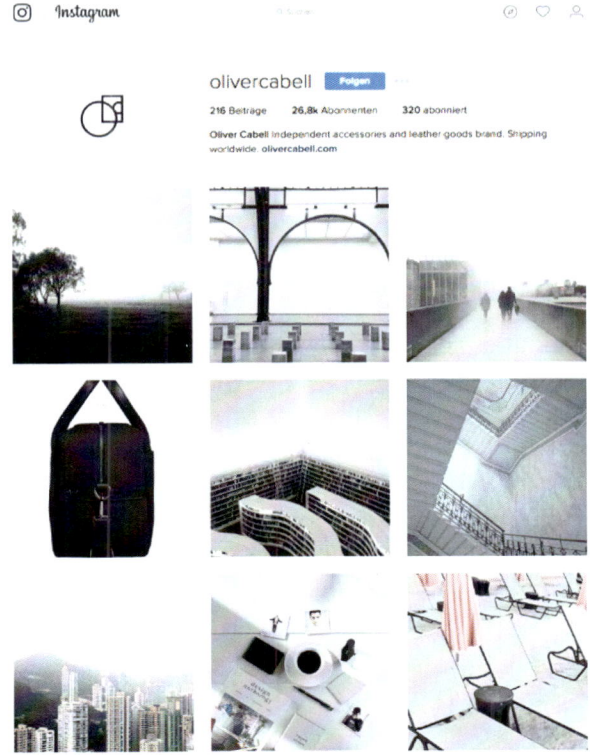

Abb. 3.48: *Webprofil-Ansicht von Oliver Cabell (@olivercabell)*

3.6   Ableitung Ihrer konkreten Inhalte

In diesem Schritt geht es nun darum, aus der Summe aller Ihrer Vorüberlegungen systematisch Ideen für mögliche Inhalte auf Instagram abzuleiten und diese idealerweise in einem möglichst konkreten und langfristigen Redaktionsplan festzuhalten, der auch Instagram Stories und potenzielle Live-Videos beinhaltet.

Ein Redaktionsplan hilft Ihnen dabei, Themen schon im Voraus zu planen und Inhalte mittel- und langfristig vorzubereiten und zu produzieren. (Weitere Ausführungen dazu finden Sie in Abschnitt 4.10 »Beiträge vorausplanen«.)

Machen Sie sich bei der Auswahl Ihrer Inhalte bewusst, dass Sie mit Ihrem Instagram-Profil Teil eines Special- oder General-Interest-Magazins sind, das sich Ihre Follower sorgsam zusammengestellt haben. Ihr Instagram-Account ist durchaus mit einer hochwertigen Zeitschrift vergleichbar, deren Inhalte Ihren Lesern und/oder Zuschauern einen Mehrwert liefern muss.

Um einen Mehrwert darzustellen, sollten Ihre Inhalte mindestens eines der folgenden drei Attribute erfüllen:

- unterhaltsam sein
- lehrreich sein
- oder inspirieren

Um Ihnen die Ableitung konkreter Inhalte für Ihren Redaktionsplan zu erleichtern, finden Sie im Folgenden eine Reihe von Inhalte-Beispielen, die Sie abwechselnd in Ihrem Profil, Ihren Stories oder Live-Videos berücksichtigen könnten.

3.6.1   21 Inhalte-Ideen für Ihre Instagram-Posts, Stories und Live-Videos

- **Produktzentrierte Inhalte** – Ihr Produkt steht im Mittelpunkt Ihres Posts, Ihrer Instagram Story oder Ihres Live-Videos.
- **Flat Lays** – Sie arrangieren Ihr Produkt mit anderen Gegenständen, die im Kontext dazu stehen, auf dem Boden oder einer ebenen Fläche und fotografieren es im #onthetable Look von oben. Flat Lays können als Foto, Video oder Instagram Story aufgegriffen werden.
- **Kundenzentrierte Inhalte** – Ihr Inhalt zeigt Ihren Kunden dabei, wie er Ihr Produkt oder Ihre Dienstleistung nutzt.
- **Galerien** – Ihr Post zeigt bis zu zehn Bilder oder Videos nacheinander, die eine kleine Geschichte erzählen, zum Beispiel einen produktzentrierten Inhalt, danach einen kundenzentrierten Inhalt und eine dazu passende Szenerie.
- **Behind the Scenes** – Ihr Foto- oder Videobeitrag, Ihre Instagram Story oder Ihr Live-Video gewährt dem Betrachter einen Blick hinter die Kulissen Ihres Unternehmens oder Ihrer Arbeit.
- **Making-of** – Ihr Foto- oder Videobeitrag, Ihre Instagram Story oder ein Live-Video zeigt, wie Ihr Produkt hergestellt wird.
- **Mitarbeiter-Takeover** – Ein Mitarbeiter übernimmt für einen bestimmten Zeitraum Ihren Account und gewährt über Foto- oder Video-Posts, Live-Videos sowie Instagram Stories einen Einblick in seine Arbeit.
- **Influencer-Takeover** – Ein Influencer übernimmt Ihren Account, kreiert eine Instagram Story oder ein Live-Video. Er kann dabei von einem Event berichten, wäh-

rend einer Reise von seinen Erlebnissen erzählen oder die Nutzer in seinen Alltag mitnehmen.

▸ **Designer, Produzenten oder befreundete Geschäftspartner** – Sie stellen Ihre Produkt-Designer, Produzenten, Hersteller oder befreundete Geschäftspartner über Ihren Foto- oder Video-Post oder eine Instagram Story vor oder lassen sie von ihrer Arbeit, ihren Überzeugungen, ihren Visionen erzählen.

▸ **Kunden** – Sie zeigen über Ihren Foto- oder Video-Post Ihre zufriedenen Kunden und lassen sie erzählen, auf welche Art und Weise Ihre Marke, Ihr Produkt, ihnen geholfen hat. Oder Sie zeigen positive Rückmeldungen Ihrer Kunden in einer Instagram Story (nach vorheriger Absprache).

▸ **Zitate** – Ihr Foto- oder Video-Post gibt einen Motivationsspruch oder ein Motto wieder oder greift ein Zitat einer inspirierenden Persönlichkeit Ihrer Branche auf.

▸ **Repost von nutzergeneriertem Content** – Sie veröffentlichen einen Foto- oder Videobeitrag eines anderen Community-Mitglieds oder nehmen diesen in Ihre Instagram Story auf, nachdem Sie zuvor schriftlich seine Zustimmung erhalten haben (zum Beispiel via Instagram Direct). Der Beitrag kann von Ihrer Markencommunity stammen oder auch von einem thematisch zu Ihnen passenden Instagram-Profil oder einem Influencer.

▸ **Community-Themen** – Sie greifen in Ihren Bildern Community-Themen, wie #thingsorganizedneatly, #throwbackthursday oder #fromwhereistand auf und werden damit Teil der Instagram-Community.

▸ **Tutorials** – Sie (oder auch ein Nutzer oder Influencer) zeigen in einem Video-Post, einer Bilder-Galerie, einer Collage, einer Instagram Story oder in einer Live-Session, wie Ihr Produkt oder Ihre Dienstleistung genutzt werden kann.

▸ **Gewinnspiel** – Ihr Foto- oder Video-Post, Ihre Galerie oder Ihre Instagram Story erklären ein Gewinnspiel.

▸ **Events** – Ihr Foto- oder Video-Post, Ihre Galerie, Ihre Instagram Story oder Ihr Live-Video zeigen Eindrücke Ihres Events.

▸ **Countdown** – Ihr Foto- oder Video-Post oder Ihre Instagram Story verweisen auf ein bevorstehendes Event, einen Produkt-Launch, die Eröffnung einer Filiale oder die Verkündung eines Gewinners.

▸ **Boomerang-Videos** – Ihr Video-Post oder Ihre Instagram Story zeigt Ihr Produkt oder Ihre Dienstleistung, Ihren Kunden oder Sie selbst in einem beispielsweise mit der App Boomerang erstellten kurzen Stop-Motion-Video (maximal fünf Sekunden), das sich vor- und zurückbewegen kann (mehr dazu in Kapitel 4).

▸ **GIFs** – Sie inszenieren Ihr Produkt alternativ zu einem Boomerang-Video in einer animierten GIF-Datei, indem Sie beispielsweise via Photoshop oder Apps, wie Gifx (iOS) oder Gif Me! (Android) eine Foto-Strecke in Endlosschleife erstellen.

▸ **Hyperlapse-Videos** – Ihr Video-Post oder Ihre Instagram Story zeigen in einem Zeitrafferfilm, den Sie mit der App Hyperlapse erstellen können, die Entstehung Ihres Produkts, die Aufbauarbeiten eines Events, den Ablauf einer Reise und vieles mehr.

▸ **Cinemagraphen** – Ihr Video-Post oder Ihre Instagram Story zeigt Ihr Produkt, eine Person oder eine Szenerie in einem Standbild, von dem ein Teil animiert ist. Cinemagraphen können mit der App Cinemagraph Pro von Flixel erstellt werden (mehr dazu in Abschnitt 4.3.2 »Begleitende Tools und Video-Apps«).

Ein sehr inspirierendes Beispiel für eine abwechslungsreiche lebendige Inhalte-Strategie mit einer konsistenten Bildsprache ist der Account der amerikanischen Modemarke J.Crew. Hier wechseln sich produktbezogene und kundenzentrierte Inhalte, Videos, insbesondere Boomerangs, GIFs, Galerien, User Generated Content und Community-Themen ab. Komplettiert wird dieser Ansatz durch ästhetische Instagram Stories, die das Thema der letzten Posts aufgreifen.

Abb. 3.49: *Webprofil-Ansicht von J.Crew (@jcrew)*

Abb. 3.50: Instagram Story von J.Crew (@jcrew)

3.7   Posting-Frequenz

In Ihrem Redaktionsplan können Sie direkt Ihre Posting-Frequenz berücksichtigen.

Wichtig
Wichtig ist, dass Sie regelmäßig, idealerweise mindestens täglich posten, um das kontinuierliche Wachstum Ihrer Community voranzutreiben. Auch wenn Ihnen Nutzer folgen und wieder entfolgen oder Sie schon über eine reichweitenstarke Community verfügen – bleiben Sie Ihrem Rhythmus treu. Der Instagram-Algorithmus belohnt die Konsistenz in Ihrem Posting-Verhalten mit einer besseren Sichtbarkeit auf der Plattform und »bestraft« in gleichem Maße Inaktivität oder unregelmäßiges Posten. In der Folge sinkt Ihr Engagement-Niveau (weniger Likes und Kommentare), das Wachstum Ihrer Community stagniert und Ihre Follower wandern sukzessive ab.

Im Schnitt veröffentlichen Marken erfahrungsgemäß zwischen zwei und vier Posts pro Tag auf Instagram.

Das überaus erfolgreiche Medienunternehmen The Shade Room (@theshaderoom) unterhält seine Community-Mitglieder auf Instagram beispielsweise sogar mehrmals stündlich mit News aus der Welt der Stars und Sternchen. Diese hohe Frequenz könnte bei den Followern eines Unternehmens mit weitaus weniger News-Bezug natürlich Reaktionen auslösen. Wie häufig Sie posten, hängt neben Ihren personellen und inhaltlichen Ressourcen also auch von der Art Ihres Unternehmens und Ihrer Content-Strategie auf Instagram ab.

Grundsätzlich ist es hilfreich, die Zeiten, an denen Ihre Community besonders aktiv auf Instagram ist, für Ihre Postings auszunutzen. Die Wochentage sowie Uhrzeiten, an denen Ihre Follower Instagram am intensivsten nutzen und somit eine höhere Wahrscheinlichkeit für die Wahrnehmung Ihrer Inhalte besteht, können Sie den Statistiken Ihres Business-Profils entnehmen (mehr dazu in Abschnitt 4.12 »Erfolgsmessung – hilfreiche Tools«). Eine weitere Möglichkeit, die ideale Posting-Zeit zu ermitteln, bieten die Apps und Tools, wie Iconosquare, Planoly oder UNUM (siehe dazu auch Abschnitt 4.10 »Beiträge vorausplanen«).

3.8   Recherche von Hashtags

Hashtags sind ein zentrales Element der Instagram-Community. Sie spiegeln aktuelle Trends in Ihrem Themenbereich wider und können Ihnen helfen, Ihre Inhalte darauf auszurichten.

Indem Sie die »angesagten« Hashtags für Ihr Thema nutzen, werden Sie Teil der Community, die sich intensiv mit Ihrem Bereich beschäftigt. So können Sie an Gesprächen, die in Form von Fotos, Videos, Instagram Stories und Kommentaren, die auf Instagram zu Ihrem Thema stattfinden, teilnehmen.

Darüber hinaus bieten Ihnen Hashtags die Chance, selbst Trendsetter zu werden, indem Sie ein eigenes Tag kreieren und auf Instagram verbreiten.

Vor allem aber stellen Sie mit der Verwendung von Hashtags sicher, dass Ihre Inhalte auf der Plattform auch über Ihre Abonnenten hinaus gefunden werden.

Um dabei auch die richtige Zielgruppe für sich zu begeistern, sollten Sie sich schon im Rahmen Ihrer Strategie-Entwicklung Gedanken über passende Hashtags zu Ihrem Content machen.

Recherche-Ergebnisse aus Ihrer Persona-Entwicklung

Hierbei können Sie zum einen auf die Ergebnisse Ihrer Zielgruppenanalyse zurückgreifen und Stichworte, nach denen Ihre Zielgruppe im Zusammenhang mit Ihrem Unternehmen, Ihrer Marke oder Ihrem Produkt in den gängigen Suchmaschinen (und damit sehr wahrscheinlich auch auf Instagram) sucht, in Ihre Liste relevanter Hashtags aufnehmen. Das erleichtert Ihnen später die tägliche Arbeit, wenn es darum geht, Ihre Beiträge mit relevanten Schlagworten zu versehen.

Instagram-Suche

Zum anderen können Sie über die Instagram-Suche nach weiteren Hashtags recherchieren, indem Sie Hashtags, Profile oder Standorte, die mit Ihrem Unternehmen in Zusammenhang stehen, analysieren. Instagram schlägt Ihnen auf den Suchergebnisseiten zu bestimmten Hashtags zudem ähnliche Hashtags vor, die von der Community zu Ihrem Thema verwandt werden.

Externe Tools

Weiterhin bietet es sich über Tools wie HootSuite oder Iconosquare an, die Beiträge Ihrer Konkurrenz, von Influencern Ihrer Branche sowie die Beiträge der Community zu bestimmten Hashtags zu monitoren. Auf diese Weise stoßen Sie immer wieder auf neue oder präzisere Schlagworte und Trends, die Sie für Ihre Posts verwenden können.

Ein neues und bisher kostenloses Webtool zur Hashtag-Recherche ist Display Purposes (*https://displaypurposes.com/*), das vom Fotografen und Developer Fay Montage entwickelt wurde. Um auf relevante und gleichzeitig populäre Hashtags zu stoßen, genügt es, zwei oder drei bildbeschreibende Hashtags in die Suche des Tools einzugeben. Das Tool zeigt daraufhin eine Liste ähnlicher Hashtags an, die von der Instagram-Community im Zusammenhang mit den in die Suche eingegebenen Tags genutzt werden.

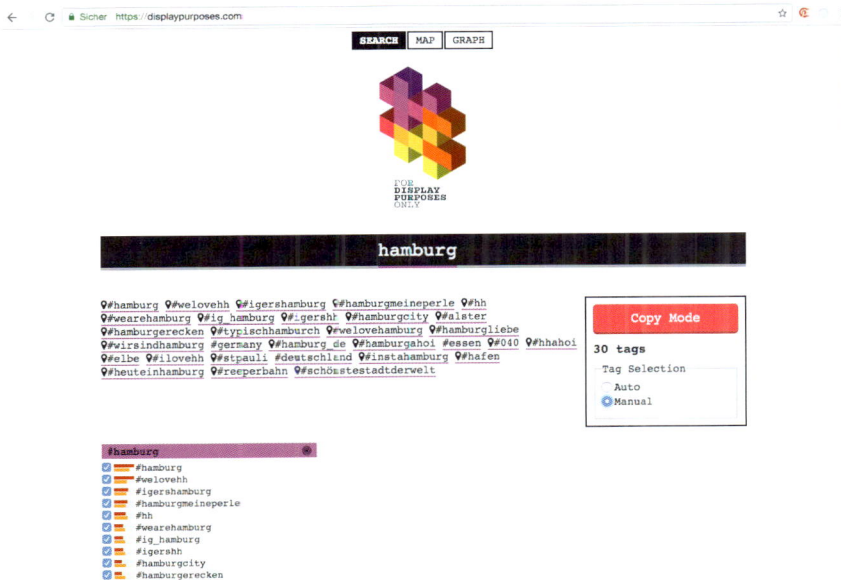

Abb. 3.51: *Webansicht des Tools Display Purposes (displaypurposes.com)*

Das deutsche Pendant dazu ist der vom Social-Management-Tool-Anbieter Fanpage Karma entwickelte (webbasierte) Instagram Hashtag Composer, der sich vor allem auch für die Suche nach deutschen populären und relevanten Hashtags auf Instagram eignet.

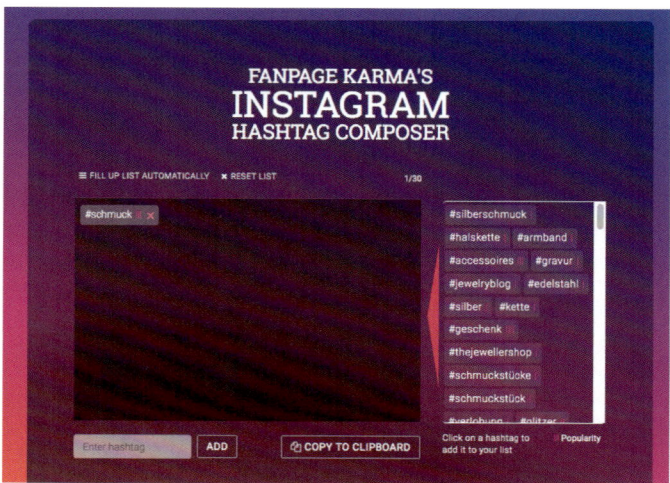

Abb. 3.52: *Webansicht des Tools »Instagram Hashtag Composer« von Fanpage Karma (fanpagekarma.com/hashtag)*

Keyword-Tools

Hilfreich ist auch eine klassische Keyword-Recherche im Web. Über die Seite *www. semager.de* finden Sie verwandte Keywords zu Ihrem übergeordneten Thema, die Sie für Ihren Hashtag-Mix nutzen können. Auf *www.ubersuggest.org* werden Ihnen ebenfalls Vorschläge für weitere Stichworte zu Ihrem Thema unterbreitet. Über *www.ranking-check.de/tipps-tools/seo-tools/keyword-datenbank* erfahren Sie darüber hinaus, welche Suchwörter wie häufig im Zusammenhang mit Ihrem Stichwort in Suchmaschinen gesucht werden. Auch das in Abschnitt 3.4 »Analyse und Definition von Zielgruppen« vorgestellte Tool AnswerThePublic kann Sie auf weitere Hashtag-Ideen bringen.

Deutsche oder englische Hashtags?

Ob Sie deutsche oder englische Hashtags oder auch einen Mix aus beiden verwenden, hängt von unterschiedlichen Faktoren ab:

‣ Wollen Sie ausschließlich eine deutschsprachige Zielgruppe ansprechen? Dann empfiehlt es sich, deutsche Hashtags zu verwenden.

‣ Sind Sie in einer Branche aktiv, in der sich englischsprachige Begriffe etabliert haben? Dann sollten Sie sich für einen Mix aus deutschen und englischen Begriffen entscheiden.

Branded Hashtags

Die Verwendung von Markenhashtags sollte fester Bestandteil Ihrer Instagram-Strategie sein. Dabei empfiehlt es sich, einen oder zwei Markenhashtags, zum Beispiel Ihren Marken- oder Unternehmensnamen sowie Ihr Leitmotiv oder Ihren Slogan für Ihre gesamte Markenkommunikation zu finden, was einerseits eine Klammer für Ihre gesamte On- und Offline-Kommunikation bildet und andererseits dazu verwandt werden kann, nutzergenerierten Content (User Generated Content, UGC) auf den von Ihnen bespielten Social-Media-Plattformen aufzubauen und zu identifizieren. Die Auswahl eines Markenhashtags, aber auch Kampagnenhashtags, sollte in Anbetracht ihrer Langlebigkeit und Tragweite gut durchdacht sein. Konkrete Anregungen zur Auswahl Ihrer Markenhashtags finden Sie in Abschnitt 4.11.3 »Auswahl eines Hashtags«.

3.9   Organisation und Ressourcen

Ein wichtiger Teil Ihrer Strategieentwicklung ist es, frühzeitig darüber nachzudenken, welche Prozesse und damit verbundene personelle als auch finanzielle Ressourcen Sie benötigen werden, um Ihre Instagram-Strategie bestmöglich und nachhaltig umzusetzen.

Art und Umfang Ihrer Prozesse und Ressourcen richten sich dabei nach der Größe Ihres Unternehmens, wie stark Sie Ihre Social-Media-Aktivitäten professionalisieren wollen und welchen Stellenwert Instagram in Ihrer Marketingstrategie einnimmt.

Im Folgenden finden Sie eine Auswahl an Fragestellungen, die Sie dabei näher beleuchten sollten:

Erstellung von Inhalten

Im Rahmen Ihrer Inhalte-Strategie eruieren Sie bereits, wer zu Ihren Content-Lieferanten innerhalb und außerhalb Ihres Unternehmens zählen kann. Dabei haben folgende Faktoren Einfluss auf Ihre Ressourcen:

▸ Produzieren Sie Ihre Inhalte inhouse? Wenn ja, wer in Ihrem Team oder Unternehmen kann dafür wie viel Zeit aufwenden?

▸ Gibt es bereits einen guten Fundus an Inhalten in Ihrem Unternehmen?

▸ Können Sie in höherem Maße auf User Generated Content zurückgreifen?

▸ Arbeiten Sie für die Inhalte-Erstellung mit einer Agentur zusammen?

▸ Beauftragen Sie für bestimmte Inhalte einen professionellen Fotografen?

▸ Wollen Sie verstärkt mit Influencern zusammenarbeiten, die einen Teil Ihres Contents liefern sollen?

▸ Greifen Sie für die Erstellung Ihrer Inhalte verstärkt auf Stock- und Musikdatenbanken mit für die Social-Media-Nutzung lizenzierten und gegebenenfalls kostenpflichtigen Inhalten zurück?

▸ Benötigen Sie kostenpflichtige Grafikprogramme und Apps für die Erstellung Ihrer Inhalte?

▸ Werden für die Erstellung von Fotos, Videos und Stories professionelle Kameras, Stative, Mikros oder andere technische Geräte und Hilfsmittel benötigt?

Community-Management

Ein vielfach unterschätzter Punkt bei der Planung Ihrer Prozesse und Ressourcen ist das Community-Management (siehe dazu auch Abschnitt 5.2.3 »Systematischer Follower-Aufbau über soziale Interaktion«). Ohne dafür geeignete Prozesse und Ressourcen verschenken Sie wesentliches Wachstumspotenzial.

Gibt es in Ihrem Team einen Mitarbeiter, der prompt auf Fragen und Kommentare aus Ihrer Community reagieren kann?

Social-Media-Monitoring, -Management und -Analytics

Je professioneller Sie auf Instagram und auch darüber hinaus agieren wollen, desto mehr empfiehlt sich die Zusammenarbeit mit Tool-Anbietern in den Bereichen Social-Media-Monitoring (auch Social-Media-Listening), Social-Media-Management und Social-Media-Analytics.

Inzwischen haben sich am Markt eine Reihe von Tool-Anbietern etabliert, die alle drei Bereiche auch über verschiedene Social-Media-Kanäle hinaus abdecken können.

Dazu zählen beispielsweise Sprout Social, Facelift, Fanpage Karma, Hootsuite, Talkwalker und viele mehr.

Sofern sich Ihr Social-Media-Engagement hauptsächlich auf Instagram fokussiert, sind auch spezialisierte Tool-Anbieter wie Iconosquare, Later oder Planoly interessant für Sie.

Weiterbildung

Die kontinuierliche Weiterbildung Ihrer Mitarbeiter sollte ein integraler Bestandteil Ihrer gesamten Social-Media-Marketing-Strategie sein. Dazu zählt die Teilnahme an Webinaren, Workshops, Seminaren sowie Kongressen oder Messen.

Werbung

Teil Ihrer Instagram-Strategie sollte nicht nur der Aufbau von organischer Reichweite und Sichtbarkeit auf Instagram sein, sondern auch die gezielte Ansprache Ihrer (potentiellen) Kunden mit Werbung. (Siehe dazu auch Kapitel 7). Denn durch die geschickte Kombination von werblichem und organischem Content können Sie einerseits das organische Wachstum Ihres Accounts vorantreiben, andererseits Ihre Marketing-Aktionen hervorheben und das Erreichen Ihrer Unternehmens-Ziele systematisch fördern.

Equipment

Unabhängig davon, ob Sie Ihre Inhalte selbst erstellen wollen oder professionelle Dienstleister in Anspruch nehmen, sollten Sie in ein aktuelles Smartphone (idealerweise sowohl iOS als auch Android) investieren, um auf dem neuesten technischen Stand zu sein, die Neuerungen von Instagram stets austesten zu können und Ihre Aktivitäten auf Instagram und darüber hinaus bestmöglich zu monitoren.

Kapitel 4

Umsetzung Ihrer Instagram-Strategie

Nachdem Sie sich nun umfassend mit Ihrer Instagram-Strategie beschäftigt haben, geht es jetzt um die Umsetzung und kontinuierliche Optimierung Ihrer daraus resultierenden Maßnahmen. In den folgenden Ausführungen erfahren Sie, wie Sie

▸ Ihr Business-Profil idealerweise gestalten,

▸ selbst qualitative Foto- und Video-Posts erstellen,

▸ ansprechende Instagram Stories produzieren,

▸ Live-Videos senden,

▸ Hashtags vergeben,

▸ Beiträge vorausplanen

▸ und den Erfolg Ihrer Aktivitäten messen können.

4.1   Einrichten Ihres Business-Profils

Für Unternehmen ausdrücklich empfehlenswert ist die Option, ein privates Profil in ein Business-Konto umzuwandeln. Das heißt, Sie richten zunächst ein klassisches Instagram-Profil ein und stellen es anschließend über den Bereich OPTIONEN (Rädchen- oder Punkte-Symbol am oberen rechten Rand auf Ihrer Profilseite) über den Menüpunkt IN BUSINESS-PROFIL UMWANDELN auf ein Business-Profil um.

Voraussetzung dafür ist die Verknüpfung Ihres Instagram-Profils mit einer Facebook-Unternehmensseite, für die Sie eine Administratoren- oder Redakteurs-Rolle haben. Sollten Sie nicht im Besitz einer solchen Rolle und den damit verbundenen Rechten sein, kann dies vom Seiten-Inhaber oder einem Administrator über die Einstellungen der betreffenden Facebook-Seite unter dem Menüpunkt ROLLEN FÜR DIE SEITE nachgeholt werden. Das wiederum setzt voraus, dass Sie auf Facebook ein eigenes Profil besitzen.

Hinweis

Die Verknüpfung eines Business-Profils mit mehreren Facebook-Seiten ist nicht möglich. Sollten Sie Betreiber mehrerer Facebook-Seiten sein, sollte die Wahl, mit welcher Seite Sie Ihr Business-Profil verbinden, auf die Seite fallen, auf der Sie perspektivisch die meisten thematischen Überschneidungen mit Ihren Aktivitäten auf Instagram haben. Für Besucher Ihres Profils ist (abgesehen von der Unternehmenskategorie) jedoch nicht ersichtlich, mit welcher Facebook-Seite Sie Ihr Profil verknüpft haben.

Die Unternehmenskategorie, die unterhalb Ihres Profil-Namens angezeigt wird, wird von Ihrer verknüpften Facebook-Seite übernommen und kann somit auch nur dort im Bereich INFO im Abschnitt ALLGEMEIN geändert werden.

Im Rahmen der Erstellung Ihres Business-Profils werden die Kontaktinformationen zu Ihrem Unternehmen wie Ihre E-Mail-Adresse, Ihr Unternehmensstandort sowie Ihre Telefonnummer von Ihrer Facebook-Seite übertragen und stehen Besuchern Ihres Profils über den KONTAKT-Button zur Verfügung. Ein potenzieller Kunde kann Sie damit direkt via Instagram telefonisch kontaktieren, Ihnen eine E-Mail schicken oder sich den Weg zu Ihrem Unternehmensstandort mithilfe des Buttons ROUTE PLANEN anzeigen lassen (siehe dazu auch Abschnitt 2.1.2 »Instagram-Business-Profil«).

Über den Button PROFIL BEARBEITEN auf Ihrer Instagram-Profilseite können Sie Ihre Unternehmensinformationen ändern oder löschen, allerdings müssen Sie im Rahmen eines Business-Profils mindestens eine Kontaktmöglichkeit zur Verfügung stellen.

Die wichtigste Funktionalität Ihres Business-Profils ist neben der spontanen Kontaktmöglichkeit zu Ihrem Unternehmer, direkt aus der Customer-Journey Ihres potenziellen Kunden heraus, die Verfügbarkeit von Statistiken (siehe dazu auch Abschnitt 4.12 »Erfolgsmessung – hilfreiche Tools«).

Ein weiterer Vorteil Ihres Business-Profils bildet die Option, einzelne Foto- oder Video-Posts Ihres Profils zu bewerben bzw. hervorzuheben. (Nähre Informationen dazu finden Sie in Abschnitt 7.5.2 »Anzeigen direkt in der Instagram-App schalten«.)

4.1.1 Verifizierte Profile

Verifizierte Profile sind auf Instagram durch ein blaues Icon mit einem Häkchen gekennzeichnet, das neben dem Profilnamen platziert ist. Instagram bestätigt auf diese Weise, dass es sich bei dem betreffenden Account um das echte Profil eines Prominenten, einer bekannten Marke oder eines bekannten Medienunternehmens handelt. Damit soll sichergestellt werden, dass sich die Community-Mitglieder ohne Umwege mit dem gewünschten Account verbinden können.

Eine Verifizierung durch Instagram erfolgt insbesondere dann, wenn Ihr Unternehmen oder Ihre Marke bereits einen hohen Bekanntheitsgrad hat und somit ein hohes Risiko der Nachahmung Ihres Accounts besteht.

Dennoch können Sie im Bereich EINSTELLUNGEN innerhalb der Instagram-App unter dem Menüpunkt KONTO mithilfe Ihres Personalausweises eine Verifizierung Ihres Accounts beantragen. Auch ein direkter Kontakt zu Instagram-Mitarbeitern kann hilfreich sein, um eine Verifizierung Ihres Accounts zu erhalten.

4.1.2 Verwaltung mehrerer Accounts

Derzeit ist es nicht möglich, mit nur einer E-Mail-Adresse mehrere Instagram-Profile zu erstellen. Instagram sieht momentan lediglich ausschließlich ein Instagram-Profil pro E-Mail-Adresse vor.

Sofern Sie mehrere Instagram-Profile pflegen, können Sie sich jedoch über Ihre Instagram-App bei mehreren Profilen gleichzeitig anmelden und somit leicht zwischen diesen Profilen wechseln. Dazu steht Ihnen über den Bereich OPTIONEN (Rädchen-Symbol (iOS) oder Punkte-Symbol (Android) auf Ihrer Profilseite) der Menüpunkt KONTO HINZUFÜGEN zur Verfügung. Hier können Sie bis zu fünf Instagram-Konten hinzufügen und, ohne sich jeweils neu an- und abzumelden, zwischen ihnen wechseln. Tippen Sie dazu in der Profil-Ansicht Ihres Accounts am oberen Seitenrand auf Ihren Profilnamen und wählen Sie aus der Liste Ihrer hinzugefügten Konten das gewünschte Konto aus, zu dem Sie wechseln möchten.

Social-Media-Management-Tools

Um mehrere Instagram-Accounts gleichzeitig im Blick zu behalten und zu bearbeiten, eignen sich vor allem auch Social-Media-Management-Tools wie Facelift, SproutSocial, Falcon.io Hootsuite und viele mehr. Hier können Sie Ihre Profile übersichtlich in einem Dashboard auf Ihrem Desktop anordnen und so über eine zentrale Oberfläche managen. Weiterhin lassen sich in der Regel Team-Mitglieder hinzufügen, mit denen Sie sich die Arbeit an den verschiedenen Instagram-Accounts (sowie diversen weiteren Social-Media-Profilen) teilen können, indem Sie sich gegenseitig Aufgaben zuweisen, Beiträge vorausplanen und vieles mehr.

4.1.3   Wahl Ihres Benutzernamens und Namens

Teil Ihres Business-Accounts sind Ihr »Benutzername«, den Sie bereits bei der Anmeldung auf Instagram vergeben haben, sowie Ihr »Name«. Beide Namen lassen sich über den Button PROFIL BEARBEITEN auf Ihrer Profilseite sowohl in der Instagram-App als auch in Ihrem Webprofil ändern und werden von der Instagram-Suche erfasst.

Ihr Benutzername

Wenn möglich, sollte Ihr Benutzername möglichst kurz und eindeutig sein, keine Sonderzeichen beinhalten und Ihren Unternehmensnamen widerspiegeln. Auf diese Weise ist Ihr Account einerseits von Instagrammern, die nach Ihrem Unternehmen suchen, schnell zu finden und andererseits von Ihren (potenziellen) Followern, die Sie noch nicht kennen, leichter zu merken.

Ihr Unternehmensname sollte dabei möglichst identisch mit dem sein, den Sie auch in anderen sozialen Netzwerken beispielsweise Facebook verwenden. Mit einem konsistenten Markenauftritt steigern Sie Ihren Wiedererkennungswert über die sozialen Netzwerke hinweg. Gerade zwischen Facebook und Instagram dürften die Überschneidungen in der Nutzung beider Plattformen abseits der Generation Z hoch sein. (Eine entsprechende Studie zur Überschneidung der Facebook- und Instagram-Nutzer liegt für den deutschen Markt derzeit, Stand Juni 2019, jedoch leider nicht vor.)

Die Nutzungsbedingungen von Instagram sehen darüber hinaus inzwischen vor, dass Ihr Benutzername nicht das Wort *Instagram* oder die Wortbestandteile *Insta* oder *Gram* oder auch die Abkürzung *ig* beinhalten darf. Weiterhin dürfen ohne vorherige schriftliche Genehmigung durch Instagram keine URLs oder Domain-Namen als Benutzername verwandt werden.

Ihr Name

Ihr Eintrag im Feld NAME erscheint unmittelbar unter dem Foto Ihres Profils. Darüber hinaus wird der Name zusammen mit Ihrem Profilbild und Ihrem Nutzernamen in den Abonnenten-Listen der Nutzer, denen Sie folgen, angezeigt. Somit hat auch der Name Einfluss darauf, wie Sie von anderen Nutzern in der Community wahrgenommen werden.

Sofern Ihr Benutzername von Ihrem Unternehmensnamen abweicht, haben Sie hier die Möglichkeit, Ihren offiziellen Unternehmensnamen zu hinterlegen. Eine vollständige Firmierung ist, sofern Sie in Ihrer URL auf Ihr Impressum verweisen, jedoch nicht notwendig.

Sind Ihr Benutzername und Ihr Name identisch, lohnt es sich, darüber nachzudenken, das maximal 30 Zeichen umfassende Feld NAME zusätzlich alternativ zu nutzen, etwa

- ▸ wie im Beispiel des Online-Shops Odernichtoderdoch (@odernichtoderdoch.de) mit der Beschreibung der Unternehmenspassion »...mit ganz viel Herz«
- ▸ oder wie im Falle des Hamburger Schmuck-Labels Koshikira (@koshikira) mit einer kurzen Unternehmensbeschreibung
- ▸ oder wie im Beispiel der Berliner Verkehrsbetriebe (@bvg_weilwirdichlieben) mit dem Claim der aktuellen Werbekampagne »Weil wir dich lieben«

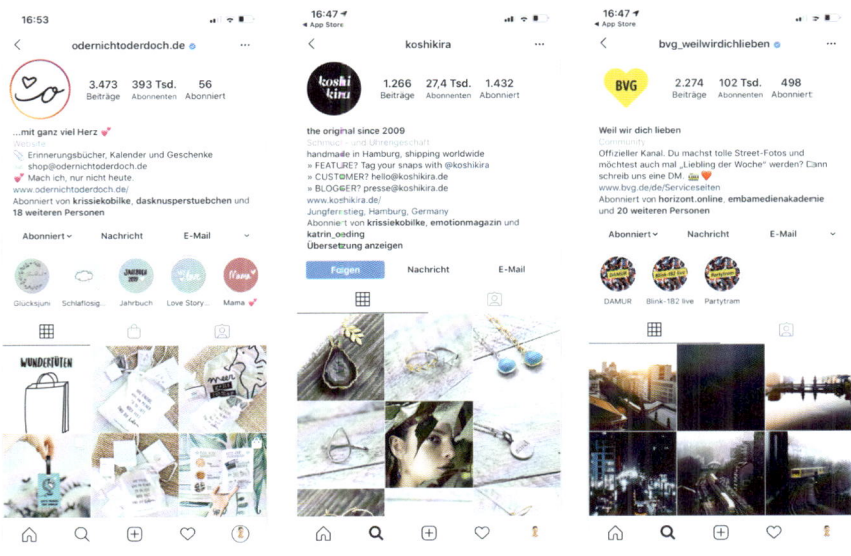

Abb. 4.1: *Beispiele für Unternehmensprofile, die das Feld NAME alternativ besetzen*

Markenname vergeben?

Auf Instagram, wie auch in anderen sozialen Netzwerken leider nicht unüblich, kann es sein, dass Ihr Markenname bereits von einem anderen Instagrammer in Gebrauch genommen wurde. Häufig stecken dahinter Fans Ihrer Marke oder aber, was seltener der Fall ist, Nutzer, die sich als Inhaber Ihrer Marke ausgeben und in der Community als Unternehmen auftreten. Neben Betrugsfällen dieser Art sind laut der Instagram-Nutzungsbedingungen Markenrechtsverletzungen Dritter verboten.

Über das Instagram-Hilfecenter können Sie eine entsprechende Markenrechtsverletzung melden, vorausgesetzt, Ihre Marke ist geschützt. Häufig kann auch schon ein Hinweis, den Sie dem betreffenden Instagrammer durch einen Kommentar oder mit einer Nachricht über Instagram Direct geben, eine Klärung herbeiführen.

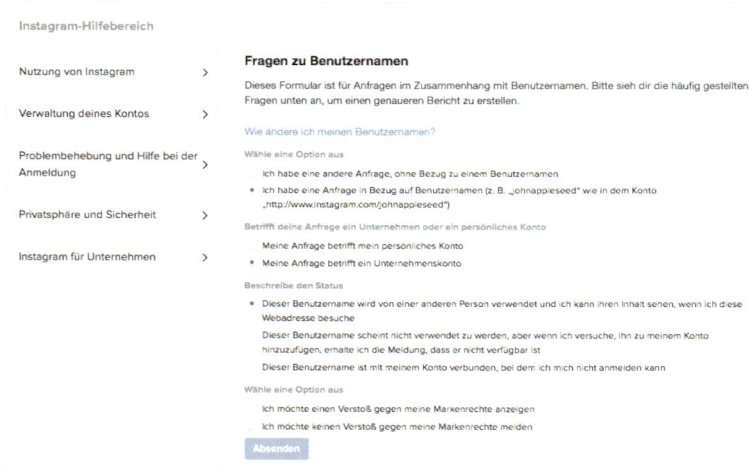

Abb. 4.2: *Ansicht des Instagram-Hilfebereichs zur Meldung von Markenrechtsverletzungen in Bezug auf Ihren Benutzernamen*

Den Direktlink zum Online-Formular, mit dem Sie eine Markenrechtsverletzung melden können, finden Sie hier: *https://help.instagram.com/contact/230197320740525?helpref=faq_content*.

4.1.4 Ihr Profilfoto

Für Ihr Profilfoto eignet sich idealerweise Ihr Firmenlogo. Die Größe des Fotos beträgt 150 x 150 Pixel und wird in der Instagram-App sowie in Ihrem Webprofil in einer runden Version angezeigt. Ihr Foto sollte deshalb auch in einer runden Form hochwertig wirken.

Sie können Ihr Profilfoto entweder von Facebook oder Twitter importieren oder aber aus Ihrer Bibliothek bzw. Galerie auf Ihrem Smartphone auswählen. Über Ihr Webprofil lässt sich auch einfach ein Profilfoto von Ihrem Desktop in Ihr Profil hochladen.

Das Profilbild ist neben Ihrem Benutzernamen und Namen der Hauptinteressewecker in der Community. Es erscheint auf jedem einzelnen Ihrer Foto- und Video-Posts, Ihrer Instagram Stories und Live-Videos genauso wie in den Abonnenten-Listen der Nutzer, die Ihnen folgen oder denen Sie folgen, und natürlich auf Ihrer Profilseite. Es ist damit wichtiger Teil Ihrer Markenbildung auf Instagram und fördert Ihren Wiedererkennungswert in der Community. Vor diesem Hintergrund ist es absolut empfehlenswert, Zeit in die Auswahl oder Erstellung eines qualitativen Profilbilds zu investieren.

4.1.5 Ihre Biografie

Ihr Business-Profil repräsentiert Ihre digitale visuelle Visitenkarte – und das nicht nur auf Instagram, sondern auch darüber hinaus. Ihre Biografie bzw. Profilbeschreibung spielt dabei eine entscheidende Rolle. Mit ihr können Sie Ihre potenziellen Follower in Sekundenschnelle davon überzeugen, Teil Ihrer Community zu werden.

Eine idealtypische Biografie wäre eine, die Ihren Followern in Kombination mit Ihrem Benutzernamen, Namen, Ihrem Profilfoto sowie Ihrer URL beschreibt:

▸ wer Sie sind,

▸ was Ihre Vision, Mission oder aber der USP Ihrer Marke/Ihres Produkts ist,

▸ von welchem Mehrwert Ihre Follower im Falle eines Abonnements Ihres Profils profitieren

▸ und welche weiteren Handlungen Ihre Follower vornehmen sollen (Call-to-Act on).

Stellen Sie sich Ihr Business-Profil inklusive Ihrer Biografie dabei wie einen klassischen **Elevator Pitch** nach dem **AIDA**-Frinzip vor, bei dem Sie zunächst

▸ **A:** mithilfe Ihres Benutzernamens, Profilfotos und Namens **Aufmerksamkeit** erzeugen – Wer sind Sie?

▸ **I: Interesse** wecken, indem Sie im Rahmen Ihrer Biografie Ihren USP herausstellen. Wie heben Sie sich von Ihrer Konkurrenz ab? Was ist das Besondere an Ihrer Marke oder Ihrem Produkt?

Sehr gut ist dies beispielsweise in den Biografien des Bekleidungsunternehmens Everlane (@everlane) oder des Beauty-Box-Anbieters Glossybox (@glossybox_de) zu sehen.

Oder alternativ Ihre Mission vermitteln: Was treibt Sie an? Wie wollen Sie den Status quo in Ihrer Branche verändern? Was machen Sie anders als andere?

Dies lässt sich sehr gut an den Beispielen von Instagram (@instagram), das bereits erwähnte Unternehmen Cuyana (@cuyana) oder dem Coworking-Space-Anbieter WeWork (@wework) beobachten.

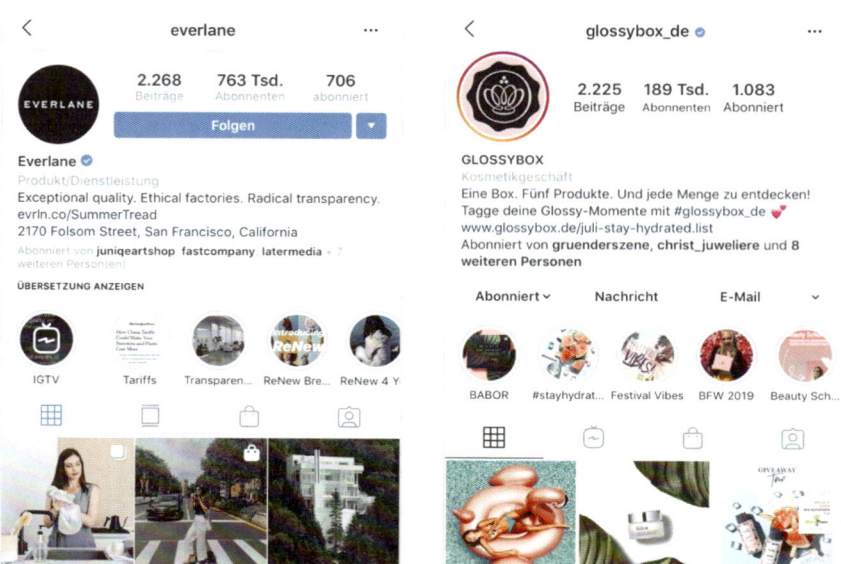

Abb. 4.3: *Beispiele für Unternehmen, die ihren USP in ihrer Biografie herausstellen*

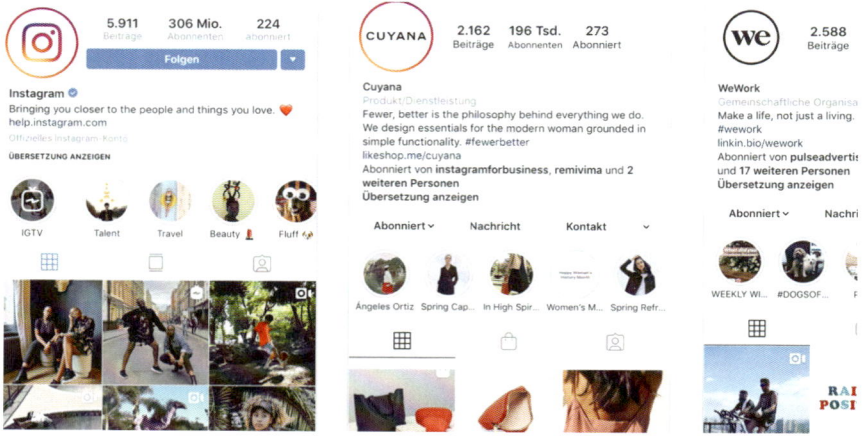

Abb. 4.4: *Beispiele für Unternehmen, die ihre Mission in ihrer Biografie herausstellen*

▸ **D: Desire** bzw. Begehrlichkeit auslösen – Wie profitieren Ihre Follower von Ihren Inhalten? Welchen Mehrwert liefern Ihre Inhalte ihnen? Das ist besonders gut in den Beispielen des Thalia-Theaters (@thaliatheater) oder der Video-Nachrichten-Plattform NowThis News (@nowthisnews) zu sehen.

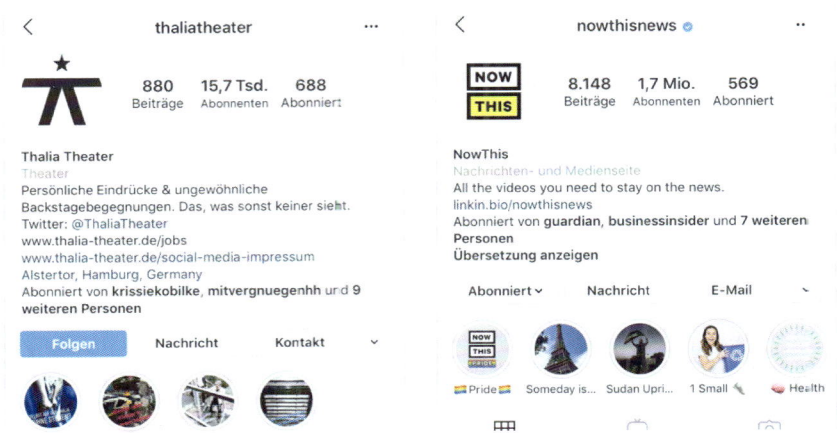

Abb. 4.5: *Beispiele für Unternehmen, die den Mehrwert ihrer Instagram-Beiträge in ihrer Biografie herausstellen*

▸ **A:** und schließlich mithilfe Ihres Call-to-Action eine Handlung bzw. **Action** provozieren – wie im Beispiel Sephora oder Foundr – die mit der Absicht, Abverkäufe oder Leads zu generieren, in Ihrer Biografie explizit auf ihre URL verweisen (siehe Abbildung 4.6), oder, wie im Beispiel der Tourismuszentrale Rügen (@wirsindinsel), der Marke NIVEA (@nivea_de) und dem Kunst-Start-up Juniqe (@Juniqeartshop), Ihre Community dazu aufrufen, eigene Inhalte unter ihrem Markenhashtag zu teilen (siehe Abbildung 4.7). Oder aber, wie im Beispiel von About You (@aboutyoude) auf aktuelle Events, im Beispiel von Foundr auf weitere Social-Media-Kanäle oder im Beispiel von Alnatura auf weiterführende Inhalte auf ihrer Website verweisen (siehe Abbildung 4.8).

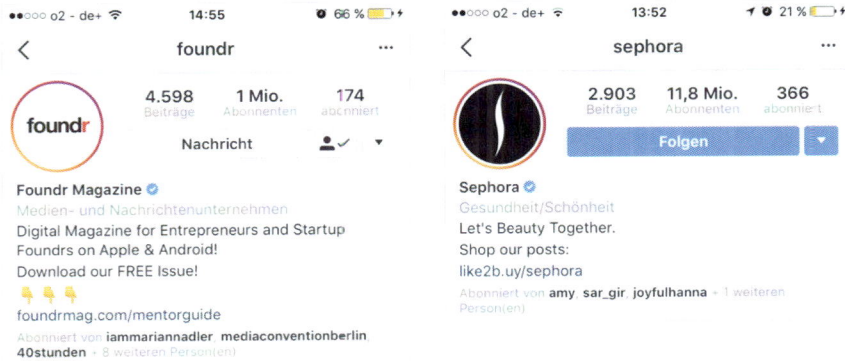

Abb. 4.6: *Biografien von Foundr Magazine (@foundr) sowie Sephora (@sephora), mit Verweis auf die URL*

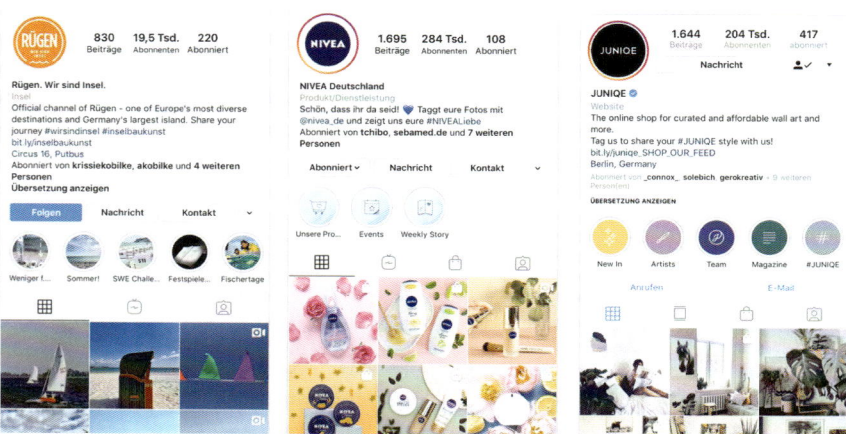

Abb. 4.7: *Beispiele von Unternehmen, die ihre Community dazu aufrufen, eigene Inhalte mit ihrem Markenhashtag auf Instagram zu teilen*

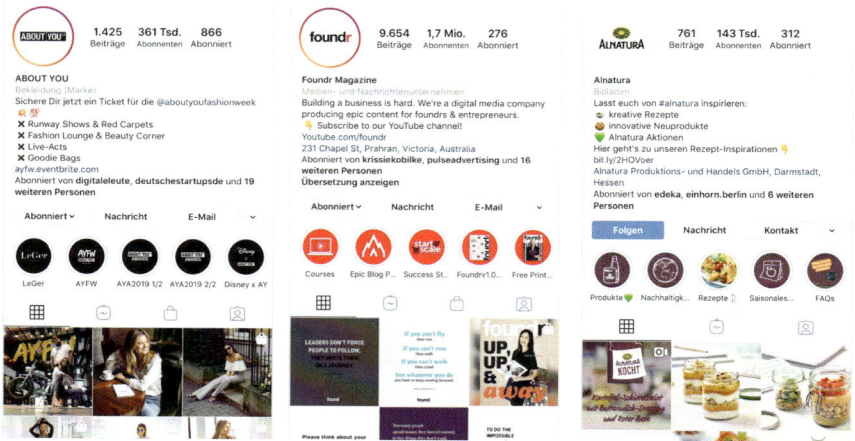

Abb. 4.8: *Verweis auf Aktionen, Social-Media-Kanäle oder die eigene Website bei ABOUT YOU (@aboutyoude), Foundr Magazine (@foundr), Alnatura (@alnatura) und Rosefield (@rosefield)*

Optische Gestaltung

In der optischen Gestaltung Ihrer Biografie bieten sich zwei Formen an, die Sie durchaus kombinieren können:

▸ eine Biografie in Listenform, wie im Beispiel von Oh Happy Day (@ohhappyday), The Jungalow (@thejungalow) oder Urban Outfitters (@urbanoutfitters), siehe Abbildung 4.9

Abb. 4.9: *Biografien in Listenform bei Oh Happy Day (@ohhappyday), The Jungalow (@thejungalow) und Urban Outfitters (@urbanoutfitters)*

Der Vorteil besteht hier in der Übersichtlichkeit. Die von Ihnen bereitgestellter Informationen können von einem Besucher schnell erfasst werden. Nachteil: Die Inhalte Ihrer Biografie werden gegebenenfalls gekürzt dargestellt. Der Besucher Ihres Profils muss zunächst auf MEHR tippen, um die vollständige Biografie zu sehen.

▸ oder eine Biografie mit Fließtext wie in den in Abbildung 4.4 gezeigten Beispielen

Ein zusammenhängender Text wirkt auf Ihre Besucher möglicherweise persönlicher und wertschätzender.

Darüber hinaus ist auch der (dosierte) Einsatz von Emojis empfehlenswert, sofern diese zu Ihrem Unternehmen, Ihrer Marke und Ihrer Zielgruppe passen. Damit wirken Sie durchaus sympathischer und nahbarer.

4.1.6 Ihre URL

Grundsätzlich ist Ihre Biografie ein lebendiger Ort, der sich (zumindest in Teilen) auch ändern darf und sollte. Hier können Sie, wie bereits erwähnt, auf aktuelle Aktionen hinweisen, auf laufende Kampagnen sowie dazugehörige Kampagnenhashtags, auf besondere Angebote in Ihrem Shop, Gewinnspiele und vieles mehr. Die URL unterhalb der Biografie könnte dabei idealerweise direkt ein Deeplink zur entsprechenden Aktion oder zu einem Produkt auf Ihrer Website oder Ihrer App sein, den Sie über die Statistiken Ihres Business-Profils oder auch Dienste wie bitly.com messen können (siehe dazu auch Abschnitt 3.1.3 »Traffic«).

Impressumspflicht und Datenschutzerklärung

Allerdings besteht hier ein rechtliches Risiko. Denn laut §5 Absatz 1 des Telemediengesetzes (TMG) besteht in Deutschland auch für Ihr Instagram-Profil eine Impressumspflicht, sofern Sie Ihr Profil für Marketingzwecke einsetzen. Ihr Impressum muss dabei einerseits **klar zu erkennen** und andererseits **mit maximal zwei Klicks erreichbar** sein.

Das bedeutet, dass Sie (trotz Verwendung eines Business-Profils) den Link Ihres Profils leider für diesen Zweck einsetzen müssen, sofern Sie Abmahnungen vermeiden wollen.

Ein Weg wäre dabei, nicht auf eine statische Impressum-Seite auf Ihrer Homepage zu verlinken, sondern das Impressum gut sichtbar auf Ihrer Wunsch-Zielseite, beispielsweise Ihrem Webshop, zu platzieren.

Somit kann der Nutzer Ihr Impressum dennoch mit zwei Klicks erreichen. Allerdings sollte der in Ihrer Biografie platzierte Link eindeutig als Link zu Ihrem Impressum erkennbar sein.

Hier wäre ein Weg, über den Text in Ihrer Biografie darauf zu verweisen, dass, wie im Beispiel von OTTO, der Shop sowie das Impressum unter dem folgenden Link zu finden seien.

Abb. 4.10: *Webprofil-Ansicht von OTTO (@otto_de)*

Ein anderer Weg ist es, den Link zu Ihrer Wunsch-Zielseite zu »customisieren« und in einen sprechenden Link umzuwandeln. Das funktioniert beispielsweise mit Tools, wie Rebrandly (*https://www.rebrandly.com/*) oder bitly (beides jedoch inzwischen nicht mehr kostenfrei). Dabei können Sie einen beliebigen Link nicht nur kürzen, sondern auch in seinem Aussehen verändern und dabei Ihren Unternehmens- oder Markennamen sowie weitere Details, wie zum Beispiel das Wort »Impressum«, hinzufügen.

Eine weitere Möglichkeit, die Impressumspflicht zu erfüllen und gleichzeitig mehr Verlinkungen zu nutzen, ist die Erstellung Ihrer eigenen mobilen Landingpage mithilfe Ihres CMS-Systems (zum Beispiel WordPress). Vorteil ist hier, dass Sie den Traffic auf Ihrer mobilen Landingpage direkt über Ihr Web-Analytics-Tool messen können und etwaige technische Probleme durch die Einbindung eines Drittanbieter-Tools umgehen.

Wichtig: Datenschutzerklärung

Sofern Sie Ihr Instagram-Profil in ein Business-Profil umgewandelt haben, ist auch die direkte Erwähnung Ihrer Datenschutzerklärung in Ihrer Biografie erforderlich. Denn zur Nutzung des Business-Profils ist eine Verknüpfung mit Ihrer Facebook-Seite Vorausset- zung. Laut DSGVO (Datenschutz-Grundverordnung) sind Sie damit mitverantwortlich, wenn via Facebook Daten über Ihr Instagram-Profil gesammelt werden und müssen darauf in Ihrer Biografie verweisen. Dieser Verweis wird zudem umso wichtiger, wenn Sie Werbung via Instagram schalten. Um eine Datenschutzerklärung zu erstellen, kön- nen Sie zum Beispiel auf den kostenlosen Datenschutz-Generator von Dr. Schwenke zurückgreifen:

https://drschwenke.de/dsgvo-ready-datenschutz-generator-de-kostenlos/

oder aber einen Rechtsanwalt oder eine Kanzlei mit der Erstellung Ihrer Datenschutz- erklärung beauftragen.

Shoppable Instagram Feeds

Neben dem Verweis auf das Impressum ist es insbesondere unter Händlern weit ver- breitet, trotz Instagram Shopping oder auch zusätzlich dazu »shoppable Instagram Feeds« mithilfe von Tool-Anbietern, wie Have2Have.it, Like2Buy oder Feedshop.it über ihren Link in der Biografie anzubieten. Mit diesen Dienstleistern können Sie eine mobile Landingpage bzw. Website kreieren, die das gleiche Look & Feel wie Ihr Instagram-Pro- fil hat, und den entsprechenden Link in Ihrer Biografie hinterlegen.

Tippt der Besucher dieser Seite auf ein Foto, gelangt er auf die entsprechende Produkt- Detailseite in Ihrem Shop oder aber wie im Beispiel von Sephora und Like2Buy auf ein Foto mit weiterführenden Links.

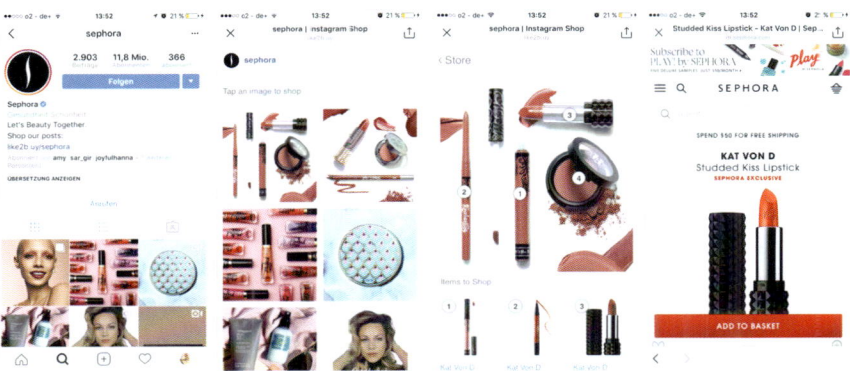

Abb. 4.11: *Shoppable Feed von Sephora (@sephora) mithilfe des Tools Like2Buy*

Auf diese Weise können Besucher Ihres Instagram-Profils sowie Ihre Follower Ihren Instagram-Feed nachshoppen. Mit den über diese Dienstleister bereitgestellten Statistiken haben Sie darüber hinaus einen schnellen Überblick darüber, welche in Ihrem Instagram-Feed gezeigten Produkte besonders stark nachgefragt werden.

Dieses Prinzip lässt sich auch auf andere Branchen übertragen, insbesondere auch diejenigen, die die Anforderungen für Instagram Shopping nicht erfüllen können, da sie beispielsweise keine physischen Produkte verkaufen. Die New York Times setzt beispielsweise auf einen Shoppable Feed, um den Besuchern und Followern ihres Profils mehr Hintergrundinformationen zu den Geschichten ihres Instagram-Profils zu geben.

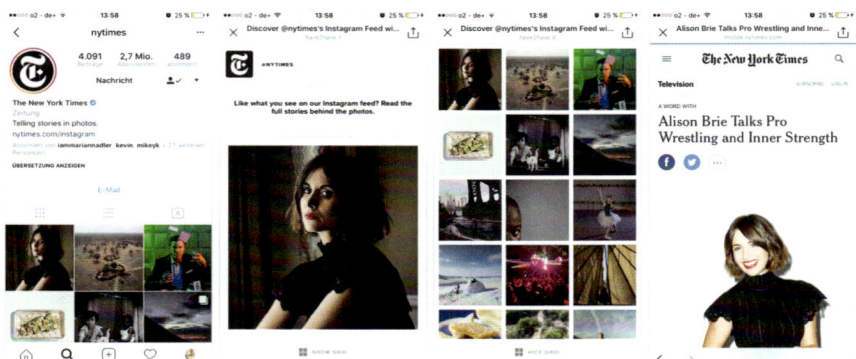

Abb. 4.12: Shoppable Feed der New York Times (@nytimes) mithilfe des Tools Have2Have.it

4.1.7   Ihr Webprofil

Damit Ihr Webprofil und damit einhergehend auch Ihr Profil in der Instagram-App von Anfang an hochwertig aussieht, ist es empfehlenswert, mindestens neun Fotos oder Videos auf Instagram hochzuladen. Ein Upload von Fotos direkt in Ihr Webprofil ist Stand heute nicht möglich. Achten Sie bei bestehenden Fotos, die Sie über Instagram hochladen, immer auf eine ausreichende Auflösung. Die Standardgröße für Instagram-Fotos beträgt minimal 600 x 315 Pixel (im Querformat) bzw. 600 x 600 Pixel im Quadrat und maximal 1936 x 1936 Pixel bei einer maximalen Dateigröße von zehn MB. Sofern Sie Fotos oder Videos im Quer- oder Hochformat auf Instagram hochladen, erscheinen diese in Ihrer Galerie zunächst ebenfalls als Quadrat, werden beim Anklicken des einzelnen Fotos oder Videos aber im Quer- oder Porträtformat angezeigt.

4.1.8   Verknüpfung mit anderen Social-Media-Profilen, insbesondere Facebook

Sofern Sie auf Facebook Betreiber einer oder mehrerer Seiten sind, können Sie Ihre Fotos und Videos auch auf einer Ihrer Seiten teilen. Dazu muss Ihr Instagram-Konto mit

Ihrem Facebook-Profil verknüpft sein, mit dem Sie diese Seiten auf Facebook erstellt haben oder bei dem Sie Administratorenrechte zur Pflege der jeweiligen Facebook-Seite besitzen. Sofern Sie kein Administrator der betreffenden Seite sind, kann der Seiteninhaber Ihnen eine entsprechende Administrator-Rolle über den Menüpunkt ROLLEN FÜR DIE SEITE in den Einstellungen seiner Facebook-Seite zuweisen.

Um Ihre Instagram-Beiträge auf der gewünschten Facebook-Seite zu teilen, tippen Sie im Bereich OPTIONEN in Ihrem Instagram-Profil unter dem Punkt VERKNÜPFTE KONTEN auf FACEBOOK und danach auf TEILEN AUF. Standardmäßig ist hier Ihre private Facebook-Chronik eingestellt. Unterhalb der Option CHRONIK erscheinen nun Ihre mit Ihrem Facebook-Profil verknüpften Seiten, aus denen Sie die gewünschte auswählen können. Leider ist das Teilen Ihres Beitrags lediglich auf einer Seite möglich.

Im Rahmen Ihrer Content-Strategie ist es jedoch grundsätzlich wichtig, Ihre jeweiligen Profile möglichst nicht 1:1 mit der gleichen Inhalten zu bespielen, da Ihre Follower Ihnen gegebenenfalls sowohl auf Instagram als auch weiteren Kanälen folgen und im Falle von identischen Inhalten bei einer oder beiden Präsenzen abspringen. Es macht aber durchaus Sinn, Ihre beliebtesten Instagram-Beiträge regelmäßig als Slideshow oder Video auf Facebook zu posten (siehe dazu auch die in Abschnitt 4.3 »Erstellen qualitativer Video-Posts« vorgestellten Video-Apps).

4.1.9 Verknüpfung mit Ihrer Website

Instagram und Ihre Website sollten ein starkes Team bilden. Dabei können die Besucher Ihrer Website über regelmäßige Artikel oder eine Bilderstrecke auf Ihrer Homepage, Ihrem Blog oder Newsletter von Ihren Aktivitäten auf Instagram erfahren und andererseits Neuigkeiten auf Ihrer Website auch in Ihren Inhalten auf Instagram aufgegriffen werden.

Einbetten von Instagram-Beiträgen

Um ihre eigenen oder fremde Instagram-Beiträge auf Ihrer Website einzubinden, tippen Sie in Ihrem Webprofil in der Fotoansicht des Beitrages, den Sie einbetten wollen, auf das »...«-Symbol. Mit einem Klick auf dieses Symbol erscheint ein Popup-Fenster mit dem Begriff EINBETTEN sowie darauf folgend der Code zum Einbetten des Fotos oder Videos im Web. Zusätzlich bietet Instagram hier die Option, die Bildunterschrift des Beitrages zu übernehmen. Der Code kann nun vollständig kopiert und dem HTML-Code der eigenen Seite an der gewünschten Stelle hinzugefügt werden. Das Bild wird standardmäßig mit einer Breite von 612 Pixeln und einer Höhe von 710 Pixeln eingefügt. Sie können die Breite und Höhe auch noch manuell ändern, indem Sie die entsprechenden Zahlen im Code anpassen, solange Breite und Höhe im gleichen Verhältnis stehen.

Das auf diese Weise in die Website oder den Blog eingefügte Bild oder Video enthält sowohl den Instagram-Namen des Urhebers, das Instagram-Logo sowie die Anzahl der »Likes« und Kommentare. Mit einem Klick auf das Instagram-Logo im eingebetteten Bild oder Video gelangt der Leser der Website zur entsprechenden Foto- oder Video-ansicht im Instagram-Webprofil des Nutzers, von dem der Beitrag ursprünglich stammt. Instagram will auf diese Weise sicherstellen, dass das Recht am eigenen Bild oder Video der Instagram-Nutzer gewahrt bleibt. Unabhängig davon, wo das Instagram-Bild oder -Video im Netz auftaucht, soll für jeden Betrachter klar erkennbar sein, wer der Urheber dieses Inhalts ist.

Rechtliche Rahmenbedingungen

Laut Rechtsanwalt Thomas Schwenke, der sich unter anderem auf Rechtsfragen rund um Social Media spezialisiert hat (*https://drschwenke.de/*), ist es zwingend erforderlich, Instagram-Bilder auf die von Instagram angebotene Art und Weise auf der eigenen Website einzubetten, um rechtliche Risiken zu minimieren. Sein Rat lautet, die Instagram-Inhalte definitiv nicht selbst zu kopieren und beispielsweise in einem Blogbeitrag hochzuladen, auch wenn die eingebetteten Postings optisch nicht so dargestellt werden können, wie sie zu Ihrer Website passen.

Diese Regel gilt allerdings nicht für Ihre eigenen Instagram-Beiträge, unabhängig davon, ob Sie diese zum Beispiel mit den spezifischen Instagram-Filtern versehen haben. Nichtsdestotrotz macht das Einbetten Ihrer eigenen Beiträge auf die oben beschriebene Weise dennoch Sinn, da die Besucher Ihrer Website oder Ihres Blogs mit einem Klick auf das Foto direkt zu Ihrem Instagram-Profil gelangen können.

Über die offizielle Website *https://en.instagram-brand.com/* können Sie darüber hinaus Instagram-Icons in Ihre Website oder Ihren Blog integrieren und so auf Ihr Instagram-Profil verweisen. Nähere Informationen dazu sowie weitere kommunikative und rechtliche Regeln, etwa zur Nutzung von Instagram-Fotos und -Videos für werbliche Zwecke, finden Sie in Kapitel 8.

4.2   Erstellen qualitativer Foto-Posts

Wichtigstes Element für das Gelingen Ihrer Instagram-Strategie und den damit verbundenen nachhaltigen Follower-Aufbau sind Ihre ansprechenden Foto- und Video-Posts. Die Anforderungen der Instagram-Community an Sie als Unternehmen sind hinsichtlich der Ästhetik Ihrer Foto- und Videobeiträge noch einmal höher.

Scheuen Sie sich trotzdem nicht, Ihr Smartphone selbst in die Hand zu nehmen und Ihr Produkt oder Ihre Marke in Szene zu setzen. Mit den in der Instagram-App integrierten Bearbeitungstools oder auch externen Apps, die nachfolgend noch vorgestellt werden, können Sie auch als Laie Fotos und Videos erstellen, die trotzdem hohen Qualitätsstandards entsprechen.

Darüber hinaus können Sie natürlich auch schon bestehende hochwertige Fotos und Videos via Dropbox oder Google Drive auf Ihrem Smartphone speichern und via Instagram teilen (siehe dazu auch Abschnitt 4.6 »Transfer externer Fotos und Videos«).

4.2.1 Tipps und Tricks zum Aufnehmen und Bearbeiten von Fotos

Die folgenden Tipps und Tricks beziehen sich in erster Linie auf die Smartphone-Fotografie in Kombination mit Instagram. Sie sollen Ihnen dabei helfen, ohne großen Aufwand gute Bilder zu machen.

Die Drittel-Regel

Die wichtigste Regel bei der Aufnahme von Fotos ist die sogenannte Drittel-Regel. Dabei geht es in erster Linie darum, Ihrem Bild einen Spannungsbogen zu geben. Da unsere Smartphone-Kamera den Fokus in der Regel automatisch in die Mitte des Bildes setzt, neigen wir dazu, unser Motiv ebenfalls mittig auszurichten. Damit erscheinen Bilder im Ergebnis jedoch häufig langweilig für den Betrachter. Besser ist es, wenn Sie Ihr Bild gedanklich in Drittel teilen und Ihr Motiv bewusst in ein Drittel am Rand Ihres Bildes setzen. Hilfreich ist dafür die Raster-Einstellung in der Kamera-Ansicht der Instagram-App oder Ihres Smartphones. Sie teilt Ihr Bild in neun gleiche Quadrate bzw. Rechtecke ein, bestehend aus zwei horizontalen Linien und zwei vertikalen Linien.

Ihre Bildaufteilung gelingt optimal, wenn Sie Ihr Bild an diesen Linien ausrichten, wobei die wichtigsten Elemente Ihres Fotos, inklusive Ihres Hauptmotivs, an deren Schnittpunkten liegen sollten. Der Horizont in Ihrem Bild sollte dabei immer exakt auf der unteren oder oberen horizontalen Linie Ihres Rasters verlaufen, sodass zwei oder ein Drittel des Bildes darüber liegen. Ebenso verhält es sich mit senkrecht verlaufenden Linien, zum Beispiel einer Hauswand in Ihrem Bild, die sich eher links oder rechts befinden sollte, jedoch keinesfalls in der Mitte. Vermeiden Sie unbedingt einen schiefen Horizont in Ihrem Bild, denn dies schmälert die Qualität Ihres Bildes enorm.

Näher dran

Verzichten Sie lieber darauf, Ihr Motiv mit Ihrem Smartphone heranzuzoomen. Das Zoomen wird die Auflösung Ihres Bildes deutlich verschlechtern. Gehen Sie lieber ganz nah an das entsprechende Objekt heran. Je näher Sie an Ihr Motiv herantreten, desto näher fühlt sich auch der Betrachter Ihres Bildes. Entfernung schafft dagegen Distanz zu demjenigen, den Ihr Bild emotional berühren soll.

Simplizität

Ihr Foto wirkt besonders anziehend auf Ihren Betrachter, wenn Sie Wichtiges von Unwichtigem unterscheiden und Ihr Fotomotiv möglichst von weiteren Ablenkungen isolieren. Zu viele Informationen in Ihrem Bild überfrachten den Betrachter. Orientieren Sie sich am besten am allgemeinen Minimalismus-Trend auf Instagram (Hashtags #minimalism, #minimallove …).

Natürliches Licht

Vermeiden Sie möglichst, Ihre Fotos mit Blitz aufzunehmen, denn dieser verleiht Ihren Bildern oftmals einen blassen, leblosen Ausdruck. Das ist besonders auch bei Food-Fotografie wichtig. Die besten Fotos entstehen eher draußen mit natürlichem Licht und das idealerweise in der Morgen- oder Abenddämmerung. Sofern keine Möglichkeit besteht, Ihr Foto unter diesen Bedingungen aufzunehmen, eignet sich der Einsatz von Apps, die einen Nachtmodus beinhalten, wie zum Beispiel Better Camera für Android oder ProCamera 8 für iOS. Letztere ist allerdings mit 5,99 Euro kostenpflichtig.

Ausrichtung Ihres Bildes

Die Ausrichtung Ihres Fotomotivs an den zuvor beschriebenen Linien und Schnittpunkten Ihres Rasters sowie dem passenden Licht kann unter Umständen eine Menge Geduld erfordern. Umso ärgerlicher ist es dann, wenn Sie die perfekte Position Ihres Smartphones wieder verlieren, indem Sie mit Ihrem Finger auf den Auslöser tippen.

Abhilfe schafft hier ein einfacher Trick. Nutzen Sie einfach die Kopfhörer Ihres Smartphones als Fernbedienung und drücken Sie zur Aufnahme Ihres Fotos auf das »+«-Symbol (iOS) bzw. »+« oder »-«(Android) Ihres Lautstärke-Reglers. Das funktioniert beim Betriebssystem iOS ab der Version 5 und bei Android ab der Version 4.3 Jelly Beans. Darüber hinaus können Sie auch über die Anschaffung eines Handystativs nachdenken, zum Beispiel das System-S-Tripod-Stativ.

Bildbearbeitung

Hier ist weniger oftmals mehr. Versuchen Sie deshalb am besten, sparsam mit Filtern und Effekten umzugehen. Was Ihr Foto zusätzlich lebhafter wirken lässt, ist der dosierte Einsatz der Tilt-Shift-Funktion sowie eine leichte Vignette Ihres Bildes. Dabei werden die Ecken Ihres Bildes leicht abgedunkelt. Diese Schattierung erzielen Sie am besten durch sanfte Instagram-Filter wie Rise oder Mayfair, die Vignette-Funktion unter den Instagram-Bildbearbeitungswerkzeugen, oder auch durch Apps zur Fotobearbeitung, wie SnapSeed, Afterlight, A ColorStory oder VSCO Cam (siehe dazu auch den folgenden Abschnitt 4.2.2 »Begleitende Apps zum Aufnehmen und Bearbeiten von Fotos«).

Viel ausprobieren

Versuchen Sie, möglichst viele Fotos Ihrer Lieblings-Instagram-Profile nachzustellen und zu bearbeiten. Auf diese Weise lernen Sie eine Menge über die optimale Ausrichtung Ihres Motivs, gute Lichtverhältnisse und das Zusammenspiel von Filtern und Effekten.

Projekte

Sehen Sie jedes einzelne Foto wie ein Projekt und machen Sie gleich mehrere Schnapp-schüsse von ein und demselben Motiv. Variieren Sie dabei Ihre Perspektive oder die Lichtverhältnisse. Oftmals ist ein gutes Foto auch ein Glückstreffer, den Sie so gar nicht beabsichtigt hatten.

Nutzen Sie auch die Serienbild-Funktion Ihres Smartphones. Sie können dazu einfach den Auslöser gedrückt halten. Ihr Smartphone nimmt dabei in Sekundenschnelle mehrere Fotos nacheinander auf. So können Sie auch Motive, die sich in Bewegung befin-den, zum Beispiel eine Band auf einem Konzert, Tiere im Zoo oder auch ein Selfie, gut einfangen und sich anschließend das beste Foto Ihrer Serie aussuchen.

Ein gutes Auge

Sie können am besten ein gutes Auge für Motive und ansprechende Fotos entwickeln, indem Sie sich gute Fotos anschauen. Folgen Sie dazu den Top-Instagrammern in Ihrer Branche. Diese können Sie beispielsweise über Hashtags oder auch eine Google-Recher-che ausfindig machen (siehe dazu auch Abschnitt 3.8 »Recherche von Hashtags«). Auch Fotos in hochwertigen Zeitschriften oder Fotoausstellungen sind eine sehr gute Wahl, Ihr Auge zu schulen. Zudem sind die Profile von Instagram (@instagram) sowie Ins-tagram Deutschland (@instagramde) oftmals eine gute Quelle für ästhetische Foto-Bei-träge auf der Plattform.

4.2.2   Begleitende Apps zum Aufnehmen und Bearbeiten von Fotos

Wie schon vorangehend erwähnt, gibt es eine Vielzahl von Apps, die Ihnen bei der Erstellung professionell wirkender Fotos behilflich sein können.

VSCO Cam (iOS, Android)

VSCO Cam ist eine fantastische kostenfreie App für hochwertige mobile Fotografie, die von der Visual Supply Company produziert wurde. Sie ist sowohl für iOS als auch An-droid verfügbar und enthält neben einer Vielzahl von professionellen Tools auch hoch-wertige Lightroom-Filter. Jeder einzelne Filtereffekt kann auch noch einmal feinjustiert werden. VSCO Cam zielt dabei weniger auf das Verfremden, sondern mehr auf eine möglichst originalgetreue Darstellung der Fotos ab.

Über VSCO Cam können Fotos sowohl aufgenommen, bearbeitet und mit anderen Netzwerken, insbesondere auch Instagram geteilt werden. Sie werden dazu direkt von der App in den Bearbeitungsmodus auf Instagram geleitet, können Ihr Bild hier noch-mals verändern und schließlich mit der Community teilen.

VSCO Cam bietet darüber hinaus die Möglichkeit, Ihre Bilder auf VSCO Grid, der VSCO-Cam-eigenen Foto-Publishing-Plattform zu veröffentlichen. Hier können Sie auch Fotografen aus der ganzen Welt folgen und deren Fotos unter anderem auf Ihrem Facebook- oder Twitter-Profil teilen. Dabei wird der Name des Fotografen automatisch genannt und ein Link auf sein Foto gesetzt.

Im Gegensatz zu Instagram gibt es hier bewusst keine Angaben zur Anzahl von Followern oder Likes. Die Bilder können weder mit einem »Gefällt mir« noch mit einem Kommentar versehen werden. Fotos, die via VSCO Cam bearbeitet wurden und über Instagram hochgeladen werden, sind automatisch mit dem Hashtag #vscocam versehen.

SnapSeed (iOS, Android)

SnapSeed ist eine sehr beliebte, kostenlose und vor allem hochwertige App zur Fotobearbeitung und inzwischen in Besitz von Google. Somit sind Teile von SnapSeed auch schon in den Android-Smartphone-Kameras verbaut.

Es bietet eine Vielzahl von Werkzeugen, darunter die Anpassung der Kontraste, Begradigen, Belichten und Schärfen. Die Anwendung der Werkzeuge erfolgt mittels Wischgesten auf dem Display, was die Anpassung Ihres Fotos besonders einfach macht. Besonders hilfreich sind dabei die Funktionen SELEKTIV, bei der Sie die Möglichkeit haben, einzelne Bild-Bestandteile zu selektieren und zu bearbeiten, sowie die Funktion REPARIEREN. Mit Letzterer können Sie beispielsweise störende Bildelemente entfernen. Zudem speichert SnapSeed Bilder in hoher Auflösung, sodass sie auch über Instagram hinaus weiterverwertet und beispielsweise auch gedruckt werden können.

Mit SnapSeed lassen sich über die Funktion ERWEITERN zudem die auf Instagram beliebten **weißen Rahmen** zu einem Foto hinzufügen oder auch Text-Overlays in verschiedenen Designs für **Zitate-Posts**.

Afterlight (iOS, Android, Windows)

Die App Afterlight ist eine ähnlich beliebte App wie SnapSeed. Der Fokus liegt hier allerdings, neben ebenfalls hochwertigen Bildbearbeitungstools, stärker auf Filtern, Effekten, wie die Nachahmung von Über- bzw. Doppelbelichtungen, Rahmen sowie Designelementen.

Camera+ (iOS)

Camera+ verwandelt Ihre Smartphone-Kamera in eine professionelle mobile Digital-Kamera inklusive diverser hochwertiger Effekte und Filter und ist dabei leicht zu bedienen. In Bezug auf Instagram verfügt die App über einige zusätzliche praktische Hilfsmittel für die Erstellung eines guten Fotos. Sie können beispielsweise die Belichtung und den Fokus Ihrer Smartphone-Kamera voneinander trennen und die Belichtung für Ihr Bild separat steuern.

Die App hat weiterhin einen Stabilisator, der verhindert, dass Ihre Fotos durch minimale Bewegungen Ihrer Hand unscharf werden. Außerdem verfügt die App über einen hochwertigen Zoom, der Details Ihrer Fotos trotzdem klar erkennen lässt. Der Timer ist besonders gut für Selbstporträts geeignet. Eine weitere Hilfestellung sind zudem die verschiedenen Szenenmodi, die direkt die besten Voraussetzungen für ein Food-Shooting oder die Aufnahme eines Sonnenuntergangs oder Konzerts schaffen. Die Bilder können anschließend mit Facebook, Twitter oder auch Flickr aus der App heraus geteilt werden.

Die App ist mit 3,49 Euro kostenpflichtig.

Facetune (iOS, Android) und Facetune 2 (iOS)

Facetune (kostenpflichtige App, 4,99 Euro iOS und 3,99 Euro Android) sowie Facetune 2 (kostenlose iOS-App mit In-App-Käufen) perfektioniert Porträtfotos und bietet diverse hochwertige Retusche-Funktionen, die Sie mit Wischgesten einfach bedienen können. Facetune eignet sich jedoch nicht nur für Gesichter, sondern durchaus auch für Gegenstände bzw. Produkt-Fotos oder Flat Lays.

A Color Story (iOS, Android)

A Color Story ist eine kostenlose App (mit In-App-Käufen), die über 100 Filter, darunter diverse Trend-Filter, beinhaltet, die Sie perfekt für Interior-, Food- oder Mode-Fotografie einsetzen können. Darüber hinaus hält die App über 40 Bildbearbeitungs-Tools, die durchaus mit einer professionellen Kamera mithalten können, bereit. Besonders spannend sind zudem Effekte, wie Lichterkreise (auch Bokeh genannt) oder Blendenflecken (auch Flares genannt) oder Nebel, die Sie Ihren Fotos (dosiert) nachträglich hinzufügen können. Wie schon in Abschnitt 3.5.3 »Qualität und Konsistenz« erwähnt, bietet die App zusätzlich die Möglichkeit, einen individuellen Filter zu erstellen, den Sie fortan für sämtliche Ihrer Instagram-Beiträge nutzen können. Damit schaffen Sie einen roten Faden in Ihrem Profil.

Layout (iOS, Android)

Layout ist eine von Instagram entwickelte kostenlose Fotocollage-App, mit der Sie bis zu neun Bilder zu einem einzigen nahtlos zusammenfügen können. Dabei stehen Ihnen elf Standard-Layouts zur Verfügung sowie eine »Spiegeln«- und »Kippen«-Funktion. Im Unterschied zu den sonstigen zahlreich verfügbaren Collage-Apps verzichtet Layout auf zusätzliche Rahmen, was Ihnen die Möglichkeit bietet, zusammengefügte Fotos so zu arrangieren, dass sie wie ein einziges kunstvolles Motiv wirken.

Layout wird von den Instagrammern vielseitig eingesetzt. Mode-Blogger präsentieren verschiedene Outfits in einem Foto, Fan-Communitys zeigen die schönsten Beiträge ihrer Follower, Symmetrie-Liebhaber spiegeln aufregende Architektur und Reiselustige stellen ihre schönsten Urlaubsmomente in einem Bild zusammen.

Whitagram (iOS, Android)

Mit der kostenlosen App Whitagram lassen sich schnell und einfach weiße (oder auch andersfarbige) Rahmen zu Ihrem Foto hinzufügen und aus der App heraus auf Instagram teilen. Darüber hinaus bietet die App jedoch auch noch eine Vielzahl von Bearbeitungstools sowie eine Reihe von kostenlosen Trend-Filtern, Effekten, Rahmen, Stickern sowie Überlagerungen, mit denen Sie Zitate-Posts erstellen oder auf Aktionen verweisen können.

Adobe Spark Post (iOS)

Adobe Spark Post ist eine von drei Design-Apps mit einer großen Auswahl an Design-Templates, Bildern und Symbolen innerhalb der Adobe-Spark-Suite (siehe dazu auch Adobe-Spark-Video in Abschnitt 4.3.2) inklusive einer Web-Version (*https://spark. adobe.com/de-DE/*), über die Sie Ihre Posts und Stories auch bequem am Desktop bearbeiten können. Die so erstellten Inhalte sind automatisch in der App verfügbar und können aus der App heraus auf Instagram geteilt werden. Wichtigster Vorteil für Sie in der Business-Nutzung ist die Option, Ihre Inhalte mit Ihrem eigenen Branding versehen zu können, indem Sie Ihr eigenes Logo, Ihre Schriften sowie Ihre Farben hinterlegen sowie Team-Mitglieder zur Mitarbeit an Ihren Inhalten einladen.

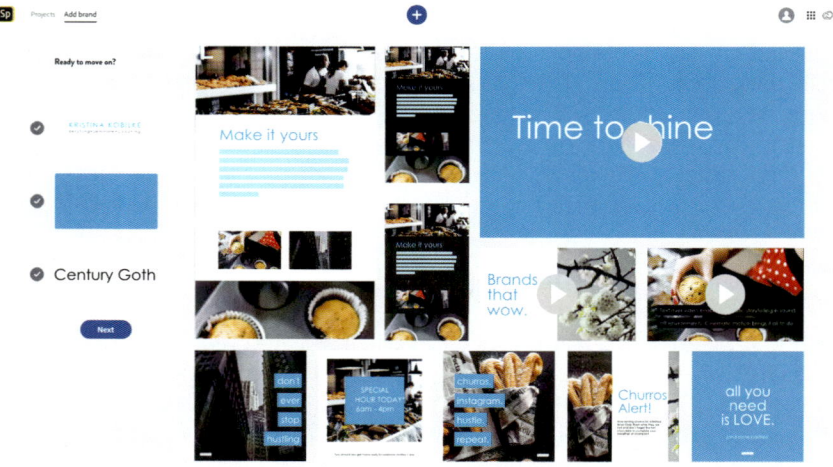

Abb. 4.13: *Screenshot der Adobe-Spark-Web-Anwendung, Ansicht der Option, eigene Brand-Elemente zu hinterlegen*

Canva (iOS, Android)

Analog zu Adobe Spark Post ist auch Canva ein für Autodidakten perfekt geeignetes Design-Tool inklusive App- und Web-Version, mit der Sie Texte, Grafiken, Logos und vieles mehr für Ihre Markenkommunikation erstellen sowie Fotos und vor allem auch Videos bearbeiten können. In der Pro-Version ist die Integration Ihrer Branding-Elemente sowie die Zusammenarbeit mit mehreren Team-Mitgliedern möglich.

Over (iOS, Android)

Over hat sich zu einer äußerst umfangreichen Design-App (leider bisher ohne Web-Version) entwickelt, die es analog zu Canva und Adobe Spark ermöglicht, die eigenen Markenelemente zu hinterlegen und alle verfügbaren Templates an Ihre CI anzupassen. Darüber hinaus finden Sie hier diverse Tutorials zur Umsetzung neuer Bildsprache- und Design-Trends, eine Vielzahl von Story-Templates, Short-Form-Videos und jede Menge weitere Design-Elemente.

4.3   Erstellen qualitativer Video-Posts

Der anhaltende Bewegtbild-Trend im Internet, insbesondere getrieben durch den Smartphone-Boom und steigende Bandbreiten, wird sich auch weiterhin auf die Produkt-Architektur von Instagram auswirken. Zum jetzigen Zeitpunkt sind Videos im Vergleich zu Fotos zwar noch unterrepräsentiert, doch ihr Anteil ist stark gestiegen. Ein Video selbst zu kreieren und mit seinen Mitmenschen zu teilen, wird in wenigen Jahren genauso normal werden, wie es das Aufnehmen und Teilen von Fotos bereits heute ist. Mit einer eigenen Video-Suche hat Instagram bereits auf diesen Trend reagiert. Innerhalb der Instagram Stories sind Videos inzwischen das wesentlich beliebtere Genre.

Videos erscheinen im Homefeed Ihrer Abonnenten in der gleichen Form wie Fotos. Sie starten dabei automatisch, jedoch ohne Ton und laufen in Endlosschleife. Einziger Unterschied: Sie sind mit einem kleinen Video-Symbol in der rechten oberen Ecke markiert. Mit minimal drei und maximal 60 Sekunden Länge sind sie ideal auf die heutigen Sehgewohnheiten im Web abgestimmt.

Das Aufnehmen, Bearbeiten und Teilen von Videos mit Instagram erfolgt nach den gleichen äußerst einfachen Prinzipien, die die App auch in Bezug auf Fotos bietet. Inzwischen lassen sich auch mehrere Video-Clips, die Sie in Ihrer Bildergalerie auf dem Smartphone gespeichert haben, mit der Galerie-Funktion via Instagram veröffentlichen.

4.3.1   Tipps und Tricks zum Aufnehmen und Bearbeiten von Videos

Analog zu Fotos ist es auf Instagram ebenfalls eine gängige Methode, Videos zuerst mit der Smartphone- oder Tablet-PC-Kamera oder auch einer klassischen Digitalkamera zu erstellen, sie danach mit weiteren Tools zu bearbeiten und erst dann auf Instagram zu teilen.

Die folgenden Tipps und Tricks sollen Sie dabei unterstützen, vor allem mit Ihrem Smartphone oder Tablet-PC eigene Videos für Ihr Instagram-Profil zu produzieren. Zur

Erstellung von Instagram Stories folgen in Abschnitt 4.4 »Erstellen von Instagram Stories« noch einmal gesonderte Ausführungen.

Die Drittel-Regel bei Videos

Analog zu Fotos können Sie die in Abschnitt 4.2.1 »Tipps und Tricks zum Aufnehmen und Bearbeiten von Fotos« beschriebene Drittel-Regel auch auf Ihr Video anwenden. Das gelingt am besten, indem Sie Ihren Protagonisten, zum Beispiel einen Menschen, ein Tier oder auch einen beweglichen Gegenstand, im rechten Drittel Ihres Videos platzieren. Sobald sich Ihr Akteur in Bewegung setzt und Sie ihm mit Ihrer Kamera folgen, läuft er auf diese Weise nicht aus dem Bild. Sie können diese Regel zum Beispiel sehr gut bei der Fernseh-Übertragung eines Fußballspiels verfolgen.

Unabhängig davon wirkt die Positionierung der wichtigsten Elemente Ihres Videos am äußeren Rand für den Zuschauer deutlich spannender. Sie können auch damit spielen, indem Sie Ihren Protagonisten eine Sequenz lang im rechten Drittel Ihres Videos filmen und in der nächsten Sequenz die Perspektive wechseln und ihn auf der linken Seite platzieren.

Tipp: 1:1-Video-Format

Videos erreichen im Homefeed der Instagrammer in einer quadratischen Form die höchste Aufmerksamkeit.

▸ Um später nicht zu viel Inhalt Ihres Videos zu verlieren, sollten Sie Ihr Video deshalb im Porträt-Modus erstellen.
▸ Zudem lässt sich Ihr Video auf diese Weise auch für Ihre Instagram Stories nutzen.
▸ Achten Sie bei der Verwendung eines Stativs darauf, dass Sie eine Smartphone-Halterung benutzen, mit der Sie Ihr Smartphone auch senkrecht befestigen können.
▸ Bei der Veröffentlichung Ihres Videos auf Instagram haben Sie dann die Möglichkeit, zwischen Porträt- oder quadratischem Format zu wählen.
▸ Alternativ können Sie Ihr Video mit den Apps Video Crop (iOS) sowie Crop & Trim Video (Android) in ein 1:1-Format bringen.

Näher dran

Auch für Videos gilt, je näher Sie an Ihre Szene herantreten, desto intensiver und involvierender wird Ihr Film für den Betrachter sein. Ein Zoomen führt zudem eher zu unscharfen Bildern in Ihrem Video, was die Qualität Ihres Films maßgeblich beeinflusst.

Stabilität

Die wichtigste Voraussetzung für das Gelingen Ihres Videos ist eine möglichst wackelfreie Aufnahme. Gerade das Smartphone ist aufgrund seiner geringen Größe leicht anfällig für Erschütterungen. Machen Sie Ihre Aufnahme deshalb am besten, indem Sie

Ihr Smartphone oder auch Tablet-PC quer und mit beiden Händen vor sich halten. Die Arme sollten dabei eher nicht ausgestreckt sein, sondern möglichst nah an Ihrem Körper. Sofern Sie einen Schwenk vornehmen wollen, drehen Sie nicht nur Ihr Gerät auf die entsprechende Szene, sondern Ihren ganzen Körper. Hilfreich ist auch das schon zuvor erwähnte Tripod-Stativ. Sie können Ihr Smartphone oder Ihren Tablet-PC mit einer Klemme (im Handel als »Smartphone-Klemmhalterung« erhältlich) daran befestigen. Wenn Sie sich oder einen Protagonisten filmen wollen, platzieren Sie das Tripod-Stativ auf Augenhöhe.

Tipp

Stellen Sie während Ihres Videodrehs den Flugmodus in Ihrem Smartphone ein, um nicht durch eingehende Anrufe oder Nachrichten gestört zu werden.

Geschichten entwickeln

Durch die maximale Länge von 60 Sekunden sind Videos auf Instagram auf den ersten Blick hinsichtlich ihres Inhalts begrenzt. Doch in 60 Sekunden lässt sich durchaus eine gute Geschichte erzählen. Es ist daher empfehlenswert, sich ein kurzes »Drehbuch« für Ihr Video zu überlegen, damit Ihre Aussage auch beim Betrachter ankommt. Das gilt auch für Ihre Instagram Stories (siehe dazu Abschnitt 4.4 »Erstellen von Instagram Stories«).

Bedenken Sie dabei, dass gerade Ihre Anfangsszene eine gewisse »Stopping Power« benötigt, damit Nutzer in Ihrem Homefeed innehalten und sich Ihr Video auch ansehen. Zudem sollte Ihre Geschichte mehrere Sequenzen beinhalten (siehe dazu auch die folgenden Ausführungen zur Five-Shot-Regel).

Perspektive

Ein wichtiges Gestaltungselement für die Geschichte Ihres Videos ist Ihr Blickwinkel auf die Szenerie. Je nachdem, wie Sie diese Geschichte erzählen wollen, macht es Sinn, sich zunächst auf einen erhöhten Punkt zu begeben oder aber auf die Knie zu gehen oder sogar im Liegen zu filmen.

Die Bewegung eines Skateboard-Fahrers beispielsweise könnten Sie in einer Sequenz frontal im Stand filmen und in der nächsten vom Boden aus. Damit bekommt der Betrachter das Gefühl, direkt dabei zu sein.

Zudem ist es wichtig, Ihrem Zuschauer einen Referenzpunkt zu geben bzw. Ihr Objekt in einen Kontext zu setzen. Filmen Sie beispielsweise einen Snowboarder in der Halfpipe bei einem Sprung, will der Zuschauer gerne wissen, von wo aus der Sprung startete oder wo er endete. Ein Snowboarder in der Luft wirkt aus dem Zusammenhang gerissen.

Abb. 4.14: *Mehr Spannung mit der richtigen Perspektive*
(Quelle: Kristina Kobilke @krissiekobilke)

Grundsätzlich lassen sich die unterschiedlichen Perspektiven Ihres Videos durch folgende Kameraeinstellungen erzeugen:

‣ die »Totale«: Sie geben einen weiträumigen Überblick über den Ort des Geschehens (auch »Establishing Shot« genannt)

‣ Nah dran: Sie gehen näher an Ihren Protagonisten (oder auch Ihr Produkt) heran (auch »Medium-Shot« genannt)

‣ Detail: Sie filmen Ihren Protagonisten (oder auch Ihr Produkt) ganz nah (auch »Close-up-Shot« genannt)

Die Five-Shot-Regel

Um die Qualität Ihres Videos zu verbessern und seinen Inhalt lebendiger wirken zu lassen, bietet sich die Five-Shot-Regel an. Dabei drehen Sie eine Szene oder auch Ihr komplettes Video mit verschiedenen Kamera-Einstellungen in fünf Sequenzen. Die Kamera-Einstellungen orientieren sich dabei an vier der sieben journalistischen W-Fragen, nämlich: »Was«, »Wer«, »Wie« und »Wo« und werden durch eine »Wow«-Einstellung ergänzt.

Nehmen wir an, Sie wollen ein Video über den Designer Ihrer Produkte produzieren:

1. Wow-Effekt

Zeigen Sie direkt in Ihrer ersten Einstellung das tolle Produkt, das Ihr Designer kreiert hat (oder den Prominenten, der das Produkt benutzt oder trägt), und das vor einem möglichst strahlenden Hintergrund. Ihre erste Einstellung muss im Falle von Instagram direkt die bereits erwähnte »Stopping Power« besitzen, damit die Nutzer nicht über Ihr Video hinwegscrollen.

2. Close-up-Shot I

Schließen Sie nun mit einem Close-up-Shot Ihres Protagonisten an die erste Szene an. Hier können Sie zunächst auf das »Was« eingehen, indem Sie ein Detail Ihres Protagonisten filmen, beispielsweise die Hände Ihres Designers, die gerade eine Skizze anfertigen oder etwas auf der Laptop-Tastatur tippen.

3. Close-up-Shot II

Im dritten Schritt zeigen Sie nun, »Wer« da zeichnet oder tippt, indem Sie den Kopf und das Gesicht Ihres Protagonisten möglichst nah filmen.

4. Medium-Shot

Nun versuchen Sie, Kopf und Hände zusammenzubringen, indem Sie Ihren Protagonisten etwas weiter entfernt oder über dessen Schulter hinweg filmen.

5. Establishing-Shot

Jetzt können Sie Ihrem Zuschauer eine räumliche Orientierung geben und zeigen, wo Ihr Protagonist seine Arbeit verrichtet, indem Sie seine Umgebung einfangen. Arbeitet er gerade in einer Werkstatt? An seinem Schreibtisch?

Jetzt haben Sie schon eine kleine zusammenhängende und spannende Geschichte erzählt, die Sie für ein Video in Ihrem Instagram-Profil oder aber Ihre Instagram Story verwenden können.

Weitere Tipps zur Five-Shot-Regel:

‣ Halten Sie Ihr Smartphone bei jeder dieser Einstellungen **ruhig** (zum Beispiel mithilfe eines Stativs) und filmen Sie jeweils ca. **zehn Sekunden**, um genug Material für Ihr späteres Video zu haben.
‣ Machen Sie zudem auch **Fotos** in der jeweiligen Einstellung.
‣ Sie können zwischendurch auch zwischen Ihrer Front- und Rückkamera wechseln und somit auch eine **überraschende »Selfie-Sequenz«** einbringen.
‣ Mithilfe von **Sequenzen bzw. Schnitten** bringen Sie mehr Abwechslung in Ihr Video, was beim Betrachter später für mehr Spannung sorgt.
‣ Mithilfe von Apps, wie die im folgenden Abschnitt 4.3.2 »Begleitende Tools und Video-Apps« vorgestellten Magisto oder Quik oder Videoshop, können Sie Ihre unterschiedlichen Videosequenzen sowie Ihre Fotos nun zu einem Ganzen zusammenbringen, einzelne Sequenzen kürzen, mit Musik und Untertiteln hinterlegen und vieles mehr.

Tempo

Die Qualität Ihres Videos steigt enorm, wenn Sie unterschiedliche Geschwindigkeiten darin verarbeiten. Schnelligkeit erlangen Sie zum Beispiel durch kurze Sequenzen direkt nacheinander. Dabei ist es sehr wichtig, dass sich die Sequenzen voneinander unterscheiden, etwa durch einen Perspektivwechsel. Langsamkeit erzielen Sie, indem Sie bewusst, analog zum Stillleben in der Fotografie, eine Szene filmen, in der sich nicht viel bewegt. Durch sich abwechselnde dynamische und statische Sequenzen erreichen Sie mehr Tiefe für Ihren Film. Beliebt ist auch der Slow-Motion-Effekt, den Sie mit einer zusätzlichen App, zum Beispiel SloPro für iOS oder VivaVideo für Android, erzeugen können. Das iPhone (ab 5) bietet den Slow-Motion-Effekt direkt über die eigene Smartphone-Kamera als »Slo-Mo«-Modus an.

Ton

Die Qualität des Tons ist für den Gesamteindruck Ihres Videos ein extrem wichtiger Faktor. Um die Audio-Qualität deutlich zu verbessern, sollten Sie zusätzlich zu Ihrem Smartphone ein externes Mikro verwenden, das Sie in der Nähe der Tonquelle anbringen. Das beste Mikrofon, zugleich aber auch ein preisintensives, ist das *Rode smartLav+ Smartphone*-Mikrofon für iOS und Android.

Experimentieren

Wie auch bei Fotos können Sie durch das Nachstellen von Videos, die Ihnen auf Instagram gefallen, sowie das Experimentieren mit zusätzlichen Apps eine Menge lernen und entdecken. Schon bald wird das Genre Video Ihnen genauso viel Spaß bereiten wie das Erstellen und Bearbeiten von Fotos.

Titelbild

Bevor Sie Ihr Video auf Instagram teilen, bietet die App Ihnen die Option, ein Titelbild für die Darstellung Ihres Videos auf Instagram auszuwählen. Sie können dabei aus den einzelnen Standbildern das auswählen, das Ihre Follower sowie weitere Nutzer auf Instagram neugierig auf den Inhalt Ihres Videos macht. Das Titelbild wird Ihrem Video lediglich vorangestellt, das heißt, Ihre zuvor eingestellte Startszene bleibt bestehen. Sie sollten von dieser Möglichkeit unbedingt Gebrauch machen, da Ihr Titelbild gleichzeitig Teil Ihres Instagram-Profils ist und sich gut in dessen Bildsprache einfügen sollte. Andernfalls erscheint Ihr Video in Ihrem Profil als schwarzes Bild.

Unterschiedliche Formate einsetzen

Es muss nicht immer ein ausgeklügeltes Video sein, das Sie in Ihrem Feed veröffentlichen. Sie können mithilfe von Apps leicht mit einer Vielzahl von Video-Formaten experimentieren und so Abwechslung in Ihr Profil und auch in Ihre Instagram Stories bringen. Setzen Sie dazu beispielsweise folgende Formate ein:

- ▸ Boomerangs
- ▸ Zeitrafferfilme
- ▸ Cinemagraphen
- ▸ Animierte GIFs
- ▸ Video-Collagen
- ▸ Slideshows
- ▸ Live-Fotos

Wie Sie diese Video-Formate erstellen können, erfahren Sie im anschließenden Abschnitt.

4.3.2 Begleitende Tools und Video-Apps

Im Folgenden finden Sie einige Tools und Apps, die Sie sehr gut in Kombination miteinander sowie mit Instagram zur Erstellung und Bearbeitung von Videos verwenden können, die direkt mobil verfügbar sind und für die Sie keine Vorkenntnisse benötigen.

Videos mit Musik, Text, Überlagerungen und Animations-Effekten erstellen

Quik – GoPro (iOS, Android)

Quik ist eine äußerst einfach zu bedienende kostenlose App (mit In-App-Käufen), mit der Sie in wenigen Minuten ein ansprechendes Video aus Ihren vorhandenen Fotos und Videos erstellen können. Sie wählen dazu einfach Fotos und/oder Videos aus Ihrer Bildergalerie auf Ihrem Smartphone aus, entscheiden sich für einen der 22 Video-Stile und lassen Ihre Inhalte anschließend in nur wenigen Sekunden von der App analysieren und zu einem Video zusammenfügen.

Dabei werden automatisch besondere Momente sowie Gesichter hervorgehoben, mit Spezial-Effekten, wie zum Beispiel Video-Collagen und weichen Übergängen versehen und mit einer von Ihnen gewählten Musik synchronisiert. Hierbei ist es jedoch wichtig, dass Sie, wie nachfolgend noch erläutert, eine für die gewerbliche Nutzung lizenzierte Musik einsetzen. Sie können über die in diesem Kapitel genannten Quellen (oder auch darüber hinaus) eine lizenzierte Musik erwerben, auf Ihrem Smartphone speichern und anschließend in der App Quik im Bereich MUSIK unter EIGENE MUSIK auswählen und für Ihr Video verwenden.

Wenn nötig, können Sie Ihre Video-Sequenzen zudem umsortieren und ihnen einzeln Untertitel hinzufügen. Die letzte Sequenz mit dem GoPro Quik Outro kann dabei entfernt werden. Weiterhin lässt sich die Länge Ihres Videos auf eine für Instagram optimale Länge anpassen.

Magisto (iOS, Android)

Magisto ist eine kostenlose App zur Videobearbeitung, die Ihnen analog zu Quik die Arbeit komplett abnimmt. Im Unterschied zu Quik bietet Magisto zusätzlich eine Business-Mitgliedschaft an, die unter anderem die Erstellung längerer Videos, die Business-Nutzung lizenzierter Musik, die Integration Ihres Logos sowie speziell auf Unternehmen abgestimmte Video-Bearbeitungstools beinhaltet. Bei einer Jahresmitgliedschaft schlägt die Business-Nutzung der App mit monatlich 9,99 Dollar zu Buche.

Wichtig: GEMA- versus CC-lizenzierter Musik

Das Gros der bekannten Musikstücke ist GEMA-geschützt (Gesellschaft für musikalische Aufführungs- und mechanische Vervielfältigungsrechte) und darf nur mit Genehmigung und dann in der Regel kostenpflichtig genutzt werden.

Darüber hinaus gibt es jedoch auch freie Musik im Netz, die seitens der Künstler unter den Bedingungen des Lizenzmodells der Organisation Creative Commons (CC) kostenfrei genutzt werden darf. Dieses Lizenzmodell beinhaltet vier Genehmigungsarten, die im Folgenden näher erläutert werden.

Namensnennung: Die Musik darf nur für das Video genutzt werden, wenn der Urheber der Musik genannt wird.

Keine Bearbeitung: Die Musik darf nicht verändert werden, zum Beispiel durch einen Remix.

Keine kommerzielle Nutzung: Die Musik darf nicht für Werbespots oder generell werbliche Zwecke genutzt werden.

Weitergabe unter gleichen Bedingungen: Sofern Sie einen Remix von einer Musik hergestellt haben, müssen Sie Ihr Werk unter die gleiche CC-Lizenz stellen, die auch der Künstler für die Musik, die Sie für Ihren Remix verwandt haben, genutzt hat. Wird Ihr Remix von einem anderen Internet-Nutzer weiterverarbeitet, muss dieser beispielsweise ebenfalls den Urheber des Original-Songs nennen.

CC-Musik finden Sie z.B. auf folgenden Portalen:

Jamendo: Auf *jamendo.com* finden Sie Songs, die Sie nach dem CC-Rechtemodell auf Ihr Smartphone oder Ihren PC herunterladen und für Ihr Video nutzen können.

Free Music Archive: Auf *freemusicarchive.org*, einer CC-Download-Plattform aus den USA, finden Sie ähnlich wie bei *jamendo.com* CC-lizenzierte Musik zur Weiterverarbeitung.

ccMixter: Auf *ccmixter.org* können Sie Ihrer Kreativität freien Lauf lassen und CC-lizenzierte Musik remixen, mit anderen Nutzern teilen oder für Ihr Video weiterverarbeiten.

audeeyah: Audeeyah bietet GEMA-freie Musik für die kommerzielle Nutzung für derzeit 13 € pro Musikstück. Auf der Plattform können Sie Musik nach Genres, Stimmungen oder Themen auswählen und auf Ihren Desktop oder Ihr Smartphone herunterladen.

Epidemic Sound: Das Start-up Epidemic Sound richtet sich einerseits an Influencer bzw. Creators, insbesondere YouTuber und Instagrammer, die für ihre Video-Produktionen verstärkt Musik einsetzen. Andererseits ist Epidemic Sound auch die Plattform der Wahl für Agenturen und große Unternehmen. Besonderheit: Die lizenzfreie Musik kann in ihre Einzelteile bzw. Instrumentals zerlegt und für das Video individuell angepasst werden.

Adobe Spark Video (iOS, bald auch für Android)

Eine fantastische App für die systematische Erstellung eines professionellen Videos ist Adobe Spark Video, die zur Design-App Spark gehört. Die App bietet Ihnen folgende herausragende Vorteile:

▸ Sie können Ihre eigene Stimme in hoher Qualität für jede einzelne Videosequenz einsetzen (diese Videosequenz kann auch ein bereits bestehendes Video oder eine Slideshow aus Fotos sein).

▸ Mithilfe eines auf verschiedene Anlässe abgestimmten Storytelling-Tools können Sie Schritt für Schritt eine spannende Geschichte aus einzelnen Videosequenzen aufbauen und dabei

- auf Fotos, Videos und Icons aus Ihrer Smartphone-Galerie, Google Drive, Dropbox oder auch dem Adobe-Stockarchiv und weiteren zurückgreifen,
- zusätzliche Text-Overlays in jede einzelne Videosequenz einbringen,
- lizenzfreie Musik unterlegen und deren Lautstärke einfach regulieren, um zum Beispiel Ihre eigene Stimme hinzuzufügen und
- aus einer Vielzahl von Animationsstilen und Designs für Ihr Video wählen.

Einziger Nachteil:

Die verfügbaren Layouts sehen bisher kein vertikales Format für Ihr Video vor, was sich im Falle von Instagram Stories zunächst als nachteilig erweist. Um auch für Ihre Instagram Stories von den Vorzügen der App zu profitieren, wäre ein Weg, den vertikalen Modus Ihres Videos gedanklich mitzubedenken oder direkt vertikale Videos in der Adobe Spark Video App hochzuladen und die hinzugefügten Text- und Grafikelemente auf die Fläche Ihres Videos zu beschränken.

Videoshop (iOS, Android)

Videoshop bietet Ihnen eine Vielzahl von Funktionen, mit denen Sie es lediglich mit Hilfe einer App schaffen können, ein professionelles Video zu erstellen. So ist es möglich, mehrere Fotos und Videos (die Sie zum Beispiel via Mojo erstellt haben) zusammenzufügen (im Post- sowie Story-Format), die einzelnen Video-Sequenzen zu schneiden, Übergänge professionell zu gestalten, Musik zu hinterlegen, mit Hilfe von Voice-Overn die eigene Stimme zu integrieren, Toneffekte einzubauen und vieles mehr. Darüber hinaus lässt sich das fertige Video in hoher Qualität auf dem Smartphone speichern und anschließend teilen.

Weitere gute Apps, um Ihren Videos insbesondere Text hinzuzufügen, sind Gravie und Fonts (beide leider bisher nur für iOS verfügbar). Letztere bietet den Vorteil, auch eigene Fonts in der App hochzuladen und für Ihr Video einzusetzen. Für Android bieten sich zum Beispiel Qditor und AndroVid an.

Video-Untertitel erstellen

Headliner-App (Web-Tool)

Ein fantastisches und sehr einfach zu bedienendesTool, um Ihr Video (zum Beispiel ein Interview) mit Untertiteln zu versehen, ist die bisher ausschließlich als Desktop-Version verfügbare Headliner-App (*https://www.headliner.app/*).

Um die Audio-Spur Ihres Videos zu transkribieren, laden Sie das Video in der Headliner-App hoch, lassen die Untertitel durch das Tool erstellen und können diese anschließend noch nachbearbeiten. Allerdings ist die Qualität der generierten Untertitel in der Regel bereits sehr gut.

Audiogramme erstellen

Die Headliner-App wurde vorrangig für die visuelle Promotion von Podcasts oder weiteren Audio-Inhalten entwickelt. Dabei lassen sich Social-Media-Posts und Stories erstellen, denen eine Ton-Spur, zum Beispiel ein kurzer Auszug aus Ihrem Podcast oder auch eine ganze Folge Ihres Podcasts (sofern diese die Dauer von zwei Stunden nicht übersteigt), hinzugefügt werden kann. Die Ton-Spur kann zudem aufmerksamkeitsstark mit dem »Audiogram Wizard« (siehe Abbildung 4.15) als Audiogramm – eine animierte Welle – visualisiert werden. Das Blog-Magazin ohhhmhhh (@ohhhmhhh), das Podcast-Netzwerk Podstars (@padstars.omr) der OMR (Online Marketing Rockstars) sowie Matze Hielscher (@matzehielscher), Gründer von »Mit Vergnügen« nutzen Audiogramme regelmäßig, um wie in Abbildung 4.16 auf ihre neuen Podcast-Inhalte aufmerksam zu machen.

Abb. 4.15: *Funktionsübersicht der Headliner-App (https://www.headliner.app/)*

Abb. 4.16: *Beispiel-Posts des Blog-Magazins ohhhmhhh (@ohhhmhhh), des Podcast-Netzwerkes der OMR (Online Marketing Rockstars) sowie von Matze Hielscher (@matzehielscher)*

Infotainment-Videos erstellen

Eine weitere spannende Funktion der Headliner-App ist die Option, Texte mit bis zu ´ 000 Zeichen, zum Beispiel ein Auszug aus Ihrem Blog, in ein Infotainment-Video inklusive Musik umzuwandeln. Das Tool sucht sich dabei passend zum Inhalt Ihres Textes via Google, Microsoft oder Pixabay frei verfügbare Stockfotos und Videos (in der Pro-Version via Getty-Images und Stock-Datenbanken) und kombiniert diese zu einem Video inklusive Ihres Textes als Untertitel. Um eventuelle rechtliche Risiken in Form von Urheberrechtsverletzungen zu umgehen, wäre es jedoch ratsam, eigene Fotos oder für die Social-Media-Nutzung lizenziertes Stock-Material für Ihr Video zu benutzen. Zusätzlich lässt sich in der Pro-Version Ihr Logo auch noch als Wasserzeichen in das Video integrieren.

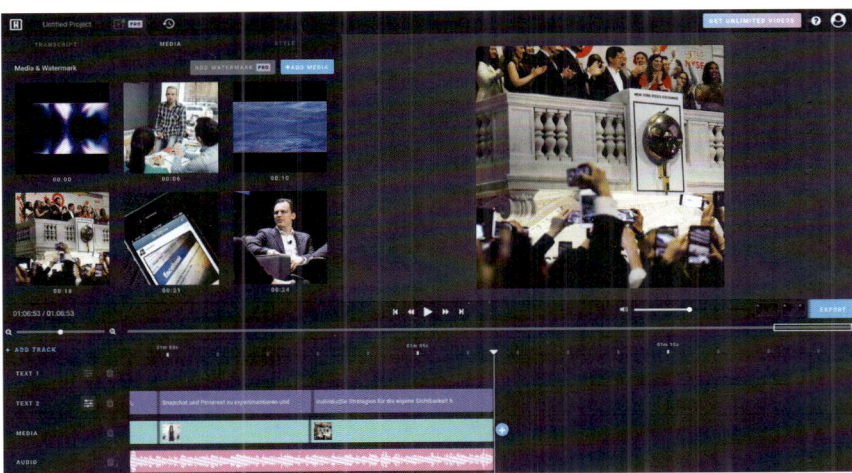

Abb. 4.17: *Ansicht der Funktion* ARTICLE TO VIDEO *zur Visualisierung von Texten innerhalb der Headliner-App*

Zeitrafferfilme erstellen

Lapse it (iOS, Android)

Lapse it ist eine App, mit der Sie hochwertige Zeitrafferfilme zum Beispiel von der Entstehung Ihres Produkts, das Setup Ihres Events oder die Reise zu einem Produktionsstandort mit Ihrem Smartphone erstellen können. Die App zaubert aus diesen normalerweise langsamen Bewegungen ein kurzes Video, das Sie auf Instagram teilen können.

Hyperlapse (iOS)

Mit Hyperlapse, einer kostenlosen App von Instagram, können Sie in der für Instagram typischen benutzerfreundlichen, sehr einfachen Art und Weise hochwertige Zeitrafferfilme mit dem Smartphone erstellen und anschließend direkt via Instagram oder Facebook teilen. Dabei kann die Geschwindigkeit der aufgenommenen Videos bis auf das 12-Fache beschleunigt werden. Das für Smartphone-Aufnahmen typische Verwackeln der Videos wird durch einen eingebauten Stabilisator reduziert und damit eine beachtliche Qualität der Zeitrafferfilme erzielt.

Animationsvideos/Trickfilme erstellen

Stop Motion Studio (iOS, Android)

Stop Motion Studio ist die perfekte App, um Trickfilme zu produzieren. Sie können damit beispielsweise Spielzeugfiguren zum Leben erwecken. Die App bietet zusätzliche Bild-, Ton- und Spezialeffekte.

Animierte GIFs erstellen

Boomerang (iOS, Android)

Mit der von Instagram stammenden App Boomerang können Sie kreative Kurzvideos mit einer Länge von fünf Sekunden aufnehmen. Dabei nimmt die App von Ihrem Motiv eine Fotoreihe von zehn Fotos auf, wandelt sie in ein Video um und bewegt die Fotos dabei mit erhöhter Geschwindigkeit vor und zurück. Ihr Foto-Motiv sollte sich deshalb in Bewegung befinden.

Darüber hinaus eignen sich die Apps ImgPlay (iOS), Gifx (iOS) oder Gif Me! Camera – GIF maker (Android) für die Erstellung von animierten GIFs.

Tipp: Branded GIF-Sticker in der Story-Kamera

Um Ihre branded GIFs als Sticker in der Story-Kamera verfügbar zu machen, benötigen Sie einen eigenen Channel bei der Online-Datenbank und Suchmaschine für animierte GIF-Dateien GIPHY (*https://giphy.com/*). Giphy ist die Quelle für sämtliche GIF-Sticker, die via Instagram verfügbar sind. Mithilfe Ihres Channels können Sie nun wie im Beispiel von ASOS (@asos) oder dem hessischen Sneakerstore asphaltgold (@asphaltgold_sneakerstore) Ihre eigenen GIF-Sticker auf GIPHY hochladen und nach einigen Tagen via Instagram über das Sticker-Icon am oberen rechten Rand Ihrer Story-Kamera in Ihren Stories oder auch Posts einsetzen. (Letzteres funktioniert, indem Sie eine Story-Sequenz mit Ihrem GIF in Ihrer Galerie auf dem Smartphone abspeichern und anschließend als Post in Ihrem Profil wieder hochladen.) Wichtig: Im Unterschied zu klassischen GIF-Dateien zeichnen sich GIF-Sticker durch einen transparenten Hintergrund aus.

Vorteil der Verwendung eigener GIFs ist nicht nur eine persönlichere Ansprache Ihrer Community und der Wiedererkennungswert Ihrer Marke, sondern auch mehr Engagement und Reichweite, indem Ihre Community Ihre GIFs auch für ihre eigenen Stories und Posts verwendet.

Um eigene branded GIF-Sticker zu erstellen, empfiehlt es sich, auf einen Grafiker zurückzugreifen oder mit professionellen Tools wie beispielsweise Adobe Photoshop zu arbeiten.

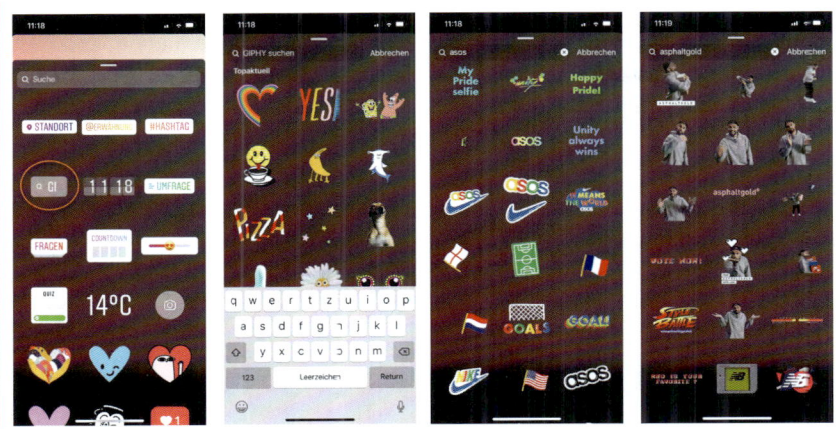

Abb. 4.18: *Screenshots der Sticker-Datenbank innerhalb der Instagram-Story-Kamera mit branded GIFs von ASOS (@asos) und asphaltgold (@asphaltgold_sneakerstore)*

Cinemagraphen erstellen

Cinemagraph Pro (iOS)

Mit der App Cinemagraph Pro von Flixel (leider bisher nur für iOS) können Sie professionelle Videos erstellen, bei deren sich nur ein Teil Ihres Videos in Endlosschleife bewegt. Daraus entsteht beim Betrachter der Eindruck, Sie hätten ein Foto »zum Leben erweckt«. Die App beinhaltet umfassende Tutorials, mit deren Hilfe Sie leicht Cinemagraphen erstellen können.

Cinemagraph Pro kann auch am Desktop genutzt werden.

Video-Collagen erstellen

Pic Stitch (iOS, Android)

Mit der App Pic Stitch lassen sich analog zur Foto-Collage leicht mehrere Videos zu einer Video-Collage zusammenfügen. Auch Fotos können dabei hinzugefügt werden.

Animierte Layouts erstellen

Mojo – Stories Editor

Mojo ist eine fantastische, derzeit leider nur für iOS verfügbare App zur Erstellung von Video-Posts und Stories im Motion-Design. Die App verfügt über diverse Templates, die Sie mit Ihren eigenen Fotos, Videos oder auch Stock-Fotos via Unsplash (siehe dazu auch Abschnitt 4.3.4 »Verwendung von Stockfotos, -videos und -icons«) individualisieren können. Zudem stehen Ihnen diverse animierte Textstile, Call-to-Action-Buttons, Überschriften und vieles mehr zur Gestaltung Ihrer Inhalte zur Verfügung. In der Pro-Version ist es möglich, Ihr eigenes Logo, Ihre eigene Schrift sowie Ihren Farbcode hinzuzufügen sowie weitere Formate wie Quer- oder Quadratformat auszuwählen.

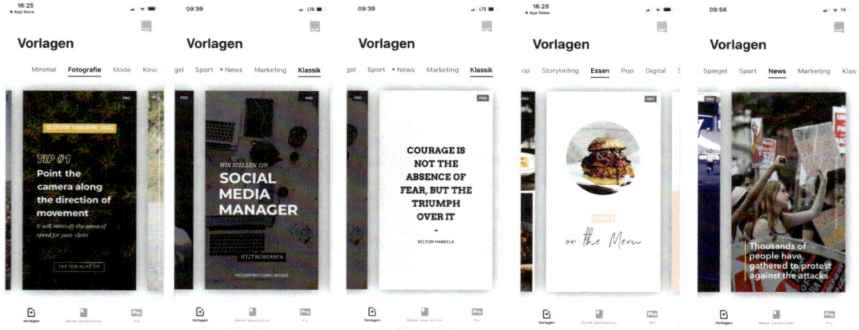

Abb. 4.19: *App-Screenshots von Mojo, Auswahl an verfügbaren Templates (im Story-Format, in der Pro-Version auch als Quer- und Quadratformat möglich)*

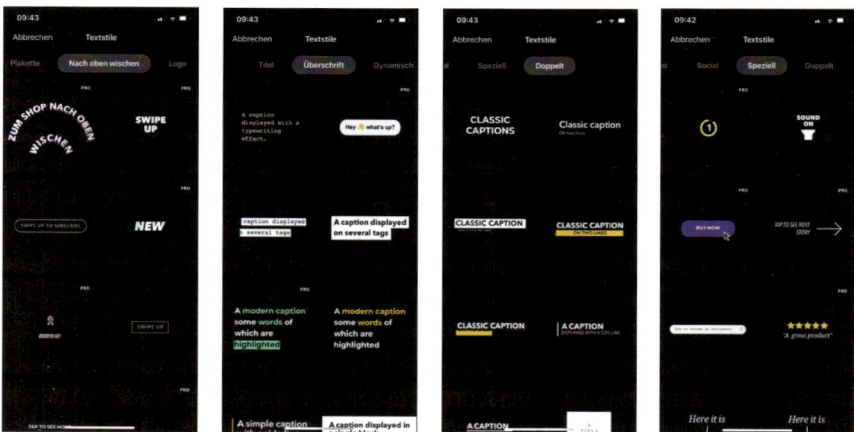

Abb. 4.20: *App-Screenshots der Mojo-App, Auswahl an animierten Textstilen sowie Call-to-Action-Buttons*

Mojo ist damit neben vielen weiteren Einsatzmöglichkeiten zur Promotion Ihrer Produkte, Marketing-Aktionen und Storytelling aller Art die ideale App, um Infotainment-Videos wie im Beispiel vom World Economic Forum (@worldeconomicforum) für Instagram und darüber hinaus (zum Beispiel LinkedIn) zu erstellen.

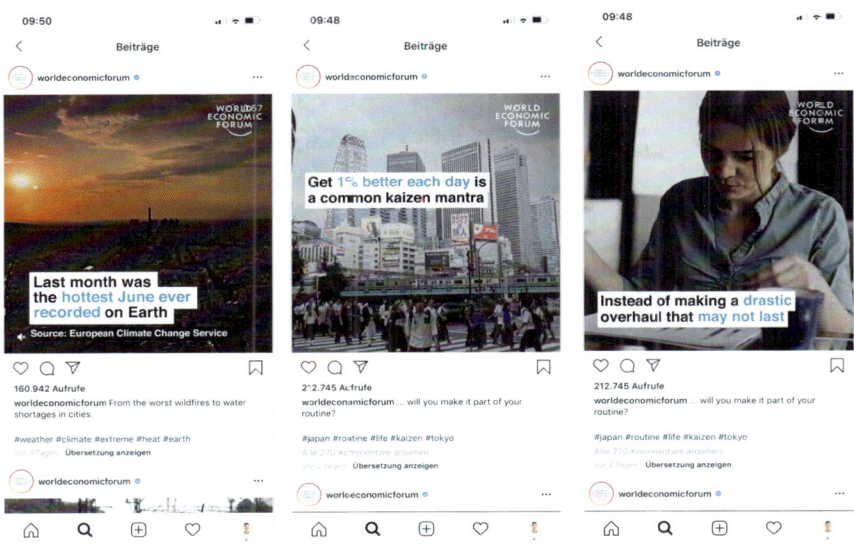

Abb. 4.21: *Screenshots der Infotainment-Videos des World Economic Forums (@worldeconomicforum) auf Instagram*

Live-Fotos erstellen

Live-Fotos zeigen nicht nur eine statische Aufnahme Ihres Fotos, sondern einen rund drei Sekunden andauernden Moment bei der Aufnahme Ihres Fotos inklusive Ton. Es handelt sich bei einem Live-Foto also um ein kurzes Video. Apple hat die Live-Foto-Funktion bereits in seinen Geräten verbaut. Darüber hinaus gibt es auch Apps, wie Motion-Stills – Create with Live Photos (iOS) oder Live+ (iOS), mit denen Sie Live-Fotos erstellen und bearbeiten können. Android-Nutzer können Live-Fotos einfach mit Apps wie Graphica Live Photo Maker oder Fyuse-3D Fotos erstellen und bearbeiten.

4.3.3   Beispiele für erfolgreiche Videos auf Instagram

Zu den erfolgreichen Videos auf Instagram zählen definitiv die Videos von Marken, wie zum Beispiel:

- ▸ Burberry (@burberry), die das Genre Video besonders vielseitig über GIFs, Slideshows, Zeitrafferfilme oder Boomerangs in ihrem Profil einsetzen.
- ▸ adidas mit seinen Marken-Accounts @adidasoriginals, @adidasfootball oder @adidasrunning, das seine Marken und Produkte über Video-Collagen, Cinemagraphen, aber auch Videos mit Text-Overlays inszeniert.
- ▸ Starbucks (@starbucks), das ebenfalls auf kreative Slideshows, Animated GIFs, Video-Collagen und Cinemagraphen setzt.

Beachtenswert sind aber auch die Accounts von unbekannteren Instagrammern, wie dem Niederländer Bart van Olphen. Er betreibt auf seinem Instagram-Account (@bartsfishtales) »Die kürzeste Kochshow der Welt«. In nur 15 Sekunden erklärt er seinen Zuschauern, wie man leckere Muschel- und Fischgerichte herstellt. Dabei ist die Art und Anordnung der einzelnen Filmsequenzen seiner Videos besonders nachahmenswert. Die Videos starten mit einer Sequenz des fertigen duftenden Essens sowie der Einblendung seines Logos, zeigen dann eine kurze Frontal-Einstellung von ihm und anschließend kurze Sequenzen von den frischen Zutaten, die in die Pfanne oder den Topf wandern.

4.3.4   Verwendung von Stockfotos, -videos und -icons

Sofern Sie absolut keine Kapazitäten für die Erstellung eigener Fotos und Videos haben, zudem auch nicht auf Foto- oder Video-Material in Ihrem Unternehmen oder User Generated Content zurückgreifen können, ist die Nutzung von Stockfotos und -videos gegebenenfalls eine Option, wenngleich auch nicht ideal.

Denn Ihre Fotos, Videos oder auch Icons aus Stockarchiven könnten auch von anderen Unternehmen genutzt werden und so Ihren Wiedererkennungseffekt verfälschen. Zudem lassen Ihre eigenen Fotos, Videos sowie Icons Ihre Marke deutlich individueller wirken.

Andererseits können Stockfotos oder -videos aus bestimmten Archiven durchaus auch die Qualität Ihrer Beiträge erhöhen.

Besonders wichtig beim Einsatz dieser Inhalte ist grundsätzlich das Vorhandensein einer Social-Media-Lizenz.

Einige Unternehmen greifen insbesondere bei ihren Foto-Beiträgen auf Bilddatenbanken wie Fotolia (*https://de.fotolia.com*) oder Clipdealer (*http://de.clipdealer.com/*) zurück, die den vergleichsweise günstigen Kauf von Fotos inklusive einer Social-Media-Lizenz anbieten. Im Videobereich bieten sich Shutterstock (*https://www.shutterstock.com/de*), Adobe Stock (*https://stock.adobe.com/de/video*) oder Vimeo Stock (*https://vimeo.com/de/stock*) an.

Darüber hinaus gibt es auch gänzlich kostenlose Bilddatenbanken inklusive Social-Media-Lizenz, die Sie für Ihre Instagram-Beiträge nutzen können, wie zum Beispiel

- ▸ **Unsplash** (*https://unsplash.com/*)
- ▸ **Pexel** (*https://www.pexels.com/de/*)
- ▸ **Raumrot** (*http://raumrot.com/*)

oder für Videos

- ▸ **Life of Vids** (*http://www.lifeofvids.com/*)

für die Verwendung von Icons in Ihren Beiträgen:

- ▸ **Flat Icon** (*http://www.flaticon.com/*)

Hierbei besteht allerdings immer, wenn auch mit einem überschaubaren Risiko, die Gefahr, gegebenenfalls doch unbeabsichtigte Persönlichkeitsverletzungen zu begehen, weil Fotografen, die ihre Arbeiten in kostenlosen Stock-Archiven anbieten, unter Umständen doch keine Einwilligung der auf ihren Fotos sichtbaren Protagonisten haben.

4.4 Erstellen von Instagram Stories

Wie schon in Kapitel 2 erwähnt, ist die regelmäßige Veröffentlichung von Instagram Stories von großer Bedeutung für Ihre Sichtbarkeit und den Aufbau einer Community auf Instagram. Mit der Einführung von Hashtag-Stories sowie Location-Stories wird dieser Effekt noch verstärkt (siehe dazu auch Abschnitt 2.1.5 »Instagram Stories«). Sofern Sie für Ihre Marke relevante Hashtags und Geotags in Ihren Stories verwenden, haben Sie zusätzlich die Chance, über die Instagram-Suche in einer Hashtag-Story oder einer Location-Story zu erscheinen, sobald ein Nutzer nach dem von Ihnen verwandten Hashtag oder Ihrem Ort sucht. Damit schaffen Sie Aufmerksamkeit für Ihr Unternehmen und Ihre Marke oder auch Ihr stationäres Geschäft.

4.4.1 Anforderungen an Instagram Stories

Wie schon in Kapitel 2 erwähnt, werden Instagram Stories schon bald das bedeutendste Content-Format auf Instagram sein. Deshalb ist es empfehlenswert, dass Sie Instagram Stories schnell und möglichst häufig in Ihr Inhalte-Portfolio auf Instagram aufnehmen.

Im Wesentlichen können Sie dabei auch auf die in den Abschnitten 4.2 »Erstellen qualitativer Foto-Posts« und 4.3 »Erstellen qualitativer Video-Posts« vorgestellten Tipps und Tricks zur Erstellung und Bearbeitung von Fotos und Videos zurückgreifen. Im Folgenden finden Sie noch einige weitere Anregungen, die speziell zum Erfolg Ihrer Instagram Stories beitragen sollen.

Qualität

Auch wenn Instagram Stories nur eine Haltbarkeit von 24 Stunden haben, sollten Sie als Unternehmen und/oder Marke einen gewissen Qualitätsanspruch an deren Inhalte haben. Qualität drückt sich hierbei insbesondere durch Kreativität und Storytelling-Kompetenz aus. In Anbetracht der wachsenden Zahl von Inhalten auf der Plattform im Allgemeinen und Instagram Stories im Besonderen können Sie vor allem mit qualitativen Inhalten herausstechen.

Denn auch wenn Instagram mit der Einführung der Instagram Stories eine Möglichkeit geschaffen hat, spontanere Foto- und Videobeiträge miteinander zu teilen, hat sich bereits abgezeichnet, dass insbesondere Marken einen hohen Qualitätsanspruch mit ihren Stories verfolgen und dafür unter anderem »Scripted Content«, also gut vorbereitete, durchdachte, zusammenhängende Geschichten mit hochwertigen Fotos und Videos verwenden.

Selbst wenn Sie nicht auf vorproduzierte Inhalte zurückgreifen können, helfen Ihnen die in den Abschnitten 4.2 »Erstellen qualitativer Foto-Posts« sowie 4.3 »Erstellen qualitativer Video-Posts« vorgestellten Tools und Apps dabei, schnell und effizient ansprechenden Content für Ihre Stories zu erstellen.

Story

Wichtigstes Kriterium, die Aufmerksamkeit der Nutzer für Ihre Instagram Story zu gewinnen und zu halten, ist tatsächlich das Vorhandensein einer Story. Das heißt, Ihre Instagram Story sollte wirklich eine zusammenhängende Geschichte erzählen. Dabei muss es sich nicht direkt um ein aufregendes Abenteuer handeln. Es reicht auch, wenn Ihre Fotos und Videos aufeinander aufbauen, wie im Beispiel von Mercedes-Benz. Die Story zeigt das Auto von vorne, von innen und von hinten und symbolisiert damit einen Anfang, einen Mittel-Teil und ein Ende der Geschichte.

Abb. 4.22: *Auszug aus einer Instagram Story von Mercedes-Benz (@mercedesbenz)*

Tipp 1: Ideale Story-Länge und Frequenz

Die ideale Länge einer Instagram Story liegt laut diverser Studien zwischen vier bis sieben Fotos und/oder Videos. Eine Analyse von fünf Millionen Stories im Februar 2019 des Social-Media-Management-Tool-Anbieters Fanpage Karma kam allerdings zu dem Schluss, dass insbesondere längere Stories eine höhere Reichweite erzielen und bei einem starken Einstieg, idealerweise via Video sowie darauf folgenden Fotos, von immerhin jedem Zweiten bis zum Ende angeschaut werden. So sind durchaus auch 20 und mehr Sequenzen innerhalb einer Story denkbar. Darüber hinaus wäre die Veröffentlichung einer Story an mehreren Tagen pro Woche ideal, um Ihre Sichtbarkeit auf Instagram zu erhöhen.

Tipp 2: Sorgsame Planung

Um eine möglichst zusammenhängende und spannende Geschichte zu erzählen, sollten Sie den Inhalt und die Anordnung Ihrer Instagram Story sorgsam planen. Dabei kann Ihnen ein Storyboard helfen. Beachten Sie dabei folgende Punkte:

▸ Wählen Sie für Ihren ersten Foto- oder Videobeitrag einen Wow-Content, um die Betrachter Ihrer Story in Ihren Bann zu ziehen.

▸ Auch ein kurzes Intro mit einem kurzen Text eignet sich als Wow-Content. Ein solches Intro lässt sich als kurzes Video sehr einfach mit der App Legend erstellen.

▸ Wechseln Sie in Ihrer Story zwischen Fotos und Videos.

▸ Schließen Sie Ihre Story mit einem Call-to-Action ab.

Abb. 4.23: *Beispiel für ein Storyboard-Template zur Planung Ihrer Instagram Story*

Auch die in Abschnitt 4.3.2 »Begleitende Tools und Video-Apps« beschriebene App Adobe Spark Video kann Ihnen gute Storyboards liefern, wenngleich Sie gegebenenfalls andere Tools für die Erstellung Ihrer Story nutzen.

Abb. 4.24: *Webansicht von Adobe Spark Video mit verschiedenen Storyguidelines*

Tipp 3: Gleichzeitiger Upload aller Fotos und Videos Ihrer Story

Laden Sie alle Fotos und Videos Ihrer Story möglichst gleichzeitig hoch. Dadurch verlieren Sie nicht wichtige Teile Ihrer Geschichte. Swipen Sie in der Story-Kamera dazu nach oben. Jetzt haben Sie Zugriff auf alle auf Ihrem Smartphone befindlichen Fotos und Videos.

Externe Inhalte

Mit Dropbox oder Google Drive können Sie auch externe Inhalte auf Ihr Smartphone transferieren (siehe dazu auch Abschnitt 4.6 »Transfer externer Fotos und Videos«).

Tipp 4: Auch lange Videos funktionieren in Instagram Stories

Die maximale Länge einer Video-Sequenz in einer Instagram Story beträgt 15 Sekunden. Inzwischen ist es jedoch möglich, ohne die Hilfe von Drittanbieter-Apps längere Videos in Ihren Stories zu veröffentlichen. Laden Sie dazu einfach Ihr Video in der Story-Kamera hoch. Instagram teilt dieses dann automatisch in 15-sekündige Sequenzen auf.

Tipp 5: Wiederkehrende Formate

Um Ihnen einerseits den Produktionsaufwand für Ihre Stories zu erleichtern und andererseits Formate zu schaffen, die Ihre Community dazu bewegen, Ihre Stories immer wieder anzuschauen und/oder regelmäßig auf Ihr Profil zurückzukehren, eignen sich wiederkehrende Formate, zum Beispiel das Interview der Woche, das Produkt des Tages, Ihre Inspiration des Tages, die Top-5-Community-Feedbacks der Woche und vieles mehr (siehe dazu auch die folgenden Ausführungen in Abschnitt 4.4.2 »Umsetzungsbeispiele«).

Tipp 6: Seien Sie menschlich

Stories dienen, nicht zuletzt aufgrund ihrer Unmittelbarkeit als auch ihrer zahlreichen Interaktionsmöglichkeiten, in erster Linie dazu, eine Beziehung zu Ihrer Community aufzubauen. Das funktioniert am besten von Mensch zu Mensch. Indem Sie oder ein Protagonist Ihrer Wahl mit Ihrer Community kommuniziert, können Sie dieses Ziel am besten erreichen. Letzteres lässt sich auch bei besonders erfolgreichen Influencern bzw. Creators wie zum Beispiel der Fashion-Bloggerin Carmen Mercedes bzw. Carmushka (@carmushka) nachvollziehen, die ihre Community mit ihrem Format »Daily Carmushka« jeden Tag in ihren Stories mit in ihren Alltag nimmt.

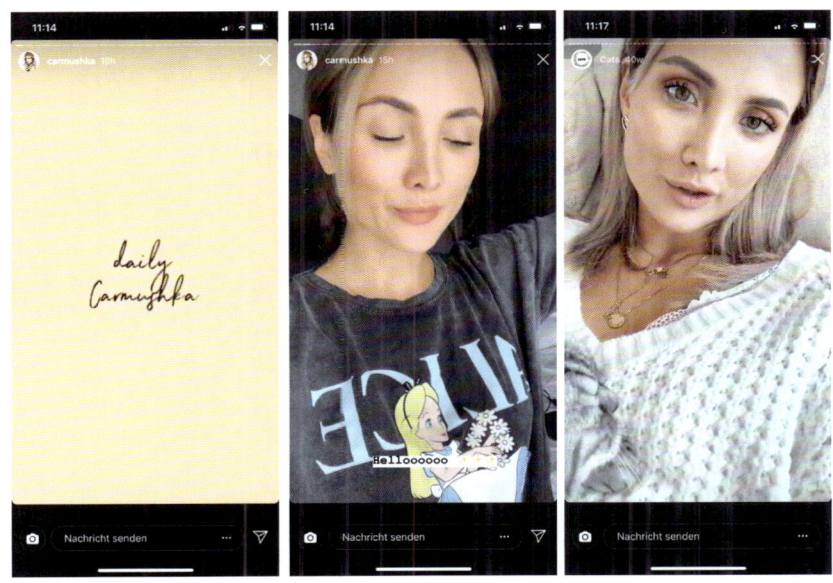

Abb. 4.25: *Auszug aus einer Instagram Story von Carmushka (@carmushka),*
Fashion-Bloggerin und Content-Creator

Tipp 7: Integrieren Sie interaktive Sticker

Versuchen Sie die diversen Sticker, die Ihnen Instagram inzwischen bietet, in Ihre Stories zu integrieren. Seien es Frage-Sticker, Umfrage-Sticker, Quiz-Sticker oder Votings – Sie steigern damit nicht nur die Aufmerksamkeit und das Engagement Ihrer Zielgruppe, sondern auch die Verweildauer in Ihren Stories.

4.4.2 Umsetzungsbeispiele

Tutorials

Auch Tutorials lassen sich ideal mit Instagram Stories umsetzen und erzählen automatisch eine Geschichte. Das kann in Form eines kompletten Videos, aufgeteilt in mehrere Sequenzen, erfolgen oder wie im Beispiel von Rewe eine Schritt-für-Schritt-Anleitung zur Umsetzung eines Rezepts in Form von Fotos sein.

Abb. 4.26: Auszug aus einer Instagram Story von Rewe (@rewe)

Making-of

Ein perfekter Anwendungsfall für eine Instagram Story ist der Blick hinter die Kulissen bei der Herstellung eines Produkts, wie im Beispiel des nachhaltigen Fashion-Start-ups Cuyana (@cuyana). Die bildschirmfüllenden ästhetischen Inhalte der Story können die Haptik der verwendeten Materialien für Cuyanas Mode durchaus transportieren.

Abb. 4.27: Auszüge aus einer Instagram Story von Cuyana (@cuyana)

Ein weiteres, wenn auch schon älteres Beispiel für eine gelungene Making-of-Story ist die Story »Stars in Dior« in Abbildung 4.28. Die Instagram Story startet mit einem Intro, das den Ort des Geschehens bzw. den Anlass der Story beschreibt, nämlich die Verleihung der Césars 2017. Es folgt ein »Wow«-Inhalt – der Star Isabelle Huppert im Kleid von Dior – und daran anschließend Fotos und Videos, die zeigen, wie das Kleid für diesen besonderen Star und Anlass designt und hergestellt wurde. Dabei verweist Dior immer wieder auf Hashtags, insbesondere Markenhashtags. (Inzwischen sind Hashtags in Instagram Stories verlinkt.)

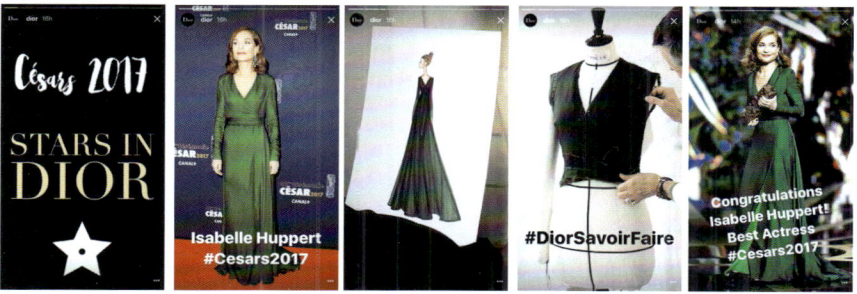

Abb. 4.28: *Auszug aus einer Instagram Story von Dior (@dior)*

Eventberichterstattung

Stories eignen sich aufgrund ihres (Semi-)Echtzeit-Charakters perfekt für eine Eventbe-richterstattung. Was in der Umsetzung zunächst simpel anmutet, bedarf jedoch einer akribischen Vorbereitung und Planung, um den Zuschauern der Story am Tag des Events wirklich einen Mehrwert liefern zu können. Wer oder was ist Ihr Aufmacher der Story? Wo, wann und auf welche Art und Weise können Sie Ihre wichtigsten Interview-Partner in Szene setzen? Wer kann Sie vor Ort unterstützen? Wie stellen Sie Bild- und Tonqualität sicher? Was sind die wichtigsten Informationen, die Sie an Ihre Zuschauer weitergeben wollen?

Abb. 4.29: *Planung einer Story mit Hilfe der journalistischen W-Fragen*

Neben dem erforderlichen Equipment (Stativ, Mikro etc.) ist ein ausgefeiltes Storyboard dabei hilfreich. Sie können sich in der Grobplanung dabei zum Beispiel an den journalistischen W-Fragen orientieren und Ihre Story-Sequenzen daran ausrichten. In der Feinplanung geht es dann um konkrete Formate pro Sequenz (Fotos, Videos, Boomerangs, etc.), wichtigste Hashtags, zu markierende Orte und Personen sowie der Einsatz von Interaktionselementen, wie Votings, Umfragen oder Quizzen.

Teaser für Geschichten

Instagram Stories können aber auch als Teaser für Geschichten dienen, die Sie auf anderen Social-Media-Kanälen erzählen. Das zeigt das Beispiel von Mercedes Benz Deutschland, die im Rahmen ihrer Social-Media-Kampagne »A Guide to Growing Up« die verschiedenen Episoden ihrer Serie »7 bewegte Leben. 7 wahre Geschichten.« über ihre Instagram Stories promoten. Die Stories verweisen auf YouTube. Dort sind die Episoden in voller Länge verfügbar.

Abb. 4.30: *Auszug aus einer Instagram Story von Mercedes Benz Deutschland (@mercedesbenz_de)*

Die TIME oder SPIEGELONLINE setzen auf Instagram Stories, um Geschichten auf ihrer Website anzuteasern (siehe Abbildung 4.31 und Abbildung 4.32).

Das Foundr Magazin (@foundr), die Wohncommunity SoLebIch.de (@solebich) sowie die Unternehmensberatung Bloguettes (@bloguettes) teasern beispielsweise neue Blog-Beiträge in ihren Instagram Stories an (siehe Abbildung 4.33).

Abb. 4.31: *Auszug aus einer Instagram Story der TIME (@time)*

Abb. 4.32: *Auszug aus einer Instagram Story von SPIEGELONLINE (@spiegelonline)*

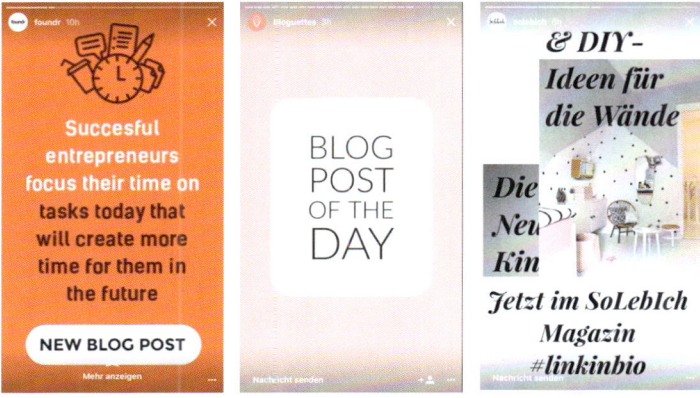

Abb. 4.33: *Auszüge aus den Instagram Stories von Foundr (@foundr), Bloguettes (@bloguettes) und SoLebIch.de (@solebich)*

Produkt-Neuheiten und Sales

Mit ihrer geringen Halbwertzeit eignen sich Instagram Stories insbesondere auch für Händler, um exklusive Previews zu neuen Produkten zu geben, für Instagrammer exklusive Sales oder Produktneuheiten vorzustellen, wie im Beispiel des Münchener Fashion-Labels Suck My Shirt (@suckmyshirt), oder mit ihren Kunden in Kontakt zu kommen, wie das Beispiel von Benefit Cosmetics US (@benefitcosmetics) zeigt.

Abb. 4.34: *Auszug aus einer Instagram Story von Benefit Cosmetics US (@benefitcosmetics)*

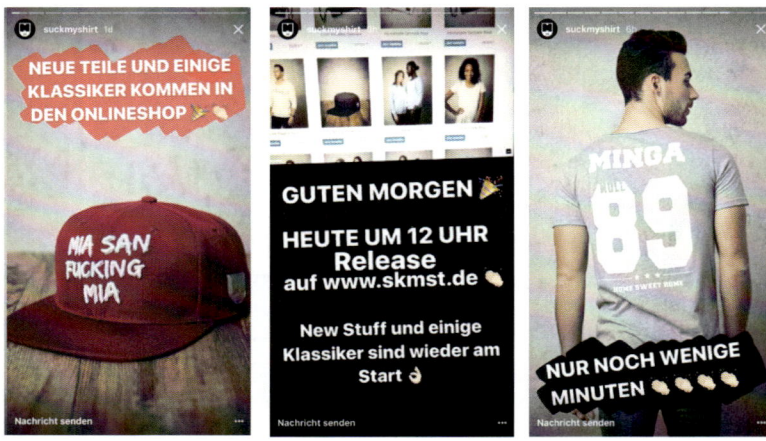

Abb. 4.35: *Auszug aus einer Instagram Story von Suck My Shirt (@suckmyshirt)*

Ikea zeigt in seinen (Highlight-)Stories regelmäßig Wohntrends, inklusive Shopping-Tags und passende Hashtags, um zusätzlich in geeigneten Hashtag-Stories zu erscheinen.

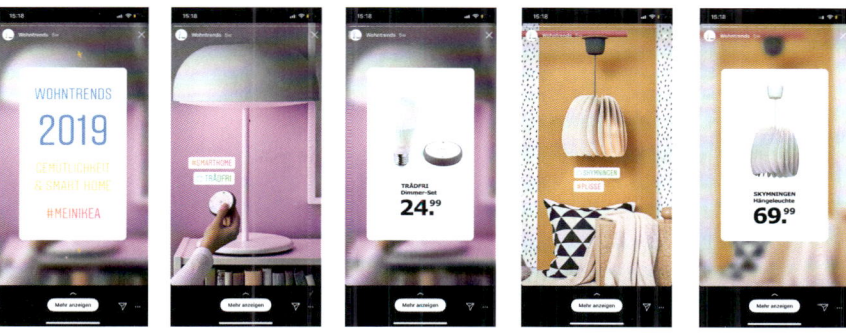

Abb. 4.36: *Auszug aus der Ikea-Story »Wohntrends 2019«*

Interviews

Als wiederkehrendes Story-Format eignen sich besonders gut Interviews mit Mitgliedern Ihrer Community, Ihren Mitarbeitern, Kunden, Geschäftspartnern, Designern und
vielen mehr. Sie könnten beispielsweise ein »4 Fragen an …«-Format wie im Beispiel des
Uhrenherstellers Rosefield (@rosefield) entwickeln und Ihrer Community interessante
Persönlichkeiten aus Ihrer Branche oder Ihrem Unternehmen vorstellen oder wie im Beispiel des Bloggernetzwerkes BLOGST ein Insta-Interview, das Mitglieder aus dem Netzwerk vorstellt und damit gleichzeitig die Community wertschätzt. Mitarbeiter könnten,
wie im Beispiel von Juniqeart (@juniqeartshop), nach dem gleichen Prinzip ihre Lieb-
lingsprodukte aus Ihrem Sortiment zeigen. Oder Sie sammeln O-Töne verschiedener
Protagonisten, wie in der Serie »Face to Face« des World Economic Forums (@world-
economicforum).

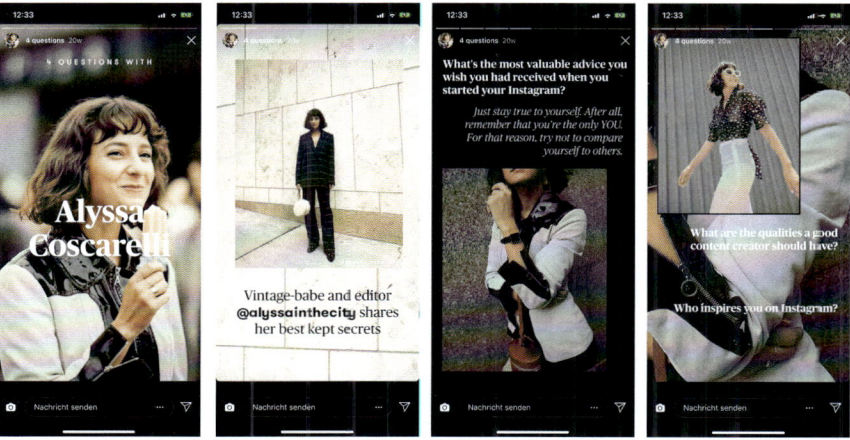

Abb. 4.37: *Auszug aus der Story »4 Fragen an …« von Rosefield (@rosefield)*

Abb. 4.38: *Auszug aus der Insta-Interview-Story von BLOGST (@blogst)*

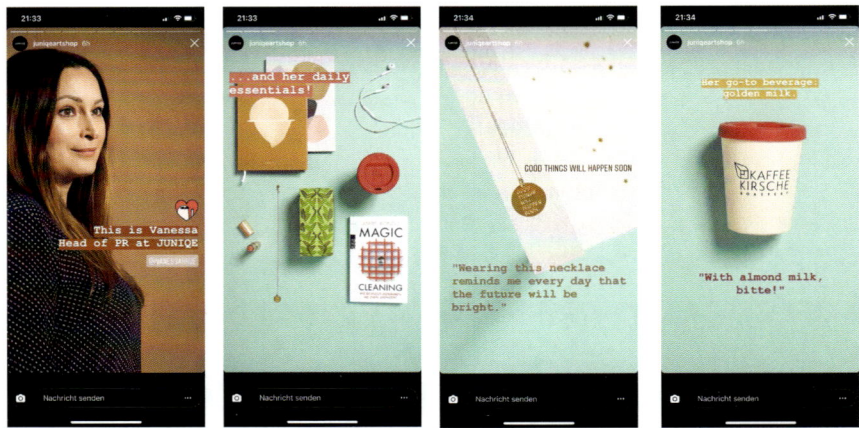

Abb. 4.39: *Auszug aus einer Juniqe-Story zur Vorstellung von Mitarbeitern (@juniqeartshop)*

Abb. 4.40: *Auszug aus der Serie »Face to Face« des World Economic Forums (@worldeconomicforum)*

Interaktive Quizze

Die zahlreichen Interaktionsmöglichkeiten durch die Integration diverser Sticker wie Votings, Fragen oder Umfragen machen Stories zu einem perfekten Ort für interaktive Quiz. Der Guardian beispielsweise hat ein wiederkehrendes Format »Fake or Real« eingeführt, bei dem die Community bei jeweils drei aktuellen News einschätzen muss, ob es sich um Fake News oder aber eine echte Nachricht handelt. Der Guardian greift damit auf spielerische Art das kritische Thema Fake News auf und untermauert damit seine Mission »creating a space for clarity and hope«.

Das Handelsblatt setzt mit seinem Energiegipfel-Quiz ebenfalls auf Infotainment und fordert die Betrachter seiner Story mit anspruchsvollen Fragen heraus.

Abb. 4.41: *Auszug aus dem Story-Format »Fake or Real?«*
des Guardian (@guardian)

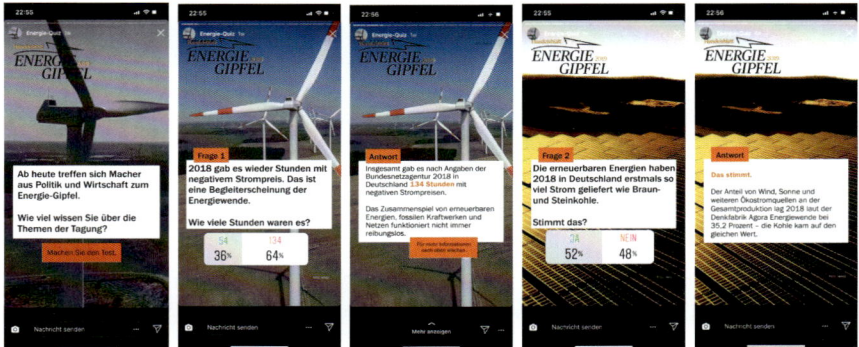

Abb. 4.42: *Auszug aus einer Story des Handelsblatts (@handelsblatt)*
zum Energiegipfel

Sie können zudem den Quiz-Sticker auch für mehr Interaktion in Ihren Stories und einer spielerischen Auseinandersetzung Ihrer Community mit Ihrer Marke und Ihrem Unternehmen einsetzen. Wie im Beispiel der Marke Labello:

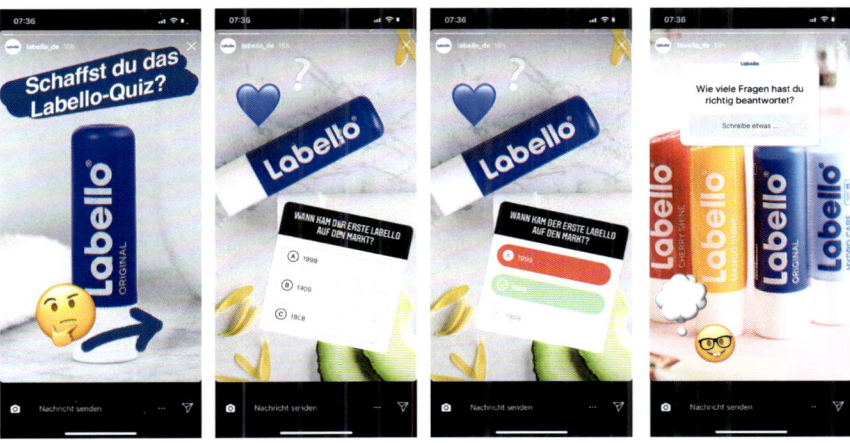

Abb. 4.43: *Auszug aus einer Quiz-Story der Marke Labello*

User Generated Content

Mit der Promotion von User Generated Content in Ihren Stories schaffen Sie einen vergleichsweise leicht zu produzierenden Story-Inhalt, der besonders glaubwürdig ist, einen Mehrwert für die User darstellt und zudem Ihrer Community Wertschätzung zeigt. Ikea promotet in einem monatlichen Format »Regrams des Monats« beispielsweise Posts, die unter dem Community- bzw. Markenhashtag #MeinIkea veröffentlicht wurden.

Um einen mit Ihrem Markenhashtag oder Account-Namen markierten Post in Ihrer Story zu veröffentlichen, tippen Sie auf das Direct-Message-Symbol neben dem Kommentar-Symbol unter dem entsprechenden Post und tippen anschließend auf BEITRAG IN DEINER STORY POSTEN.

Abb. 4.44: *Auszug aus der Story »Regrams im Februar« von IKEA Deutschland (@ikeadeutschland)*

Sofern Sie von einem User in einer Story mit ihrem Account-Namen markiert werden, ist es zudem möglich, die betreffende Story-Sequenz in Ihrer Story zu veröffentlichen.

Umfragen

Der Umfragen-Sticker bietet Ihnen neben den schon erwähnten Quiz-Formaten eine Vielzahl von Möglichkeiten, mit Ihrer Community zu interagieren. Sie können spielerisch Meinungen zu Ihren Produkten und Dienstleistungen einholen wie im Beispiel von Rosefield (@rosefield) oder Ihre Zielgruppe näher kennenlernen wie bei Benefit Cosmetics (@benefitcosmetics).

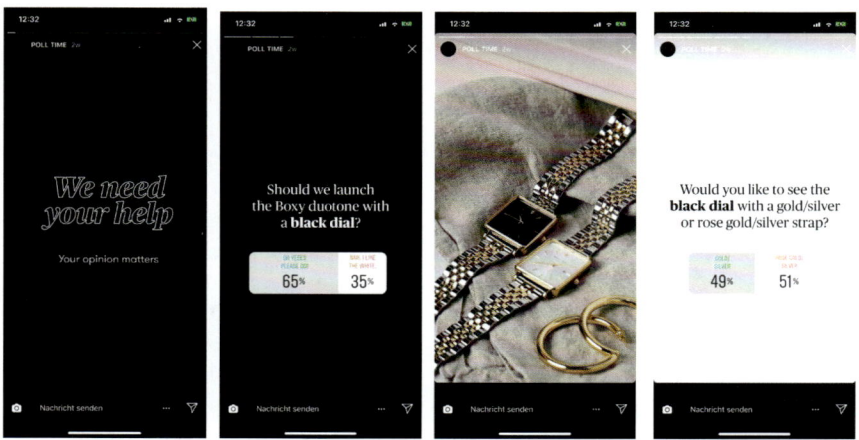

Abb. 4.45: *Auszug aus einer Story von Rosefield (@rosefield)*

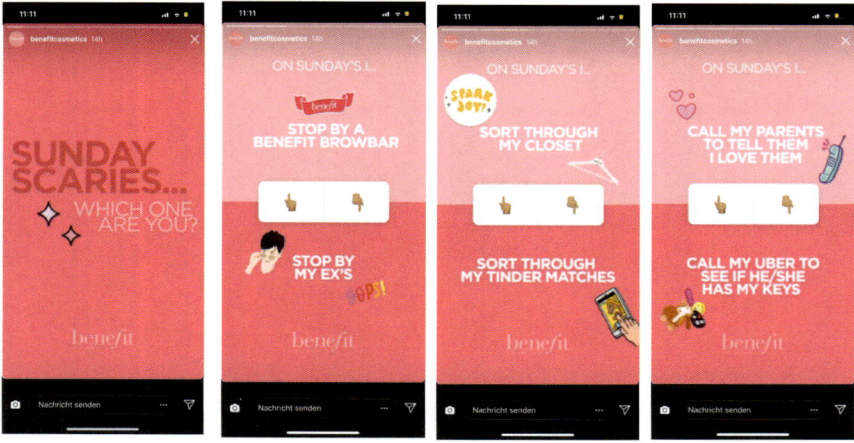

Abb. 4.46: *Auszug aus einer Story von Benefit Cosmetics US (@benefitcosmetics)*

Fragen

Fragen-Sticker ermöglichen Ihnen, noch individueller und persönlicher mit Ihrer Community zu kommunizieren. Mit dem Sticker können Fragen gesammelt und anschließend wie im Beispiel von NIVEA (@niveade) in einer Story oder in einem Live-Video beantwortet werden. Die eingehenden Fragen werden dabei in Ihren Story-Insights gesammelt und können in einer Story von Ihnen anonym, das heißt, ohne dass der Absender bzw. Account-Name des Fragenstellers angezeigt wird, geteilt werden.

Abb. 4.47: *Auszug aus einer Story mit Frage-Sticker von NIVEA (@niveade)*

Votings

Mit Votings können Sie in fast jeder Story schnell ein interaktives Element unterbringen und gleichzeitig ein Stimmungsbild zu den Inhalten Ihrer Story oder wie im Beispiel des Bundesumweltministeriums (@bundesumweltministerium) für Sie wichtige Themen einholen.

Abb. 4.48: *Auszug aus einer Story des Bundesumweltministeriums*
(@bundesumweltministerium)

Q&A-Format

Ein unter Community-Mitgliedern beliebtes und von Unternehmen zunehmend aufgegriffenes Story-Format ist das Q&A-Format. Mit Tools und Apps wie Canva oder der App StoriesEdit können Sie dabei individuelle Fragebögen, wie »This or That« im Beispiel von CHRIST Juweliere und Uhrmacher (@christ_juweliere), »Me in Emojis« oder »Me in GIFs« erstellen. Ziel ist es, Ihre Community noch besser kennenzulernen und darüber hinaus auch Ihrer Community die Möglichkeit zu geben, sich untereinander zu entdecken.

Sie veröffentlichen dazu, wie im Beispiel von CHRIST Juweliere und Uhrmacher, Ihre leeren Templates. Die Community-Mitglieder machen einen Screenshot Ihres Templates, befüllen die entsprechenden Felder des Fragebogens und teilen ihn anschließend mit Ihrem Hashtag sowie der Markierung Ihres Accounts in ihrer Story. Sie können die so kreierten Frage & Antwort-Templates wiederum auch in Ihrer Story veröffentlichen. Dieses Format lässt sich durchaus auch im B2B-Kontext umsetzen.

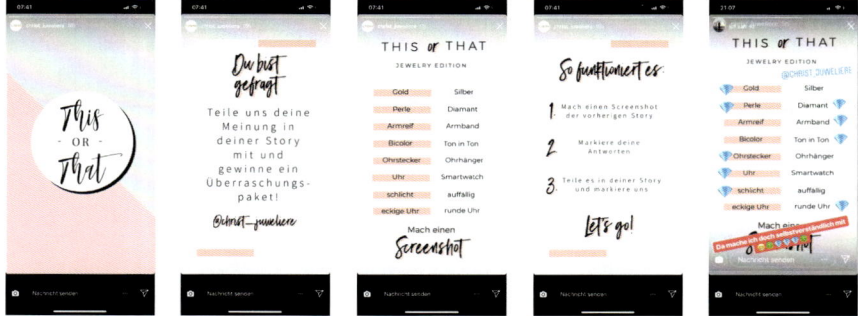

Abb. 4.49: *Beispiel eines Fragebogen-Templates »This or That« von CHRIST Juweliere und Uhrmacher (@christ_juweliere)*

4.4.3   Erstellen von Highlight-Stories

Ein wichtiges Stilmittel Ihres Profils sind die direkt unter Ihrer Biografie platzierten Highlight-Stories. Die Highlight-Stories haben einerseits den Zweck, Story-Inhalte, die Ihnen besonders wichtig sind, dauerhaft sichtbar zu machen, denn im Gegensatz zu einer klassischen Story, die sich selbst nach 24 Stunden wieder löscht, bleiben Highlight-Stories so lange in Ihrem Profil sichtbar, bis Sie sie wieder löschen. Andererseits schaffen Sie mit Ihren Highlight-Stories Mehrwerte für die Besucher Ihres Profils und zeigen, welche Themen Ihnen oder Ihrer Community gerade wichtig sind.

Sie können eine unbegrenzte Anzahl an Highlight-Stories erstellen. Tippen Sie dazu auf das Highlight-Symbol am unteren Rand einer bereits veröffentlichten Story-Sequenz und fügen Sie sie einer neuen oder bereits bestehenden Highlight-Story hinzu.

Sie haben in jeder Highlight-Story die Möglichkeit, ein individuelles Titelbild festzulegen. Das kann ein Bild aus Ihrer Smartphone-Galerie oder eine Sequenz aus Ihrer Highlight-Story sein. Sofern Sie sich für ein Bild aus der Bildergalerie Ihres Smartphones entscheiden, erscheint dieses nicht als weitere Sequenz Ihrer Story. Wie schon in Abschnitt 3.5 »Bildsprache und Tonalität« beschrieben, können die Titelbilder Ihrer Highlight-Stories einen wichtigen Beitrag zum Wiedererkennungswert Ihres Unternehmens oder Ihrer Marke leisten. Um die Titelbilder Ihrer Highlight-Stories in Ihrer CI darzustellen, können Sie auf die bereits genannten Apps und Tools, wie Over, Canva, Adobe Spark, Mojo und viele mehr zurückgreifen.

Auch spezielle Apps, wie zum Beispiel Highlight Cover, eignen sich dazu, entsprechende Titelbilder mit individuellen Icons zu erstellen.

Die Bildsprachetrends ändern sich auf Instagram auch hier immer wieder. So bevorzugt ein Teil der Unternehmen Highlight-Titelbilder in den Farben und Symbolen ihrer CI, ein anderer Teil setzt lediglich auf Farben und wieder andere verzichten ganz bewusst auf Titelbilder mit einheitlichen Coverbildern.

Abb. 4.50: *Beispiele für unterschiedliche Highlight-Cover bei Westwing Deutschland (@westwingde), Zalando (@zalando) und World Economic Forum (@worldeconomicforum)*

Um eine Auswahl dafür zu treffen, welche Themen in Ihren Highlight-Stories aufgegriffen werden sollten, können Sie sich durchaus am Aufbau Ihrer Website orientieren. Highlight-Stories könnten demnach folgende Inhalte haben:

‣ Ihre Vision/Mission
‣ Kundenstimmen
‣ Produkt-Neuheiten
‣ Aktuelle Sales
‣ Ihr Team
‣ Feedback aus der Community

▸ Aktuelle Events

▸ Positionierungsthemen, die Ihnen wichtig sind, z.B. Ihr aktuelles Engagement zum Thema Nachhaltigkeit

4.5 Durchführung von Live-Videos

Live-Videos eignen sich, wie bereits in Abschnitt 2.1.7 »Instagram-Live-Videos« beschrieben, insbesondere dazu, eine noch engere Beziehung zu Ihren bestehenden sowie potenziellen Followern aufzubauen. Inhaltlich sind Ihnen bei Ihrem Live-Video dabei keine Grenzen gesetzt.

Etablierte Anwendungsszenarien sind zum Beispiel folgende:

▸ Sie oder auch ein Influencer zeigen ein Tutorial.

▸ Sie stellen sich den Fragen Ihrer Community zu einem bestimmten Produkt (auch Q&A genannt), indem Sie im Vorfeld Ihres Live-Videos wie im Beispiel des Kosmetik-Unternehmens Sephora (@sephora) mithilfe des Fragen-Stickers Fragen sammeln und diese, wie bereits in Abschnitt 2.1.7 beschrieben, sukzessive in Ihrem Live-Video einblenden und beantworten.

▸ Sie werfen gemeinsam mit Ihren Session-Teilnehmern einen Blick hinter die Kulissen Ihres Unternehmens oder Ihres Events.

▸ Sie verkünden eine wichtige Neuigkeit (zum Beispiel den Launch eines neuen Produkts oder eine spannende Entwicklung in Ihrer Branche).

▸ Sie zeigen, was sonst niemand sieht (exklusive Inhalte, die nur Instagrammern vorbehalten sind).

Planung

Ähnlich wie schon in Abschnitt 4.4.1 »Anforderungen an Instagram Stories« beschrieben, sollten Sie insbesondere als Unternehmen darauf achten, Ihr Live-Video sorgsam zu planen. Dabei kann auch das erwähnte Storyboard dienlich sein.

Planen Sie dabei genau,

▸ wie Sie Ihr Live-Video beginnen wollen, etwa wie Sie Ihre Teilnehmer begrüßen

▸ über welche Themen Sie zu welchem Zeitpunkt sprechen wollen (es sei denn, Sie arbeiten mit den bereits erwähnten Frage-Stickern)

▸ welche Mehrwerte Sie Ihren Teilnehmern liefern wollen

▸ welche Szenen Sie gerne wie filmen wollen (zum Beispiel auf einem Event)

▸ wo Sie einen oder mehrere Call-to-Actions integrieren (verweisen Sie zum Beispiel auf weiterführende Inhalte auf Ihrer Website)

▸ wann Ihre Live-Sendung starten soll

▸ wie und wann Sie Ihre Live-Sendung ankündigen wollen (zum Beispiel über eine Instagram Story oder einen Foto- oder Videobeitrag in Ihrem Profil)

‣ welches Equipment Sie benötigen, zum Beispiel ein Stativ, ein externes Mikrofon oder eine besondere Ausleuchtung

Umsetzung

‣ Machen Sie vor der Umsetzung Ihres Live-Videos zudem einen kurzen Test, indem Sie ein kurzes Video abdrehen und die Qualität Ihres Materials begutachten.
‣ Achten Sie auf eine gute Streaming-Qualität. Sofern das WLAN beispielsweise auf einem Event überlastet ist, kann dies gravierende Auswirkungen auf die Qualität Ihrer Live-Übertragung haben.
‣ Sofern Sie sich selbst filmen, versuchen Sie, in die Kamera Ihres Smartphones zu schauen und damit den Blickkontakt zu Ihren Teilnehmern aufrechtzuerhalten.
‣ Begrüßen Sie von Zeit zu Zeit neue Teilnehmer und beantworten Sie gelegentlich Kommentare.

Nachbereitung

‣ Posten Sie nach Ihrem Live-Video eine kurze Zusammenfassung der wichtigsten Punkte Ihrer Live-Session in einer Instagram Story.
‣ Veröffentlichen Sie Ihr Live-Video nach der Live-Übertragung über den Button TEILEN auch in Ihrer Instagram Story.
‣ Verweisen Sie darauf, dass Ihr Live-Video auch noch 24 Stunden nach der Live-Übertragung in Ihrer Instagram Story angeschaut werden kann.
‣ Nehmen Sie Ihr Live-Video auch als IGTV-Inhalt in Ihr Profil auf (sofern Sie mit der Qualität zufrieden sind)

Abb. 4.51: *Vorankündigung eines Live-Videos von Sephora (@sephora) sowie Screenshots des Live-Videos mit eingeblendetem Frage-Sticker*

4.6   Transfer externer Fotos und Videos

Da ein Upload von Fotos und Videos über Ihr Instagram-Webprofil bislang nicht möglich ist, müssen Sie auf Ihrem Desktop oder externen Quellen befindliche Fotos und Videos, die Sie auf Instagram veröffentlichen wollen, zunächst auf Ihr Smartphone bringen. Dazu eignen sich Cloud-Lösungen wie Google Drive oder Dropbox.

4.6.1   Google Drive

Google Drive ist ein Online-Speicher, mit dem Sie Daten Endgeräte-übergreifend speichern, mit anderen Personen teilen und bearbeiten können. Um Google Drive für diese Zwecke nutzen zu können, benötigen Sie die Google-Drive-App für Ihr Smartphone oder Tablet-PC (verfügbar für iOS, Android und Windows Phone) sowie für Ihren stationären Mac, PC oder Laptop.

Abb. 4.52: App-Icon Google Drive

Die Nutzung von Google Drive ist an die Einrichtung eines Google-Kontos bzw. die Einrichtung einer E-Mail-Adresse bei Gmail geknüpft.

Sobald Sie Google Drive auf Ihrem PC/Laptop installieren, wird ein Ordner »Google Drive« in Ihre Explorer-Ansicht auf Ihrem Computer integriert, in den Sie nun all Ihre Daten unabhängig vom Dateiformat hochladen sowie Fotos und Videos, die Sie über andere Geräte auf Google Drive hochgeladen haben, abrufen können. Die Synchronisation Ihrer Daten findet dabei automatisch bei einer Internetverbindung Ihres PC oder Laptops statt. Analog funktioniert der Datentransfer auch mit Fotos und Videos, die Sie über Ihr Smartphone in Google Drive hochladen.

Sie können zudem über Ihr Gmail-Konto bzw. den Google-Drive-Webdienst auf Google Drive zugreifen.

Insgesamt stehen Ihnen über Google Drive 15 Gigabyte kostenloser Speicherplatz zur Verfügung.

Weiterhin können Sie via Google Drive weitere Personen einladen, um Fotos und Videos unkompliziert mit Ihren Kollegen zu teilen.

4.6.2   Dropbox

Dropbox nutzt einen über Amazon angebotenen Speicherplatz im Netz, an dem Sie Ihre Daten von all Ihren damit verbundenen Geräten ablegen können.

Abb. 4.53: App-Icon Dropbox

Auch hier wird nach dem Download der Anwendung von der Dropbox-Website ein Ordner auf Ihrem Computer angelegt, in den Sie Ihre Daten unkompliziert verschieben können und der sich kontinuierlich mit der Cloud synchronisiert.

Über die Dropbox-Website sowie die Dropbox-Smartphone-App können Sie darüber hinaus Ihre Fotos und Videos (sowie weitere Dokumente) mit anderen Personen teilen. So ist Dropbox insbesondere auch bei Unternehmen zum Austausch größerer Dateien beliebt.

Für die Einrichtung einer Dropbox benötigen Sie lediglich eine gültige E-Mail-Adresse.

Dropbox bietet Ihnen direkt nach Ihrer Anmeldung in der App auch einen automatischen Kamera-Upload an. Das heißt, immer dann, wenn sich Ihr Smartphone oder Ihr Tablet-PC mit dem Internet verbindet, werden Ihre Fotos und Videos, die Sie mit dem Smartphone oder Tablet-PC erstellt haben, in die Dropbox geladen und erscheinen zeitgleich auf Ihrem Computer. Voraussetzung dafür ist, dass Sie die Desktopversion von Dropbox dort installiert haben.

Über die Dropbox stehen Ihnen fünf Gigabyte kostenloser Speicherplatz zur Verfügung.

4.7   Erstellen von Zitate-Posts

Zitate-Posts gehören zu den beliebtesten Inhalten auf Instagram und sind gleichzeitig ein gutes Stil-Mittel für die Ästhetik Ihres Instagram-Profils. Um gute Zitate-Posts zu erstellen, benötigen Sie

▸   zu Ihrem Unternehmen oder Ihrer Marke passende Zitate

▸   die Sie im Einklang mit dem Urheberrecht veröffentlichen dürfen

Denn Zitate sind im Netz reichlich vorhanden. Um sie jedoch via Instagram veröffentlichen zu dürfen, müssen deren Schöpfer laut Urheberrechtsgesetz (UrhG) seit 70 Jahren tot sein. Danach erlischt der Urheberrechtsschutz. Sofern Sie keine passenden Zitate finden, können Sie auch selbst inspirierende Aussagen formulieren.

Wichtig
Entgegen der gängigen Praxis dürfen Sie Zitate von lebenden Personen nur mit deren ausdrücklicher Zustimmung veröffentlichen.

▸ mit einem einheitlichen Look & Feel

Letzteres erreichen Sie mit Tools und Apps

▸ wie Legend, mit der Sie auch sehr einfach Zitate-Posts im Video-Format erstellen können

▸ den bereits vorgestellten Apps SnapSeed oder Afterlight

▸ oder auch dem Web-Tool Canva und den Apps Vont (iOS), Gravie (iOS), AndroVid (Android) oder Qditor (Android)

4.8   Erstellen von Bildunterschriften

Ein äußerst wichtiger Aspekt Ihres Fotos oder Videos ist die Bildunterschrift. Sie dient gleich mehreren Zwecken. Zum einen können Sie Ihr Bild näher beschreiben und dem Betrachter somit mehr Informationen dazu geben, zum Beispiel wo Ihr Bild bei welcher Gelegenheit entstanden ist oder mit wem Sie gerade an dem betreffenden Ort sind. Ebenso wie Sie es in einem privaten analogen Foto-Album tun würden.

Nähe zu Ihrer Community schaffen

Das ist besonders zu Beginn Ihrer Präsenz auf Instagram wichtig, um die Bindung zu Ihrer Community zu stärken und sich von Ihrer menschlichen Seite zu zeigen. Die Betrachter Ihres Bildes können sich so besser in Sie hineinversetzen und bekommen einen persönlicheren Bezug zu Ihnen.

Nutzer in Ihre Markenwelt führen

Zum anderen können Sie in der Bildunterschrift mithilfe von Hashtags oder Account-Tags auf weiterführende Inhalte zu Ihrer Marke verweisen und den Betrachter Ihres Fotos oder Videos noch länger in Ihrer Markenwelt halten.

Tipp

Nutzen Sie die Gelegenheit, die Aufmerksamkeit der Betrachter Ihrer Foto- und Videobeiträge mit einer ansprechenden Bildunterschrift noch länger aufrechtzuerhalten.

Wer für Ihren Foto- oder Videobeitrag in seinem Homefeed gestoppt oder im Explorer oder auf Suchergebnisseiten auf Ihren Beitrag getippt hat, interessiert sich grundsätzlich für Ihren Inhalt und ist empfänglich für weitere Informationen dazu.

Dabei kann die Textlänge Ihrer Bildunterschrift bis zu **2.200 Zeichen** lang sein. Auch wenn Instagram eine visuelle Plattform ist, wollen Ihre Follower oder Betrachter Ihrer Beiträge gerne mehr Hintergrundinformationen erhalten. Wenn Sie also eine Geschichte zu Ihrem Bild zu erzählen haben, erzählen Sie sie.

Sehr schön ist dieser Ansatz beim erfolgreichen Instagram-Projekt Humans of New York (@humansofny) vom Fotografen Brandon Stanton nachzuvollziehen. Die Fotos werden noch lebendiger und eindrucksvoller durch ihre Bildbeschreibungen. Zudem sind s e in der Ich-Perspektive geschrieben, was den Betrachter noch stärker mit dem Protagonis- ten des Fotos mitfühlen lässt.

Abb. 4.54: *Bildunterschrift zu einem Foto-Beitrag von Humans of New York (@humansofny, Webprofil-Ansicht)*

Auch die New York Times (@nytimes) setzt auf ausführliche Bildunterschriften, verweist auf Hashtags, die zu weiteren Inhalten des jeweiligen Themas führen, und taggt rele- vante Accounts, wie zum Beispiel den Fotografen des Beitrags oder den Protagonisten der Geschichte.

Abb. 4.55: *Bildunterschrift zu einem Foto-Beitrag von der New York Times (@nytimes, Webprofil-Ansicht)*

Ein weiterer Ansatz eine Bildunterschrift mit Mehrwert für Ihre Community zu kreieren, ist das Infotainment. Sie liefern dabei umfassende Informationen zu Themen, die für Ihre Community-Mitglieder relevant sind. Ihre Bildunterschrift ähnelt dabei fast einem Blog-Artikel, wie im Beispiel des Optikers Haas (optik.haas.koeln).

Die Bildunterschriften sind dabei so konzipiert, dass sie zunächst einen Interessewecker in Form einer kurzen Überschrift enthalten. (Die Überschrift ist dabei das, was die User als einziges lesen können, wenn sie durch ihren Feed scrollen. Die gesamte Bildunterschrift wird erst nach dem Antippen des MEHR-Buttons sichtbar.

Weiter werden die Informationen in Absätze gegliedert, um eine bessere Lesbarkeit zu ermöglichen. Als Gliederungspunkte dienen dabei Emojis, die bei Optik Haas sogar auf das jeweilige Bild-Motiv abgestimmt sind.

Abschließend sollten Sie mindestens eine Frage zu Ihrem Beitrag stellen oder einen Call-to-Action in Ihre Bildunterschrift integrieren.

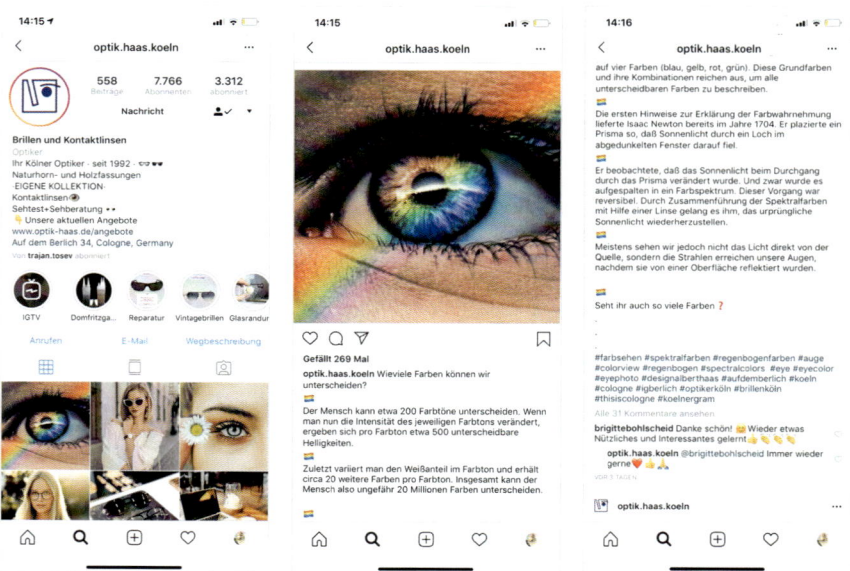

Abb. 4.56: Beispiel einer Bildunterschrift bei Optiker Haas (@opik.haas.koeln)

Bei Shops sind wiederum kurze knackige Bildunterschriften wie im Beispiel von Zalando (@zalando) gefragt.

Abb. 4.57: *Bildunterschrift zu einem Foto-Beitrag von Zalando (@zalando, Webprofil-Ansicht)*

Tipps für Bildunterschriften

▸ Arbeiten Sie in Ihrer Bildunterschrift mit den gleichen Stilmitteln wie Ihre Community.

▸ Setzen Sie Emojis ein.

▸ Zeigen Sie Humor

▸ und verwenden Sie, wie im Beispiel von EDEKA, durchaus auch kreative Hashtags in Ihrer Bildunterschrift.

Abb. 4.58: *Bildunterschrift zu einem Foto-Beitrag von EDEKA (@edeka, Webprofil-Ansicht)*

▸ Liefern Sie einen Mehrwert.

Edeka verweist in seiner Bildunterschrift zudem auf das Rezept zu ihrer Food-Kreation im ersten Kommentar. Denkbar sind hier aber auch Schritt-für-Schritt-Anleitungen.

▸ Setzen Sie Ihre Markenhashtags ein.

▸ Markieren Sie relevante Personen oder Marken darin, wie im Beispiel von Esprit.

Abb. 4.59: *Bildunterschrift zu einem Foto-Beitrag von Esprit (@esprit, Webprofil-Ansicht)*

▸ Integrieren Sie einen Call-to-Action.

▸ Stellen Sie Fragen.

▸ Rufen Sie Ihre Community dazu auf, Freunde in einem Kommentar zu markieren.

▸ Regen Sie zur Erstellung von User Generated Content an und promoten Sie Ihr Markenhashtag.

▸ Verweisen Sie auf Ihren Weblink in Ihrer Biografie wie im Beispiel von J.Crew (@jcrew)

Wichtig: Verweis auf »Link in Bio«

Achten Sie bei einem Verweis auf Ihren Link in der Biografie jedoch darauf, dass Ihr Post aufgrund des Instagram-Algorithmus möglicherweise auch erst einige Tage später von Ihren Abonnenten wahrgenommen wird und Ihr Link dann immer noch Gültigkeit hat.

Abb. 4.60: *Bildunterschrift zu einem Foto-Beitrag von J.Crew (@jcrew, Webprofil-Ansicht)*

Bildunterschriften auf Facebook und Twitter

Ihre Bildunterschrift erscheint zudem in anderen sozialen Netzwerken, falls Sie Ihr Foto dort teilen. Auf Facebook ist sie beispielsweise besonders markant im Header hres Facebook-Posts platziert, auf Twitter als Tweet. Gerade wenn Sie Ihre Instagram-Beiträge bei diesen beiden Netzwerken publizieren, macht es Sinn, sich eine kurze knackige Bildunterschrift auszudenken, die von den Nutzern dort auch gelesen wird.

Bildunterschriften nachträglich ändern

Um eine Bildunterschrift nachträglich zu ändern, tippen Sie unterhalb Ihres Fotos oder Videos auf das Symbol mit den drei Punkten und Sie gelangen über die Option BEARBEITEN direkt in den Editiermodus Ihrer Bildunterschrift. Durch Ihre Änderung wird Ihr Beitrag jedoch nicht nochmals auf Instagram oder weiteren Netzwerken gepostet Ihre Änderungen sind zudem nur auf Instagram sichtbar und nicht automatisch in den Netzwerken, in denen Sie Ihren Beitrag geteilt haben.

4.9 Integration von Hashtags

Wie schon in Abschnitt 3.8 »Recherche von Hashtags«, beschrieben, bieten Ihnen Hashtags eine Reihe von Vorteilen, die Sie sich unbedingt zunutze machen sollten.

> ## Wichtig
>
> Die konsequente Verwendung von Hashtags in Ihren Bildunterschriften, Kommentaren und Instagram Stories ist unerlässlich, wenn Sie mit Ihren Beiträgen auch über Ihre Follower hinaus wahrgenommen werden und mit Ihrem Account wachsen wollen.

Hashtags werden auf Instagram in der Regel in einem Zwei-Schritt-Verfahren vergeben.

Erster Schritt

▸ Sie markieren Ihr Foto oder Video mit ein bis maximal vier Hashtags direkt in Ihrer Bild- oder Videounterschrift. Die hier verwendeten Stichworte sollten die Aussage Ihres Fotos oder Videos bestmöglich unterstreichen.

▸ Handelt es sich dabei um Ihr Marken- oder Aktionshashtag, sollte dieses möglichst zu Beginn Ihrer Bildunterschrift platziert werden.

▸ Anschließend veröffentlichen Sie Ihren Beitrag über Instagram und gegebenenfalls weitere Netzwerke.

Zweiter Schritt

Im zweiten Schritt können Sie direkt nach Veröffentlichung Ihres Posts weitere Hashtags in einem zusätzlichen Kommentar zu Ihrem eigenen Beitrag hinzufügen, mit dem Ziel, mehr Reichweite für Ihren Inhalt zu erzielen. Pro Post können Sie insgesamt maximal 30 Hashtags vergeben.

Diese Vorgehensweise hat sich aus zwei Gründen bewährt. Zum einen wirken zu viele Hashtags in der Bildbeschreibung überladen, wenig kommunikativ und lassen Sie aus Sicht einiger Nutzer »gierig« nach »Gefällt mir« Angaben erscheinen. Zum anderen werden die Hashtags in der Bildunterschrift auch in anderen Netzwerken angezeigt, falls Sie Ihre Beiträge dort teilen. Insbesondere auf Facebook ist die Verwendung von Hashtags weiterhin untypisch und eine Vielzahl von Tags wird als übertrieben angesehen.

> ## Hashtags in Smartphone-Notizen speichen
>
> Legen Sie sich idealerweise zu jedem Ihrer typischen Posts (Zitate, Produkt-Fotos, Community-Themen, Behind the Scenes etc.) eine Hashtag-Liste an, die Sie kontinuierlich präzisieren. Speichern Sie diese Listen in Ihren Smartphone-Notizen, um sie jederzeit kopieren und zu Ihren Beiträgen hinzufügen zu können.

Wie Sie Hashtags in Stories einfügen, erfahren Sie in Abschnitt 2.1.5 »Instagram Stories«.

4.10   Beiträge vorausplanen

Wie schon in den Abschnitten 3.5.3 »Qualität und Konsistenz« und 3.7 »Posting-Frequenz« beschrieben, ist die Konsistenz Ihrer Beiträge und vor allem deren kontinuierliche, idealerweise tägliche Veröffentlichung auf Instagram entscheidend für Ihren Erfolg. Um dabei möglichst effizient vorzugehen, empfiehlt es sich:

▸ einen **langfristigen Redaktionsplan** aufzustellen, der Feiertage, Termine oder für Ihre Branche wichtige Events berücksichtigt (gute Vorlagen dazu finden Sie beispielsweise bei Sinnwert Marketing *http://www.sinnwert-marketing.de/download/checklisten-und-vorlagen/*)

▸ Inhalte an einem Tag pro Woche für **mindestens eine Woche vorzuproduzieren** »Evergreen-Content«, wie zum Beispiel Zitate oder Mood-Fotos, die zu Ihrer Marke passen, können Sie theoretisch auch schon für ein halbes Jahr vorproduzieren

▸ Ihre Beiträge mindestens **eine Woche vorauszuplanen**

Hilfreich kann es dabei auch sein, sich für jeden Tag der Woche ein bestimmtes Inhalts-Format zu überlegen, zum Beispiel:

Montag:	Zitat
Dienstag:	Produkt- oder kundenzentrierter Inhalt (Foto, Galerie und/oder Instagram Story)
Mittwoch:	Repost eines nutzergenerierten Inhalts
Donnerstag:	Community-Thema (zum Beispiel #throwbackthursday oder #fromwhereistand)
Freitag:	Produkt- oder kundenzentrierter Inhalt (als Boomerang oder animiertes GIF)
Samstag:	Repost eines nutzergenerierten Inhalts
Sonntag:	Mood-Foto

und diese direkt, wie im Beispiel von Blog Pixie (*http://blogpixie.com/*), in einem typischen Instagram-Raster anzuordnen und Woche für Woche zu wiederholen.

Dies ist nur eine von vielen möglichen Varianten. Je nachdem, welche Content-Strategie Sie verfolgen, können Sie sich auch zu 100 Prozent auf nutzergenerierten Content fokussieren oder an jedem zweiten oder dritten Tag ein Zitat veröffentlichen.

Sehr hilfreich ist anstelle eines relativ statischen Excel-Redaktionsplans der Einsatz von Tools, wie Trello, mit denen Sie Ihre Beiträge sehr übersichtlich und einfach auf Ihrem Desktop sowie alternativ via App planen und zudem auch Teammitglieder an der Erstellung und Umsetzung Ihres Redaktionsplans beteiligen können.

Abb. 4.61: *Beispiel von Blog Pixie für einen Instagram-Content-Plan*

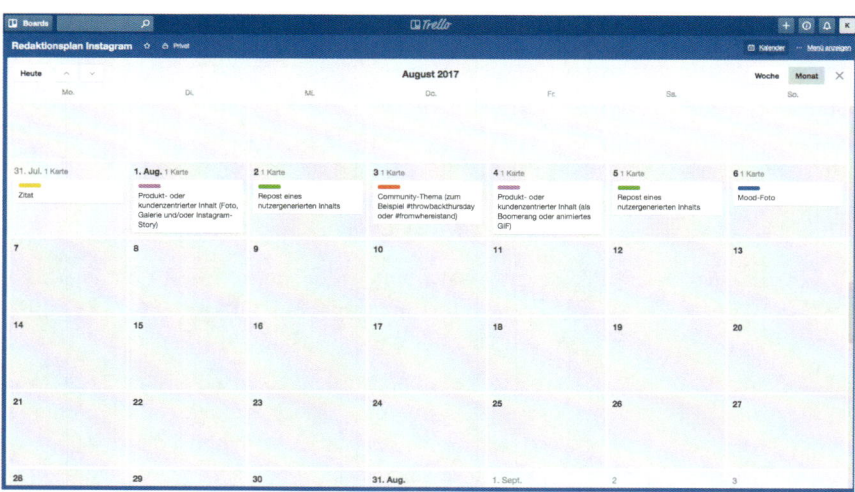

Abb. 4.62: *Content-Planung via Trello*

Um Trello für Ihren Redaktionsplan einzusetzen, müssen Sie zunächst das Kalender-Extra (über das Menü erreichbar) aktivieren. Für jeden geplanten Inhalt erstellen Sie eine sogenannte Karte, der Sie folgende Inhalte optional hinzufügen können:

- eine detaillierte Beschreibung (zum Beispiel Ihre Bildbeschreibung und Ihre Hashtags)
- einen Anhang (zum Beispiel Ihr Foto oder Video)
- eine bestimmte Farbe (bzw. ein Label), zum Beispiel Grün für User Generated Content, Blau für Mood-Bilder etc.
- Checklisten (zum Beispiel, welche Themen im Vorfeld der Veröffentlichung des Inhalts noch geklärt werden müssen)

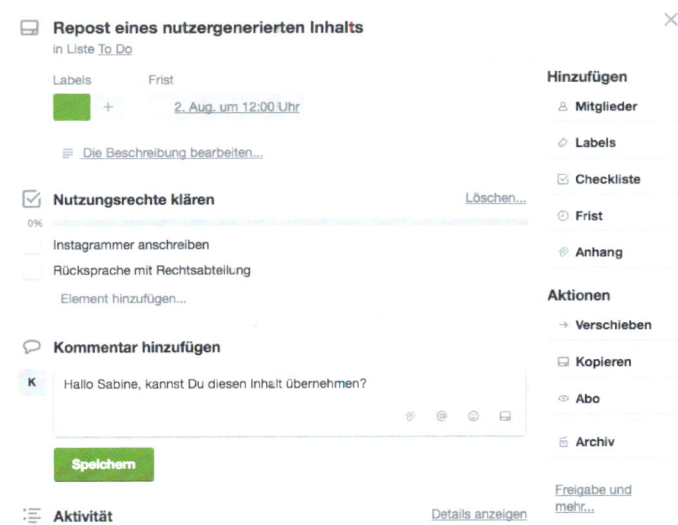

Abb. 4.63: Details einer »Karte« auf Trello

Anders als Facebook bietet Instagram derzeit keine Funktion, Beiträge zu terminieren und automatisiert auf Instagram zu veröffentlichen. Das heißt, Sie müssen Ihre Foto- und Videobeiträge weiterhin manuell über die Instagram-App teilen.

Dennoch gibt es einige hilfreiche Tools, wie

- Planoly
- UNUM
- Later
- HootSuite
- Buffer

mit denen Sie Ihre Beiträge inklusive Bildunterschrift und Hashtags vorplanen können und dann zum gewünschten Zeitpunkt weitestgehend automatisiert veröffentlichen lassen können. Ich empfehle Ihnen allerdings bei allen Tools, die Erinnerungsfunktion zu nutzen und Ihre Posts und Stories selbst hochzuladen.

Dabei bedienen sich alle gängigen Tools einer Erinnerungsfunktion bzw. Push-Benachrichtigung, die Ihnen an Ihr Smartphone geschickt wird und Sie daran erinnert, Ihr vorbereitetes Foto oder Video jetzt zu posten.

Planoly, UNUM und Later sind dabei auf Instagram spezialisiert und setzen ihren Fokus unter anderem auch auf die Ästhetik Ihres Instagram-Feeds. Neben Statistiken bieten Planoly und Later in einer Bezahl-Variante darüber hinaus die Möglichkeit, User Generated Content zu kuratieren und in Ihre Content-Planung einzubeziehen oder auch Shoppable Feeds zu integrieren.

Der Vorteil von HootSuite und Buffer liegt vor allem darin, dass diese noch weitere Social-Media-Profile abdecken können und Sie somit gegebenenfalls nur eine Plattform für die Planung und das Management Ihrer gesamten Social-Media-Kanäle benötigen.

4.11 Durchführung von Wettbewerben und Gewinnspielen

Wettbewerbe und Gewinnspiele haben auf Instagram einen vielfältigen Nutzen für Ihr Unternehmen und sind aufgrund der kreativen Instagram-Community, die neben professionellen Fotografen und Künstlern auch viele Designer und Werbefachleute zu ihren Mitgliedern zählt, sehr beliebt.

Sie dienen in der Regel dazu, kreativen Content für Ihren Account zu generieren oder aber Follower zu gewinnen. Sie werden von Unternehmen zudem dazu eingesetzt, qualifiziertes Personal zu finden, Werbeanzeigen für Print-, Online- oder Bewegtbild-Medien aus Instagram-Beiträgen zu erstellen, ein neues Produkt zu kreieren und vieles mehr. Die »Schwarmintelligenz der kreativen Masse« auf Instagram ist eine perfekte Voraussetzung dafür.

Im Folgenden erfahren Sie, wie Sie einerseits einen groß angelegten Foto-Wettbewerb bestmöglich auf- und umsetzen können und zudem auch kleinere Gewinnspiele durchführen können.

4.11.1 Zielsetzung Ihres Wettbewerbs

Im ersten Schritt ist es wichtig, ein klares Ziel für Ihren Wettbewerb zu definieren. Wollen Sie zum Beispiel zum Start Ihres Instagram-Accounts mehr Follower gewinnen oder Aufmerksamkeit für einen Produktlaunch, ein Event oder generell für Ihre Marke schaffen oder dient der Wettbewerb hauptsächlich dazu, nutzergenerierten Content für Instagram, Ihre Website oder weitere Social-Media-Kanäle zu generieren? Ihr Ziel entscheidet über die Mechanik des Wettbewerbs, insbesondere die Kür der Gewinnerbeiträge sowie die anschließende Weiterverwertung der Wettbewerbsbeiträge.

4.11.2 Erfolgsfaktoren

Im zweiten Schritt sollten Sie festlegen, wie und woran Sie Ihr Ziel messen wollen. Messbare Parameter können dabei

- die Anzahl Ihrer neu gewonnenen Follower sein und das damit verbundene prozentuale Wachstum Ihres Accounts,
- die Anzahl von Likes und Kommentaren im Verhältnis zu Ihren Followern, auch Engagement-Rate genannt,
- die Anzahl der Wettbewerbsteilnehmer,
- die Anzahl der über den Wettbewerb generierten Foto- und Videobeiträge unter Verwendung Ihres Hashtags,
- der prozentuale Anstieg der Erwähnungen Ihres Unternehmens auf Instagram via Hashtag während und nach dem Wettbewerb,
- die potenzielle Reichweite Ihres Wettbewerbs durch die Veröffentlichung der Wettbewerbsbeiträge in den Homefeeds der Instagrammer, die Ihren Teilnehmern folgen,
- der über Instagram generierte Traffic auf Ihrer Website und vieles mehr.

Hilfreiche Tools zur Erfolgsmessung finden Sie in Abschnitt 4.12 »Erfolgsmessung – hilfreiche Tools«.

4.11.3   Auswahl eines Hashtags

Der dritte Schritt beinhaltet die Auswahl eines passenden Hashtags für Ihren Wettbewerb. Hier sollten Sie sich ausreichend Zeit nehmen, ein geeignetes unverwechselbares Stichwort oder Motto zu finden, denn das Hashtag ist der Dreh- und Angelpunkt für die funktionierende Mechanik Ihres Wettbewerbs auf Instagram und kann in seiner Verbreitung später nicht mehr durch Sie gesteuert werden.

Wichtigstes Kriterium für Ihr Wettbewerbs-Hashtag ist, dass es keine Verwechslungen zulässt, indem ein anderes Unternehmen oder auch ein anderer privater Nutzer der Community ein ähnliches Tag einsetzt oder in der Vergangenheit eingesetzt hat. Auch generische Begriffe, wie zum Beispiel #nordsee oder #jeans, die bereits von vielen Instagrammern zur Beschreibung ihrer Beiträge eingesetzt werden, sind für Ihren Wettbewerb ungeeignet, da sie viele Nutzer unwissentlich in Ihren Wettbewerb einschließen. Ebenso sind Tags, die mehrdeutig sind oder Ironie enthalten, nicht zu empfehlen. Wählen Sie deshalb einen Begriff oder eine Zeichenfolge, die absolut einzigartig ist und nur von Instagrammern gewählt wird, die Ihrem Wettbewerbsaufruf bewusst gefolgt sind.

Weiterhin sollte Ihr Tag keine negativen Assoziationen zulassen oder gar eine Angriffsfläche für Ihr Unternehmen bieten. Wenn Sie mithilfe des Wettbewerbs beispielsweise Ihr Image in einem bestimmten Punkt, zum Beispiel Umweltfreundlichkeit verbessern wollen, Ihr Unternehmen bislang jedoch eher in der Kritik diesbezüglich stand, kann Ihr Hashtag auch als Mittel zur Verbreitung negativer Kommentare und Inhalte zu Ihrem Unternehmen genutzt werden. Überdenken Sie an der Stelle lieber noch einmal, ob ein Instagram-Wettbewerb in diesem Fall eine passende Maßnahme ist. Falls ja, wählen Sie ein Hashtag, das nicht Ihren Unternehmensnamen enthält, sondern für sich allein steht.

Überlegenswert ist auch ein Tag, das ein bestimmtes Community-Thema einschließt. Die Jeans-Marke Hilfiger Denim nutzte beispielsweise das Motto Throwback Thursday (#throwbackthursday) für seinen #ThrowbackDenim-Wettbewerb.

Generell sollte Ihr Hashtag nicht zu kompliziert, eher kurz und einfach zu merken sein.

Weitere sehr relevante Anforderungen zu Ihrem Wettbewerbs-Hashtag sowie Marken- bzw. branded Hashtags im Allgemeinen finden Sie in einem Blog-Artikel von Rechtsanwalt Dr. Thomas Schwenke zum Thema Hashtags & Recht: *https://drschwenke.de/hashtags-recht/*.

4.11.4   Auswahl des oder der Gewinner

Im vierten Schritt folgt nun die Überlegung, wie Sie Ihren oder Ihre Gewinner küren. Dabei sind folgende Optionen empfehlenswert:

Sie wählen den oder die aus Ihrer Sicht besten Beiträge der Wettbewerbsteilnehmer aus. Damit liegen Sie mit den großen Foto-Wettbewerb-Communitys wie @photoofheday oder @joshjohnson (siehe dazu auch Abschnitt 5.2.10 »Wettbewerbe«) auf einer Linie.

Sie lassen die Community über die zehn besten Beiträge in Form von Likes abstimmen und wählen anschließend daraus den oder die Gewinner.

Jeder, der teilnimmt, hat einen Gewinn, indem er mit seinem Beitrag beispielsweise in einer Galerie auf Ihrer Homepage oder auf Facebook erscheint. Die Veröffentlichung des eigenen Bildes ist für viele Community-Mitglieder bereits Anreiz genug, um an einem Wettbewerb teilzunehmen.

4.11.5   Teilnahmebedingungen und Wettbewerbsmechanik

Im fünften Schritt geht es nun darum, die Teilnahmebedingungen für Ihren Wettbewerb zu formulieren und Ihren Followern sowie Profilbesuchern die Mechanik des Wettbewerbs mitzuteilen.

Erklären Sie möglichst präzise und einfach, was Sie von Ihren Teilnehmern erwarten. In den meisten Wettbewerben geht es darum, ein Foto oder Video zu einem bestimmten Thema aufzunehmen, auf Instagram hochzuladen, mit dem entsprechenden Hashtag zu versehen sowie den Account des Wettbewerbsveranstalters in der Bildunterschrift zu taggen. In der Regel dürfen auch ältere, schon bestehende Instagram-Beiträge der Teilnehmer mit dem Wettbewerbs-Hashtag markiert werden.

Achten Sie dabei darauf, Ihre Teilnehmer nicht zu stark in ihrer Kreativität einzuschränken, sondern geben Sie ihnen Raum, Ihr Wettbewerbsthema auf ihre Art zu interpretieren. Wie schon in den ersten Kapiteln dieses Buches erwähnt, dient Instagram seinen Mitgliedern unter anderem als Plattform, die eigene Persönlichkeit darzustellen. Ein Beitrag, den sie für Ihren Wettbewerb erstellen, muss im Idealfall zu ihrem Profil passen.

Andererseits sollte Ihr Thema nicht zu breit angelegt sein, denn die über den Wettbewerb generierten Inhalte sollen ja möglichst zu Ihrem Unternehmen oder Ihrer Marke passen. Erläutern Sie weiterhin, wie Sie den Gewinner küren werden und welcher Gewinn ihn erwartet.

Wichtig ist darüber hinaus die Angabe des Start- und Endzeitpunkts Ihres Wettbewerbs. Die übliche Dauer liegt in der Regel bei drei Wochen. Machen Sie darüber hinaus auf etwaige Wohnsitzbeschränkungen Ihres Wettbewerbs aufmerksam, sofern dieser beispielsweise nur für Deutschland, Österreich und die Schweiz gilt.

Klären Sie Ihre Teilnehmer weiterhin darüber auf, was Sie mit ihren Beiträgen vorhaben, und räumen Sie sich die entsprechenden Nutzungsrechte beispielsweise zur Bearbeitung, Berichterstattung, Öffentlichkeitsarbeit und Verwendung der Beiträge auf Instagram oder weiteren sozialen Kanälen, Ihrer Website oder weiteren Medien ein. Stellen Sie dabei auch heraus, dass die Urheberrechte Ihrer Teilnehmer an den eingereichten Fotos und Videos gewahrt bleiben.

Weisen Sie Ihre Teilnehmer zusätzlich darauf hin, dass ausschließlich Beiträge, die über den Upload auf Instagram oder andere von Ihnen vorgesehene Zielseiten erfolgt sind, in Ihren Wettbewerb eingeschlossen werden. Damit verhindern Sie, dass Beiträge via Instagram Direct oder per E-Mail oder gar über den postalischen Weg an Sie herangetragen werden.

In Kapitel 8 finden Sie noch einmal eine Übersicht der für Ihre Teilnahmebedingungen unverzichtbaren Punkte.

Grundsätzlich sollten Sie für die Teilnahmebedingungen Ihres Wettbewerbs eine eigene Unterseite auf Ihrer Website einrichten, auf die Sie via Instagram immer wieder verweisen können.

Darüber hinaus ist es absolut empfehlenswert, eine Galerie der Wettbewerbsbeiträge entweder auf Ihrer Website oder auf Ihrer Facebook-Seite einzurichten, um bestmöglich von einer Cross-Promotion Ihres Wettbewerbs zu profitieren. Diese Galerie kann sowohl über eine Programmierschnittstelle von Instagram (API) und Ihrer Website oder Facebook erzeugt werden als auch über spezialisierte Tool-Anbieter, beispielsweise Iconosquare. Letztere haben den Vorteil, dass Sie die Wettbewerbsbeiträge moderieren können, sodass Fotos oder Videos, die gegen Ihre Teilnahmebedingungen verstoßen, direkt aussortiert werden können.

4.11.6 Launch und Promotion Ihres Wettbewerbs

Im sechsten Schritt folgt nun der spannende Start Ihres Wettbewerbs. Am besten promoten Sie diesen über ein Foto, auf dem Sie durch zusätzlichen Text die wichtigsten Eckdaten Ihres Gewinnspiels wie zum Beispiel Ihr Wettbewerbs-Hashtag und den Gewinn mitteilen. Den Text können Sie leicht über die schon in Abschnitt 4.2 »Erstellen qualitativer Foto-Posts« erwähnten Apps, wie SnapSeed oder Gravie hinzufügen. Posten Sie Ihren Gewinnspielaufruf mithilfe dieses aufmerksamkeitsstarken Fotos sowohl auf Instagram als auch über alle anderen Kanäle oder Medien, in denen Sie präsent sind, und verweisen Sie dabei auf Ihre Teilnahmebedingungen.

Da der Link in der Bildunterschrift auf Instagram nicht anklickbar ist, empfiehlt es sich, diesen für die Dauer des Wettbewerbs in Ihre Biografie zu übernehmen und Ihre Follower und Profilbesucher darauf hinzuweisen. Damit verhindern Sie, dass sie Ihren Link umständlich oder sogar mehrmals abtippen müssen, weil sich kleine Fehler eingeschlichen haben.

4.11.7   Begleitung des Wettbewerbs

Im siebten Schritt geht es darum, Ihre Kunden und Follower über den Fortschritt Ihres Wettbewerbs zu unterrichten, indem Sie zum Beispiel eine Auswahl der bisher schon eingereichten Beiträge in einem kleinen Video, einer Galerie oder Instagram Story posten. Wenn möglich, zeigen Sie Ihren Teilnehmern eine großartige Wertschätzung, wenn Sie deren Beiträge schon während der Laufzeit Ihres Wettbewerbs mit einem »Gefällt mir« markieren oder gar kommentieren. Hierbei könnte Ihnen das zuvor schon erwähnte Tool Hootsuite eine Hilfe sein.

4.11.8   Abschluss und Nachbereitung

Der achte Schritt ist die Promotion der Gewinner-Beiträge auf Instagram und weiteren Kanälen. Sie können dazu im Falle von Fotos einen Screenshot der betreffenden Beiträge mit Ihrem Smartphone machen und in Ihrem eigenen Account hochladen. Taggen Sie die Gewinner sowohl im Foto oder Video als auch in Ihrer Bildunterschrift. Darüber hinaus ist auch eine Collage aus den Gewinner-Beiträgen denkbar, die Sie beispielsweise mit der der App Layout erstellen können. Ebenso bietet sich ein Video aus den Gewinner-Beiträgen an. Dieses können Sie ganz leicht mit den Apps Quik oder Magisto umsetzen.

Eine besondere Freude bereiten Sie Ihren Teilnehmern, wenn Sie sich nach Ablauf Ihres Wettbewerbs bei ihnen mit einer persönlichen Nachricht zum Beispiel via Instagram Direct bedanken. Sofern Sie Tausende Teilnehmer über Ihren Wettbewerb generiert haben, ist das natürlich nicht zu leisten. Ein kleiner Trostpreis für die nächstbesten 50 Teilnehmer nach den Gewinnern ist auch eine Variante.

In dieser letzten Phase geht es natürlich auch darum, Ihre zuvor festgelegten Parameter mit Ihrem tatsächlichen Erfolg abzugleichen.

4.11.9   Gewinnspiele

Während groß angelegte Foto-Wettbewerbe gerade in den Anfängen von Instagram für Unternehmen eine große Rolle spielten, hat sich der Einsatz von kleineren und einfacheren Gewinnspielen, wie im Beispiel von dm-drogerie markt (@dm_deutschland), auf der Plattform zunehmend etabliert.

Abb. 4.64: *Foto-Post von dm-drogerie markt mit Gewinnspiel-Aufruf in der Bildbeschreibung (Webprofil-Ansicht)*

Dabei werden Abonnenten eines Profils entweder dazu aufgerufen, einen Beitrag zu kommentieren oder zu liken oder Freunde in einem Kommentar zu markieren, die zur Teilnahme am Gewinnspiel dem betreffenden Account folgen müssen.

Wichtig ist in jedem Fall:

▸ der gut sichtbare Verweis auf die Teilnahmebedingungen des Gewinnspiels

▸ sowie die Berücksichtigung der Bestimmungen seitens Instagram zur Durchführung von Promotions (siehe dazu auch Abschnitt 8.3 »Richtlinien für die Veranstaltung von Gewinnspielen und Wettbewerben«)

▸ sowie die Beachtung der deutschen Gesetzgebung in Bezug auf Gewinnspiele (siehe dazu ebenfalls Abschnitt 8.3)

4.12   Erfolgsmessung – hilfreiche Tools

Um den Erfolg Ihrer Maßnahmen auf Instagram zu messen, eignen sich zuallererst die Statistiken Ihres Business-Profils.

Die Statistiken Ihres Business-Profils sind über das Balken-Symbol am oberen rechten Bildschirmrand abrufbar. Hier erhalten Sie wertvolle Informationen zur Performance Ihrer veröffentlichten Foto- und Videobeiträge, unter anderem:

▸ die Anzahl der Nutzer bzw. Accounts, die Ihre Posts gesehen haben (Netto-Reichweite)

- die Anzahl der Sichtkontakte (Impressions), die Ihre Posts generiert haben (also auch Mehrfachkontakte bzw. die Brutto-Reichweite Ihrer Posts)
- die Gesamtanzahl der Interaktionen mit Ihren Posts (die Summe aus Kommentaren und »Gefällt mir«-Angaben)
- die Anzahl der »Gefällt mir«-Angaben pro Post
- die Anzahl der Kommentare pro Post
- die Anzahl der Nutzer, die auf den Link in Ihrer Profilbeschreibung bzw. Biografie geklickt haben

Darüber hinaus enthalten die Statistiken Informationen zur Sozio-Demografie (Alter, Geschlecht) und Herkunft (Länder und Städte) Ihrer Follower sowie deren Hauptnutzungszeiten pro Tag oder Woche.

Weiterhin liefert die Statistik nähere Informationen zur Performance Ihrer Instagram Stories.

Unter anderem können Sie hier

- die Anzahl der Sichtkontakte für jedes einzelne Foto oder Video innerhalb Ihrer Story auswerten
- nachvollziehen, wie viele Nutzer an welcher Stelle Ihre Story verlassen haben
- sehen, wie viele Nutzer auf Ihre Story geantwortet bzw. Ihnen eine Nachricht geschickt haben
- sehen, wer auf welche Art und Weise mit Ihren Stickern (Votings, Fragen, Umfragen) interagiert hat.

Hinweis

Statistiken sind ab einer Account-Größe von 100 Followern über Ihr Business-Profil verfügbar.

Der größte Teil der Analysedaten Ihrer Insights bezieht sich auf die vergangenen 7 Tage. Lediglich im Falle Ihrer Foto- und Video-Posts können Sie die Kennzahlen bis zu 2 Jahre zurückverfolgen.

Um Learnings aus Ihren Insights zu generieren und KPIs aus den vorhandenen Metriken abzuleiten, sollten Sie ein externes Instagram-Reporting aufsetzen. In dieses Reporting übertragen Sie alle relevanten Daten wie Reichweite, Impressions, Interaktionen, Klicks pro Post und errechnen die für Sie relevanten KPIs. Zudem ist es empfehlenswert, Ihre Daten auf einer monatlichen Basis zu analysieren und Veränderungen zum Vormonat, wie im Beispiel-Reporting in Abbildung 4.65, nachzuhalten.

Weiterhin ist es sinnvoll, Screenshots und KPIs Ihrer Top 5 Posts pro Monat nachzuhalten und auch weitere Learnings (in schriftlicher Form) festzuhalten, um zukünftig besser Zusammenhänge im Rahmen Ihrer Content-Strategie herstellen zu können.

Kennzahlen/KPIs	Followers	Engagement Rate Follower	Engagement Rate on Reach	Impressions	Reichweite	Interaktionen	Kommentare	Gespeichert	Klicks
Beitrag 1									
Beitrag 2									
Beitrag 3									
...									
...									
Gesamt									
Change % gegenüber Vormonat									

Abb. 4.65: Beispiel-Reporting für Ihre Instagram-Posts

Darüber hinaus empfiehlt es sich, ein weiteres Reporting für Ihre Stories anzulegen und analog zu Ihren Posts, auch hier Learnings für Ihre zukünftigen Stories abzuleiten.

Kennzahlen/KPIs	Zuschauer erste Sequenz	Zuschauer zweite Sequenz	Absprungrate erste und zweite Sequenz	Rentention Rate	Interaktionen	Engagement Rate	Click-Throuh-Rate (bei Swipe Up Funktion)
Story 1							
Story 2							
Story 3							
...							
...							
Gesamt							
Change % gegenüber Vormonat							

Abb. 4.66: Beispiel-Reporting für Ihre Stories

Professionelle kostengünstige Tools

Mit Tools wie *Iconosquare* oder *Later* können Sie einen Großteil Ihres Instagram-Reportings mit einem überschaubaren finanziellen Einsatz automatisieren. Die aufwändige manuelle Übertragung der diversen Kennzahlen entfällt dabei.

Professionelle Social-Media-Management- und Analytics-Tools

Wie schon in Abschnitt 3.9 beschrieben, haben sich inzwischen leistungsstarke Tools wie *Facelift, Sprout Social, Falcon.io, Swat.io, Hootsuite, Brandwatch, Talkwalker* und viele mehr am Markt etabliert, mit denen Sie eine Vielzahl von Aufgaben inklusive Erfolgsmessung über diverse Social-Media-Kanäle hinweg abbilden können. Sei es die

‣ Konkurrenz-Analyse
‣ Analyse Ihres Share of Voice oder Share of Buzz (Siehe dazu Abschnitt 3.3)
‣ Performance Ihrer Marken-Hashtags (oder für Ihre Branche relevante Hashtags)
‣ Influencer-Recherche
‣ Sentiment-Analyse
‣ uvm.

Die Tools sind in der Regel zwar kostenintensiv (ab einer vierstelligen monatlichen Investition), zahlen sich im Hinblick auf die Effizienz Ihrer Social-Media-Aktivitäten jedoch durchaus aus.

Wichtig ist in diesem Zusammenhang allerdings, dass Sie über die nötigen personellen Ressourcen verfügen, die ein solches Tool regelmäßig bedienen und entsprechende Rückschlüsse bilden können.

Wie schon in Abschnitt 3.3 »Definition einer konkreten Zielsetzung« erwähnt, bietet Ihnen darüber hinaus der kostenfreie Leitfaden des BVDW »Erfolgsmessung in Social Media« eine Vielzahl von Anregungen zur Erfolgsmessung Ihrer Instagram-Aktivitäten.

Kapitel 5

Aufbau einer Community auf Instagram

Das Außergewöhnliche an Instagram ist seine lebhafte, multikulturelle und überwiegend wertschätzende Community. Wie diese Gemeinschaft funktioniert, was die wichtigsten Regeln der Community sind und wie Sie Ihre eigene Community nachhaltig aufbauen, erfahren Sie in den folgenden Ausführungen.

5.1   Wie funktioniert die Instagram-Community?

Die Instagram-Community funktioniert zunächst einmal über ansteckende Kreativität. Eine wichtige Rolle fällt dabei den erfolgreichen Instagrammern zu. Sie bilden die Gruppe der Influencer oder auch »Creators«, die andere Nutzer mit ihren Beiträgen auf Instagram maßgeblich beeinflussen. Mit den Mechanismen eines sozialen Netzwerks und vor allem mittels Hashtags verbreitet sich dieser Einfluss auf Instagram in kürzester Zeit von Nutzer zu Nutzer über den gesamten Erdball. Phil Gonzalez, der Gründer von Instagramers.com, eine der ersten Communitys auf Instagram, bezeichnete dieses Phänomen als »Social Mass Creativity« oder auch soziale Massenkreativität.

Die wertschätzende Art der Community-Mitglieder trägt zusätzlich dazu bei, dass Menschen sich auf der Plattform kreativ entfalten können. Früher oder später beginnt fast jeder Nutzer, der sich auf Instagram angemeldet hat, mit dem Posten von Fotos, Videos oder Stories. Der Anteil der reinen Voyeure ist damit auf Instagram deutlich geringer als in anderen Netzwerken.

Instagram ist mit seinem Fokus auf Fotos und Videos zudem deutlich weniger komplex als andere Plattformen. Die sozialen Interaktionsmöglichkeiten konzentrieren sich auf das Folgen von anderen Nutzern sowie Liken und Kommentieren von Beiträgen. Im Gegensatz zu den übrigen sozialen Netzwerken erfolgen diese jedoch deutlich schneller, häufiger und positiver.

Das ist auch der Grund dafür, dass Instagram so intensiv genutzt wird. Die schnelle und positive Reaktion der Gemeinschaft auf die eigenen Beiträge »lässt das Herz kurzzeitig höherschlagen«.

Für einen großen Teil der Instagram-Mitglieder, wenn auch nicht für alle, ist ihr sozialer Einfluss, auch »Social Clout« genannt, wichtiger Antrieb, auf Instagram aktiv zu sein. Dabei ist in erster Linie die Anzahl der Abonnenten, die dem eigenen Profil folgen, das wichtigste soziale Statussymbol. Aber auch viele »Gefällt mir«-Angaben pro Beitrag sind für die Nutzer erstrebenswert und ein Äquivalent für einen hohen sozialen Einfluss. Mit dem aktuellen Boom des Influencer-Marketings wächst bei vielen Community-Mitgliedern zudem auch der Wunsch, ihren sozialen Einfluss in finanzielle Unabhängigkeit zu konvertieren.

Der Real-Time-Effekt

Anders als bei Twitter oder Snapchat trat die Kommunikation in (nahezu) Echtzeit auf Instagram vor der Einführung der Instagram Stories eher in den Hintergrund. Denn auf dem Instagram-Profil veröffentlichte Momentaufnahmen in Form von Fotos und Videos werden in der Regel zunächst in Ruhe bearbeitet, bevor sie mit der Community einige Stunden (oder auch Tage) später geteilt werden. Instagram dient einem Großteil seiner Mitglieder, wie schon in Kapitel 1 ausgeführt, inzwischen dazu, die eigene gewünschte Online-Identität zum Ausdruck zu bringen. Öffentlich einsehbare Inhalte werden dementsprechend streng kuratiert.

Liegen Fotos oder Videos jedoch klar erkennbar in fernerer Vergangenheit, werden sie in der Regel mit dem Hashtag »#latergram« oder »flashback« versehen, denn die Mitglieder der Community gehen dennoch davon aus, dass ein Foto oder Video in dem Moment geteilt wird, in dem es auch entstanden ist. Das heißt, es könnte auf Ihre Follower irritierend wirken, wenn Sie ohne weitere Erklärung in Ihrer Bildunterschrift ein Foto von einem weit zurückliegenden Event oder ein Winterfoto im Frühling posten. Es empfiehlt sich daher, Fotos oder Videos, die einen offensichtlichen zeitlichen Bezug haben, möglichst zeitnah nach ihrer Entstehung zu posten oder andernfalls mit einem Hashtag, wie #latergram zu versehen.

Ein stärkerer Echtzeit-Bezug ist auf Instagram eher mit den kurzlebigen Instagram Stories sowie mit Live-Videos entstanden. Instagrammer zeigen hier analog zu den Snapchat Stories auch die kleinen Momente ihres Alltags beispielsweise die Entstehung eines in ihrem Profil veröffentlichten Fotos oder Videos.

5.2   Follower generieren

Sobald Ihr Profil eine ansprechende Form hat und Sie eine klare Strategie für Ihr Instagram-Engagement entwickelt haben, geht es darum, sich auf Instagram bestmöglich zu vernetzen.

Sofern Sie schon in anderen sozialen Netzwerken präsent sind oder über eine eigene Website oder ein Blog verfügen, ist der erste naheliegende Schritt, Ihre dortigen Kunden, Fans und Follower auf Ihre neue Präsenz auf Instagram aufmerksam zu machen. Das kann auf unterschiedlichen Wegen erfolgen.

5.2.1   Eigene Webpräsenzen

Wie schon in Abschnitt 4.1.9 »Verknüpfung mit Ihrer Website« beschrieben, können Sie über einen Artikel oder eine Bilderstrecke auf Ihrer Homepage, Ihrem Blog sowie Ihrem Newsletter auf Ihr Instagram-Profil hinweisen.

Verlinken Sie dabei anschließend auf Ihr Webprofil via *www.instagram.com/nutzername* und fordern Sie Ihre Kunden auf, Ihnen auf Instagram zu folgen. Da Ihr Webprofil ebenfalls einen FOLGEN-Button neben Ihrem Profilfoto enthält, können Sie so auch über das stationäre Web Follower generieren. Das Instagram-Webprofil ist zudem in einem responsiven Design erstellt, das sich an alle Displaygrößen vom stationären PC bis hin zum kleinsten Smartphone-Display in seiner Größe anpasst. Das bedeutet, dass auch Besucher, die Ihr Blog oder Ihre Website über ihr Smartphone oder ihren Tablet-PC nutzen, Ihr Webprofil in einer ansprechenden Form sehen und Ihnen folgen können, vorausgesetzt, sie sind selbst Instagram-Mitglied.

Erläutern Sie Ihren Besuchern auf Ihrer Website oder Ihrem Blog zusätzlich, warum Sie auf Instagram aktiv sind und warum es sich lohnt, Ihnen dort zu folgen. Warum ist so ein expliziter Hinweis hilfreich?

Zum einen können Sie mit Instagram einen weiteren und noch dazu emotionalen Kontaktpunkt zu Ihren Kunden etablieren. Sobald sich Ihre Kunden dort angemeldet haben und Ihnen gefolgt sind, profitieren Sie zudem von deren weiterer Vernetzung auf Instagram. Alle Profile, mit denen sich Ihr Kunde auf Instagram verbindet, sehen auch Ihr Profil in dessen Abonnements. Instagrammer, die Ihrem Kunden folgen oder denen Ihr Kunde folgt, sind eine spannende Zielgruppe für Sie, da sie gegebenenfalls ebenfalls zu Ihren potenziellen Käufern zählen und Interesse an Ihren Produkten haben.

Weiterhin ist es eine Möglichkeit, wie in Abschnitt 4.1.9 »Verknüpfung mit Ihrer Website« beschrieben, regelmäßig Instagram-Fotos oder -Videos in Ihre Seite einzubetten und damit sowohl Ihre Website-Inhalte oder Blogposts aufzuwerten als auch Ihre Besucher auf Ihre Instagram-Präsenz aufmerksam zu machen.

5.2.2   Soziale Netzwerke

Erzählen Sie Ihren Fans und Followern in anderen sozialen Netzwerken über regelmäßige Posts, Pins oder Tweets von Ihrem Engagement auf Instagram und fordern Sie sie auf, Ihnen dort zu folgen. Teilen Sie Ihre Instagram-Beiträge mit diesen Netzwerken, insbesondere Facebook und Twitter. Achten Sie jedoch darauf, darüber hinaus auch individuelle Inhalte für diese Plattformen zu schaffen, um Ihre Fans und Follower, die Ihnen sowohl auf Facebook, Twitter und Instagram folgen, nicht zu langweilen und in der Folge zu verlieren.

Auf Ihrer Facebook-Seite besteht darüber hinaus die Option, Ihren Instagram-Bilder- und -Video-Stream über einen eigenen Reiter zu integrieren (z.B. via Iconosquare). Da Ihre Facebook-Seite sowie deren verschiedenen Reiter bzw. Tabs jedoch in der Regel nur sehr wenig Traffic generieren, sollten Sie hier keine große Mühe aufwenden.

5.2.3   Systematischer Follower-Aufbau über soziale Interaktion

Neben der Ansprache Ihrer Kunden und Interessenten über Ihre eigenen Webpräsenzen und Social-Media-Kanäle ist der nächste und wichtigste Schritt für einen nachhaltigen Follower-Aufbau auf Instagram die zielgerichtete und kontinuierliche Interaktion mit der Community.

Wichtig – Community-Management

Um mehr Follower auf Instagram zu generieren, müssen Sie vor allem ausdauernd und regelmäßig sozial aktiv sein. Das bedeutet konkret: idealerweise täglich mindestens ein bis zwei Fotos, Videos und Stories posten, zielgerichtet möglichst viele Beiträge anderer Nutzer liken, die Ihr Unternehmen oder Ihre Marke positiv erwähnt haben, wertschätzende Kommentare hinterlassen, sämtliche Fragen, Direct Messages und Kommentare zu Ihren Beiträgen beantworten und durchaus auch anderen sehr wahrscheinlich an Ihrem Unternehmen interessierten Instagrammern folgen.

Warum ist das wichtig? Über das regelmäßige Liken und Kommentieren von Beiträgen sowie das Abonnieren spannender Profile erhöhen Sie Ihre Sichtbarkeit in der Community. Nutzer werden auf Sie aufmerksam, schauen sich gegebenenfalls Ihr Profil an und folgen Ihnen dann.

Darüber hinaus ist das Beantworten und Liken von Kommentaren zu Ihren Beiträgen eines der wirksamsten Mittel, um eine Beziehung mit Ihren Followern aufzubauen. Diejenigen, die Ihren Beitrag kommentiert haben, sind in der Regel auch an den Kommentaren der anderen User und Ihrer Reaktion darauf interessiert. Sie regen damit nicht nur Gespräche zwischen Ihnen und Ihrer Community an, sondern auch zwischen Community-Mitgliedern untereinander. Weiterhin zeigen Sie Ihren Followern, dass Sie ernsthaft an einem Austausch interessiert sind und nicht nur Ihre Produkte oder Dienstleistungen verkaufen möchten. Sie erfahren zudem, was Ihre potentiellen Kunden bewegt und können Ihre Inhalte aber auch Ihr Produkt-Angebot optimieren.

Der bekannte Medienunternehmer, Motivator und Influencer Gary Vaynerchuk (@garyvee) hat seinen weltweiten Erfolg vor allem seiner Passion für Community Management zu verdanken. Neben der regelmäßigen Veröffentlichung persönlicher Posts und Stories auf diversen Social-Media-Kanälen, antwortet er trotz seiner inzwischen hohen Reichweite immer noch auf einen Teil der Kommentare seiner Fans und Follower. Zu Beginn seiner Erfolgsgeschichte war dies eine seiner wichtigsten Aufgaben.

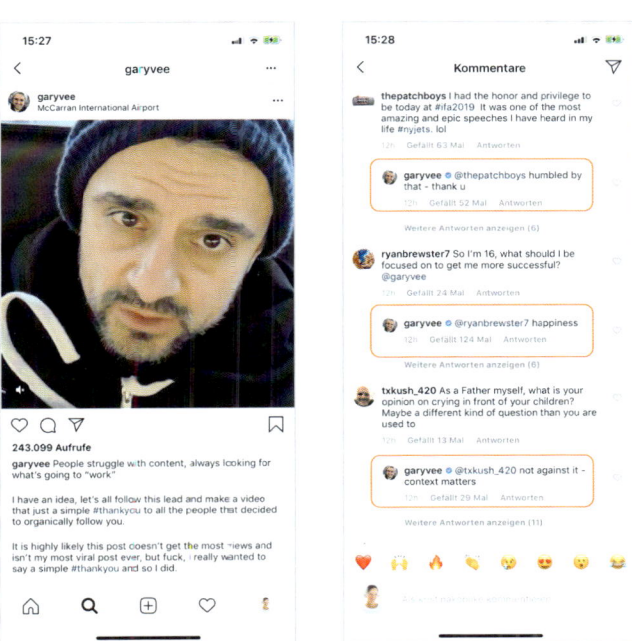

Abb. 5.1: *Post mit Bildunterschrift und Kommentaren von Gary Vaynerchuk (@garyvee) auf Instagram*

Kommentieren

In Bezug auf die Erweiterung Ihrer Community haben Kommentare, die Sie unter Beiträgen von interessanten Usern hinterlassen, eine große Wirkung. Denn zum einen wird der Instagrammer, dessen Beitrag (oder idealerweise mehrere Beiträge) Sie kommentiert haben, auf Ihren wertschätzenden Kommentar aufmerksam und ruft im Gegenzug Ihr Profil auf, zum anderen lesen sich treue Follower des Profils, dessen Beitrag Sie kommentiert haben, wie oben beschrieben gerne die einzelnen Kommentare unter Fotos und Videos durch, insbesondere wenn sie sie selbst mit einem Kommentar versehen haben. Werden Sie in Ihrem Kommentar jedoch nicht zu persönlich, sondern zeigen Sie lediglich Ihr aufrichtiges Interesse oder Gefallen an dem Foto.

Anderen Nutzern folgen

Noch effektiver ist allerdings das Folgen anderer Nutzer. Wenn Sie einem Instagrammer folgen, wird dieser im Gegenzug gegebenenfalls auch Ihnen folgen, vorausgesetzt, ihm gefällt Ihr Profil. Hierbei sind drei Faktoren entscheidend:

- ▸ Ihr Profil verfügt bereits über eine ausreichende Menge qualitativer Fotos und Videos, eine aussagekräftige Biografie und ein ansprechendes Profilfoto.
- ▸ Instagrammer, denen Sie folgen, bespielen das gleiche oder ähnliche Thema wie Sie.
- ▸ Sie schenken den Beiträgen des Instagrammers, schon bevor Sie ihm folgen, durch Likes und Kommentare Beachtung.

Instagrammer, die bereits eine hohe Anzahl an Abonnenten haben und selbst nur wenigen anderen Community-Mitgliedern folgen, werden Ihnen allerdings sehr wahrscheinlich nur dann zurückfolgen, wenn Sie ein für sie spannendes Unternehmen darstellen. Ist Ihre Marke/Ihr Unternehmen noch eher unbekannt, macht es durchaus Sinn, sich zunächst kleinere Profile oder Profile, die selbst eine Vielzahl von Abonnements haben, zu Ihrem Thema zu suchen.

Eine weitere Strategie könnte es sein, die Liste der Abonnenten Ihrer Konkurrenz aufzurufen, und diesen Accounts zu folgen. Die Wahrscheinlichkeit, dass Ihr (hochwertiges) Profil bei diesen Instagrammern auf Interesse stößt, ist groß, da Sie das gleiche Thema wie Ihr Konkurrent bespielen.

Nachteil an einer Follower-Strategie ist allerdings, dass Sie einer Vielzahl von Profilen folgen müssen, um selbst signifikant Abonnenten zu generieren. Das kann zu einem ungünstigen Verhältnis zwischen Ihren Abonnenten und Ihren Abonnements führen und Sie schlimmstenfalls unseriös wirken lassen, sofern zwischen beiden Zahlen eine große Lücke klafft. Am Anfang wird es sich natürlich nicht vermeiden lassen, dass Sie mehr Instagrammern folgen als umgekehrt. Auch wenn es dafür keine festgeschriebene Regel gibt, die Zahl der Profile, die Sie abonnieren, sollte zu Beginn maximal dreimal so hoch sein wie die Anzahl der Abonnenten, die Ihnen folgen. Langfristiges Ziel ist es in der Regel, dieses Verhältnis mindestens umzukehren. Sofern Sie bereits ein bekanntes und etabliertes Unternehmen sind, sollten Sie diese Strategie allerdings nur sehr dosiert einsetzen und stattdessen auf Ihre übrigen Marketingkanäle zur Promotion Ihres Instagram-Engagements setzen.

Tipp

Vernetzen Sie sich zuallererst mit den 100 wichtigsten Unternehmen und Persönlichkeiten Ihrer Branche und versuchen Sie, Ihr bestehendes Netzwerk zu Geschäftspartnern und Kunden auch auf Instagram abzubilden.

»Gefällt mir«-Angaben

Darüber hinaus sind »Gefällt mir«-Angaben essenziell, um regelmäßig neue Follower für Sie zu begeistern. Der Vorteil besteht hier darin, dass »Gefällt mir«-Angaben schnell vergeben sind und Ihre »Folgen-Follower«-Bilanz nicht belastet wird. Liken Sie gleich mehrere Beiträge eines Nutzers, wird dieser mit großer Wahrscheinlichkeit auf Sie aufmerksam und sich mit Ihrem Profil auseinandersetzen.

Vorsicht ist jedoch bei übermäßigem Liken geboten (siehe dazu Abschnitt 5.2.6 »Like-Bots«).

Um mehr »Gefällt mir«-Angaben für Ihre eigenen Beiträge zu generieren, ist vor allem der Einsatz passender Hashtags entscheidend. Dabei sollten Sie eine gute Mischung aus häufig gesuchten sowie passgenauen Hashtags auf Ihr Foto oder Video anwenden. Damit erhöhen Sie die Reichweite Ihres Beitrags und somit auch die Wahrscheinlichkeit für mehr Likes und potenzielle Follower.

Bleiben Sie sich selbst treu

Je mehr Abonnenten Sie generieren wollen, umso größer muss auch Ihr Aktivitätslevel auf Instagram sein. Dabei ist es gerade zu Beginn wichtig, täglich eine Kombination der genannten sozialen Interaktionen durchzuführen. Bleiben Sie dabei jedoch sich selbst treu und liken und kommentieren Sie nur Beiträge, die Sie wirklich interessant finden und die zu Ihrem Profil passen. Das gilt ebenso für die Profile, denen Sie folgen. Nur so zahlen sich Ihre ausdauernden Aktivitäten auf Instagram nachhaltig aus. Follower, die nicht zu Ihnen passen, springen früher oder später wieder ab und sind zudem wenig inspirierend für Sie. Darüber hinaus ist auch die Qualität der Profile, denen Sie folgen und die Ihnen folgen, ein Aushängeschild für Sie. Blockieren Sie deshalb auch bewusst Profile, die Ihnen folgen, die aber offensichtlich unseriös sind.

Suche passender Profile und Beiträge über Hashtags

Wie schon in Kapitel 3 beschrieben, sind Hashtags ein probates Mittel, um potenzielle Follower zu finden, ihnen zu folgen, ihre Beiträge mit einem »Gefällt mir« zu markieren oder einen Kommentar zu hinterlassen. Dabei stehen Sie vor der Herausforderung, Ihre

Käufer sowie potenzielle Käufer Ihrer Produkte, Liebhaber Ihrer Marke oder auch Trendsetter in Ihrem Bereich auf Instagram zu adressieren.

Sofern Sie zu den glücklichen Unternehmen zählen, deren Markencommunity schon auf Instagram präsent ist und Ihr Markenhashtag intuitiv nutzt, ist der erste naheliegende Schritt, über die Instagram-Suche nach Ihren Markenhashtags zu suchen. Über diese Recherche gelangen Sie nun zu entsprechenden Beiträgen und Profilen, die Ihre Hashtags nutzen, und können die zuvor genannten Interaktionen starten (siehe dazu auch »Tool-Tipp Iconosquare und Hootsuite«). Die Abonnenten dieser Nutzer sind darüber hinaus eine interessante Zielgruppe für Sie, denn diese interessieren sich vermutlich ebenfalls für Ihre Marke. Hier können Sie Ausschau nach geeigneten Profilen und Beiträgen halten, denen Sie folgen oder die Sie liken können.

Zudem erfahren Sie bei dieser Recherche, welche Hashtags noch zu Ihrem Thema/Ihrer Marke genutzt werden, und können Ihren eigenen »Hashtag-Cocktail« stetig präzisieren.

Überlegen Sie darüber hinaus, wonach potenzielle Käufer Ihrer Produkte noch auf Instagram suchen würden. Vermutlich wissen Sie über Ihre bisherigen Marketingaktivitäten auch schon genau, um welche Stichworte es sich dabei handelt, und können diese ebenfalls über die Instagram-Suche eingeben. Hilfreiche Tools können in diesem Zusammenhang das bereits in Kapitel 3 vorgestellte Tool Display Purposes oder auch die klassische Keyword-Recherche mit dem Google-Keyword-Planer sein.

Standorte

Darüber hinaus markieren Instagrammer ihre Foto- und Videobeiträge verstärkt mit einem Standort (Location, Geotagging). Über die Standort-Suche innerhalb der Instagram-Suche können Sie leicht herausfinden, ob es zu Ihrem eigenen Unternehmensstandort (sofern vorhanden) bereits Beiträge von Instagrammern gibt oder auch zu Standorten konkurrierender Unternehmen, und diese Beiträge ebenfalls in Ihre Interaktionen einbeziehen.

Fügen Sie auch Ihren Beiträgen einen Ort hinzu, sofern sinnvoll, um die Reichweite Ihres Posts zusätzlich zu erhöhen. Damit sind Sie für Ihre Follower und Kunden außerdem nahbarer.

Laut einer Instagram-Studie von Simply Measured wirkt sich das Location-Tagging positiv auf das Engagement mit einem Post aus. Demnach lag die Interaktionsrate eines Posts, der mit einem Ort markiert wurde, um 50 Prozent höher als ohne Location-Tag.

Interaktionen fördern

Weiterhin ist es empfehlenswert, die Interaktionen Ihrer Follower mit Ihren eigenen Beiträgen zu fördern, um so Ihre Sichtbarkeit in der Community zu erhöhen. Das erreichen Sie vor allem, indem Sie Fragen zu Ihrem Beitrag stellen. Zalando (@zalando) fragt seine Follower beispielsweise, welche der auf dem Foto gezeigten Sonnenbrillen ihnen am besten gefallen.

Das Unternehmen Plated (@plated) fragt wiederum, welches Gericht sich seine Follower auf ihrer Menükarte von ihm wünschen würden. (Plated liefert Rezepte inklusive aller Zutaten an seine Kunden, die diese im Web auf einer virtuellen Menükarte auswählen können, *https://www.plated.com*.)

Darüber hinaus können Sie Ihre Follower bitten, Ihren Beitrag zu kommentieren und dabei ein oder zwei Freunde zu markieren, für die Ihr Produkt oder Ihre Aktion noch interessant wäre.

Wichtig

Machen Sie sich jederzeit bewusst, dass Sie eine echte Community aufbauen wollen, die Sie später auch aktivieren können. Dabei ist die Qualität der Beziehung zu Ihren Followern deutlich wichtiger als deren Anzahl. Achten Sie auch darauf, neu hinzugewonnene Follower oder Instagrammer, die Ihre Beiträge liken, zu wertschätzen, indem Sie zwei bis drei Fotos von ihnen liken oder ihnen gegebenenfalls zurückfolgen.

Tool-Tipp Iconosquare und Hootsuite

Sehr hilfreiche, allerdings kostenpflichtige Tools für die tägliche systematische Interaktion mit der Community, aber auch die Planung und Veröffentlichung Ihrer Beiträge sind das zuvor schon erwähnte Iconosquare sowie Hootsuite.

Iconosquare liefert sehr detaillierte Statistiken zu Ihrem Instagram-Account. Sie können unter anderem nachvollziehen, wer Ihre neuen oder auch reichweitenstärksten Follower sind, wer Ihnen wieder entfolgt ist, welche Ihrer Beiträge das größte Engagement erzielt haben, wann die beste Zeit für Postings ist und vieles mehr. Zudem ist das Folgen oder Entfolgen von Profilen direkt aus dem Tool heraus möglich. Über einen Comment-Tracker lassen sich darüber hinaus Kommentare inklusive Emojis einfach über den Desktop beantworten.

Hootsuite ist ein Dienst, den Sie sowohl auf Ihrem Desktop als auch unterwegs als App für die Betriebssysteme iOS und Android zur Verwaltung mehrerer sozialer Netzwerke nutzen können. Unter anderem ist es möglich, Instagram als soziales Netzwerk in Ihr Hootsuite-Dashboard zu integrieren und die Beiträge der Instagram-Community zu Ihren wichtigsten Hashtags, Standort oder Accounts, die Sie verwalten, gleichzeitig zu verfolgen. So ist es Ihnen möglich, schnell und effizient passende Fotos oder Videos zu liken oder Kommentare zu hinterlassen.

Voraussetzung dafür ist, dass Sie Instagram mit Hootsuite verknüpfen. Nach Ihrer Anmeldung bei Hootsuite gelangen Sie in die Dashboard-Ansicht.

Hier können Sie sich über den Menüpunkt SOZIALES NETZWERK HINZUFÜGEN mit Ihrem Instagram-Account verbinden. Dabei werden Sie zunächst auf die Instagram-Web-App geleitet, um Ihre Instagram-Login-Daten einzugeben, und anschließend wieder zurück in das Hootsuite-Dashboard. Um einen weiteren Account in Ihr Dashboard aufzunehmen, wiederholen Sie diesen Vorgang erneut und tippen im Anmeldefenster der Instagram-Web-App auf KONTO WECHSELN. Jetzt können Sie einen weiteren Account-Namen und ein Passwort eingeben und zu Ihrem Dashboard hinzufügen.

Nachdem Sie Instagram nun mit Hootsuite verknüpft haben, können Sie den Instagram-Bilderstream nach für Sie relevanten Hashtags, Nutzern oder Standorten gefiltert anzeigen lassen.

Klicken Sie dazu auf den Menüpunkt STREAM HINZUFÜGEN. Sie gelangen nun in eine gleichnamige Ansicht, in der Sie aus verschiedenen Streams, wie Ihrem eigenen Homefeed, Ihre eigenen Beiträge oder auf Instagram beliebte Beiträge auswählen können. Mit der Option FOLLOWER oder FOLGT können Sie sich die Liste Ihrer Abonnenten sowie Ihrer Abonnements anzeigen lassen und diesen Accounts direkt aus Hootsuite heraus folgen oder entfolgen.

Über die Menüpunkte HASHTAG, BENUTZER und STANDORT können Sie spezifische weitere Streams hinzufügen. Sofern Sie mehrere Profile verwalten, ist es notwendig, über den Punkt PROFIL AUSWÄHLEN das Profil auszuwählen, mit dem Sie die Beiträge eines bestimmten Benutzers, Hashtags oder Standorts kommentieren oder liken wollen. Nachdem Sie auf STREAM HINZUFÜGEN bzw. das grüne +-Symbol geklickt haben, erscheint der neue Stream in Ihrem Dashboard. Um einen Stream wieder zu löschen, fahren Sie mit der Maus in die obere rechte Ecke des Streams. Es erscheint ein Refresh- sowie ein Drei-Punkte-Symbol. Tippen Sie auf Letzteres und wählen Sie STREAM LÖSCHEN aus.

5.2.4   follow4follow und like4like

Schon nach kurzer Zeit Ihrer Aktivität auf Instagram werden Ihnen gegebenenfalls die Hashtags #follow4follow oder #like4like auffallen. Sie gehören zu den beliebtesten Hashtags auf Instagram. Inzwischen gibt es eine Vielzahl von Abwandlungen dieser Tags, zum Beispiel #f4f, #l4l, #20likes, #followback, #likeback. Nutzer, die diese Hashtags einsetzen, signalisieren damit, dass sie Ihnen folgen werden, sobald Sie ihrem Profil folgen. Ebenso verhält es sich mit dem Prinzip »like for like«. Liken Sie die Beiträge dieser Nutzer, werden diese im Gegenzug auch Ihre Fotos und Videos mit einem »Gefällt mir« markieren.

Ausnahme bilden allerdings die Nutzer, die ihre Fotos und Videos mit #followforfollow oder #likeforlike versehen, ohne deren Bedeutung zu kennen, oder aber ihrem Angebot doch nicht nachkommen. Daraufhin hat sich beispielsweise das Hashtag #followbackalways etabliert.

Grundsätzlich funktioniert dieses Geben und Nehmen zwar, ist aber wenig zielgerichtet, wenn es Ihnen darum geht, nachhaltig Follower aufzubauen, die Ihr Profil wirklich mögen und dauerhaft mit Ihnen interagieren. Auch der Betrachter Ihres Profils wird schnell erkennen, dass sich durch Ihre Abonnements kein roter Faden zieht. Zudem zeigen diese Hashtags eindeutig, dass Sie lediglich an »Masse statt Klasse« interessiert sind, was Ihrem Ansehen insbesondere als Unternehmen schadet.

5.2.5   Follower- und Like-Apps

Inzwischen gibt es eine Vielzahl von Apps, die das Prinzip »follow for follow« oder ›like for like« automatisiert umsetzen. Dabei folgen sich die in der App angemeldeten Nutzer massenweise gegenseitig, in der Regel, ohne sich mit dem Profil des anderen auseinanderzusetzen. Die App präsentiert Ihnen dazu im Sekundentakt willkürlich Profile, denen Sie folgen oder die Sie überspringen können. Nach dem gleichen Prinzip wird Ihr Profil anderen Nutzern in der App angezeigt. Je nach Ihrer eigenen Aktivität steigt die Anzahl Ihrer Abonnenten in nur wenigen Minuten zwei- oder sogar dreistellig. Die Apps incentivieren das Folgen anderer Nutzer noch zusätzlich mit Punkten oder »Coins«, die anschließend in weitere Follower getauscht werden können. Auch der Kauf von Followern ist darüber hinaus möglich.

Auf die gleiche Weise funktionieren Apps, mit denen Sie massenhaft »Gefällt mir«-Angaben für Ihre Beiträge produzieren können. Sie liken im Akkord Beiträge anderer Nutzer, im Gegenzug erhalten Ihre Beiträge mehr »Gefällt mir«-Angaben.

Auch wenn mit den Apps schnell quantitative Erfolge erzielt werden können, ist davon eindeutig abzuraten. Abgesehen davon, dass die wenigsten Ihrer neuen Follower zu Ihrem Profil passen werden, ist für den Außenstehenden mit einem Blick in Ihre Abonnenten- und Abo-Listen schnell klar, wie Sie zu Ihrer Popularität gelangt sind. Wenn Sie später wieder Nutzern entfolgen, werden diese sich auch im Gegenzug wieder von Ihrem Profil verabschieden. Ebenso verhält es sich mit den Likes. Ein ehrliches »Gefällt mir« von Instagrammern, die ganz bewusst Ihr Bild angesehen haben, ist deutlich mehr wert, als Tausende Likes von Nutzern, die nicht wirklich in Ihren Beitrag involviert sind.

Instagram geht inzwischen erfolgreich gegen diese Apps vor und gewährt zudem nur noch ausgewählten Partnern umfassenden Zugriff auf seine API.

5.2.6   Like-Bots

Eine Weiterentwicklung der zuvor beschriebenen Apps bilden die sogenannten Like-Bots wie beispielsweise Instagress, das inzwischen von Instagram zur Geschäftsniederlegung gezwungen wurde. Es handelt sich hierbei um Computerprogramme, die inzwischen zu vergleichsweise geringen Kosten, vollständig automatisiert und auf subtilere Art und Weise Interaktionen in der Community durchführen. Die Kriterien, nach denen das jeweilige Programm Beiträge likt, kommentiert oder auch anderen Nutzern folgt oder entfolgt, werden zuvor durch den Auftraggeber festgelegt. Dazu zählt der genaue Wortlaut der Kommentare, die Festlegung der Hashtags, nach denen das Programm

Beiträge oder Nutzer auf der Plattform aussucht, oder auch die Geschwindigkeit, mit denen die Interaktionen erfolgen sollen.

Unabhängig davon, dass Like-Bots Ihrem Ziel, mit Ihrer Community auf Instagram authentisch zu interagieren, entgegenstehen und Ihrer Reputation schweren Schaden zufügen können, verstoßen sie gegen die Nutzungsbedingungen von Instagram, was eine Sperrung oder gar Löschung Ihres Accounts nach sich ziehen kann. Von ihrem Einsatz ist deshalb ebenfalls eindeutig abzuraten.

5.2.7   Follower kaufen

Wer eine Community auf Instagram aufbaut, braucht Langmut. Der Gedanke, einfach Follower zu kaufen, kommt deshalb fast jedem einmal in den Sinn, der in kurzer Zeit ein signifikantes Wachstum auf der Plattform erzielen will. Ähnlich wie Like-Bots haben sich auch für den Follower-Kauf Anbieter etabliert, die einen subtilen, für Außenstehende durchaus natürlich wirkenden Follower-Zuwachs generieren. Dabei wird die gekaufte Anzahl von Followern einem Profil gleichmäßig über einen längeren Zeitraum hinzugefügt. Häufig lassen sich auch noch Like-Pakete dazubuchen, sodass die Engagement-Raten der Beiträge eines Profils ihr Niveau halten oder sich verbessern.

Selbst mit Analyse-Tools, wie zum Beispiel InfluencerDB, lassen sich so Unregelmäßigkeiten im Wachstum eines Profils immer schwerer nachvollziehen. Verfechter des Follower-Kaufs verweisen auf den Erfolg dieser Maßnahme, da sich durch eine erhöhte Anzahl von Followern mehr echte Abonnenten für ein Profil interessierten. Doch auch wenn der Follower-Kauf verlockend scheint und sich noch in einer rechtlichen Grauzone befindet, ist mit Blick auf den Verstoß gegen die Nutzungsbedingungen von Instagram die ausdrückliche Empfehlung, darauf zu verzichten. Die reale Gefahr einer Löschung des Profils, der Bereinigung von Fake-Followern sowie eines Image-Schadens ist einfach zu groß.

5.2.8   Instagram Pods

Eine weitere Variante möglichst schnell mehr Wachstum auf der Plattform zu generieren, ist der Zusammenschluss von Instagrammern in sogenannten Instagram Pods. Dabei schließen sich vor allem Influencer aus ähnlichen Themen-Bereichen via Instagram Direct, Facebook oder diversen Messengern in Gruppen zusammen und liken und kommentieren ihre jeweiligen Beiträge kurz nach deren Veröffentlichung gegenseitig. Mit dem dadurch entstehenden hohen Engagement, das von einflussreichen und thematisch passenden Accounts ausgeht, wird dem Instagram-Algorithmus signalisiert, dass der Beitrag eine besonders hohe Relevanz in der Community bzw. der jeweiligen Influencer-Szene genießt. Das wiederum veranlasst den Algorithmus, den Post präferiert in den Homefeeds und Explorern der Instagrammer anzuzeigen, was eine größere Reichweite und ein hohes Engagement des Posts generiert. Auch einige Unternehmen setzen auf diese Taktik, indem Sie ein ganzes Netzwerk von reichweitenstarken Accounts um ihren eigentlichen Unternehmensaccount herum aufbauen und diesen nach dem Pod-Prinzip pushen.

5.2.9   Fan-Communitys

Eine sehr gute und gleichzeitig bereichernde Variante, Abonnenten für Ihren Account zu finden, sind Fan-Communitys zu Ihrem Thema: Einige engagierte Community-Mitglieder gründen Sub-Communitys innerhalb von Instagram. Sie richten dafür gezielt Accounts ein und etablieren passende Hashtags. Zum einen finden Sie in den Abonnenten-Listen dieser Communitys schnell Gleichgesinnte, denen Sie folgen können und die Ihnen gegebenenfalls zurückfolgen. Zum anderen posten diese Communitys häufig Fotos und Videos von Instagrammern, die ihre Beiträge mit dem jeweiligen Community-Hashtag versehen haben.

Ein Beispiel für eine Fan-Community ist der Instagram-Account @welovehh, der sowohl eigene als auch Fotos und Videos von Instagrammern, die diese mit dem Hashtag #welovehh markiert haben, postet.

5.2.10   Wettbewerbe

Foto- und Video-Wettbewerbe werden auf Instagram täglich ausgetragen und über die Accounts der Wettbewerbsveranstalter promotet bzw. »featurt«. Die dahinter stehenden Community-Mitglieder kuratieren Fotos und Videos auf Instagram, um die Community auf besonders überraschende und kreative Instagrammer aufmerksam zu machen. Dabei wird ein Screenshot Ihres Fotos erstellt und unter Angabe Ihres Namens mit den Followern des Wettbewerbs-Accounts geteilt. Um von den Kuratoren gesichtet und ausgewählt werden zu können, müssen Sie Ihre Beiträge mit den Hashtags, die diese Accounts vergeben, markieren und ihrem Profil folgen.

Zu den größten Wettbewerben auf Instagram zählen Photooftheday (@photooftheday) mit dem Hashtag #photooftheday sowie analog dazu Videooftheday (@videooftheday) mit dem Hashtag #videooftheday, Instagood (@instagood) mit dem Hashtag #instagood oder #featuremeinstagood, der Instagrammer Josh Johnson (@joshjohnson) mit dem Hashtag #jj und All Shots (@all_shots) mit dem Hashtag #allshots_.

Nutzer, die ihr Foto oder Video beispielsweise mit dem Hashtag #featuremeinstagood markieren, haben so eine Chance, über den Instagood-Account promotet zu werden. Bei knapp 870.000 Abonnenten ist eine Promotion via Instagood für die Nutzer extrem attraktiv, um die eigene Sichtbarkeit in der Community deutlich zu erhöhen. Allerdings ist die Wahrscheinlichkeit einer Promotion aufgrund der Masse an Fotos und Videos, die täglich mit #instagood oder #featuremeinstagood versehen werden, eher gering.

Neben den großen Wettbewerbs-Accounts gibt es eine Reihe kleinerer hochwertiger Communitys, wie beispielsweise IGMASTERS (@igmasters), Royal Snapping Artists (@royalsnappingartists), Shot Award (@shotaward), Master Shots (@master_shots), The_Visionaries (@the_visionaries), IG_Shotz (@ig_shotz), Capture Today (@capture_today) und viele mehr, die regelmäßig Wettbewerbe zu bestimmten Themen unter ihren Followern ausrufen. Abgesehen vom Spaß, den die Teilnahme an solchen Wettbewerben bringt, ist die Chance, über kleinere Accounts promotet zu werden, schon größer. Voraussetzung ist jedoch in jedem Fall ein selbst erstelltes hochwertiges Bild oder Video. Neben der Promotion als Gewinner des Wettbewerbs darf sich der Nutzer in der Regel noch als Mitglied bzw. Member der jeweiligen Community bezeichnen und dies in seine Biografie aufnehmen.

Daneben veranstalten immer mehr Marken Foto- und Video-Wettbewerbe (siehe dazu auch Abschnitt 4.11 »Durchführung von Wettbewerben und Gewinnspielen«).

5.2.11 Challenges

Ein fantastisches Mittel, Ihre Reichweite und Sichtbarkeit auf Instagram zu erhöhen, kann die Durchführung einer sogenannten Challenge sein. Im Gegensatz zu einem klassischen Foto-Wettbewerb geht es hierbei jedoch nicht in erster Linie um die Kür des besten Fotos oder Videos, sondern darum, Ihrer Community die Möglichkeit zu geben, sich untereinander kennenzulernen und sich auch ihrerseits einem größeren Publikum zu zeigen.

Zu diesem Zweck geben Sie ein bestimmtes Thema inklusive einem oder mehreren spezifischen Hashtags vor, unter denen Ihre Community-Mitglieder sowie alle diejenigen, die sich für Ihr Thema interessieren, in einem bestimmten Zeitraum einen Beitrag (gerne inklusive Markierung Ihres Accounts) veröffentlichen sollen. Mit Hilfe der Hashtags finden nicht nur Sie die Beiträge der Teilnehmer wieder, sondern auch die Teilnehmer untereinander. Um die Reichweite der Challenge zu erhöhen, bietet es sich an, die Teilnehmer zudem zu bitten, auch andere Interessierte auf die Challenge aufmerksam zu machen.

Ein sehr schönes Beispiel dazu liefert die Designerin Lilli Grewe, die unter dem Label »kitschcanmakeyourich« (@kitschcanmakeyourich) ausgefallene Wohnaccessoires verkauft. Sie startete bereits im November 2016 mit ihrer ersten »Instagram Interior Challenge« (#instagraminteriorchallenge) und lud ihre damals noch kleine Community dazu ein, jeden Tag ein Foto zu einer bestimmten Tagesaufgabe zu posten. (Siehe dazu Abbildung 5.2) Auf diese Weise wurden bei dieser initialen Challenge bereits über 7.000 Beiträge aus der Community mit dem Hashtag #instagraminteriorchallenge veröffentlicht. Im April 2019 endete die bereits 6. Challenge mit insgesamt über 38.000 Beiträgen.

Lilli promotete dabei jeden Tag, eine durch ein Community-Mitglied zusammengestellte Auswahl an favorisierten Beiträgen auf ihrem Account und markierte die entsprechenden Teilnehmer in ihrem Post. Inzwischen ist die Challenge eine feste Größe innerhalb der deutschsprachigen Interior-begeisterten Zielgruppe auf Instagram geworden. Stand heute sind über 146.000 Beiträge mit dem Hashtag #instagraminteriorchallenge veröffentlicht worden.

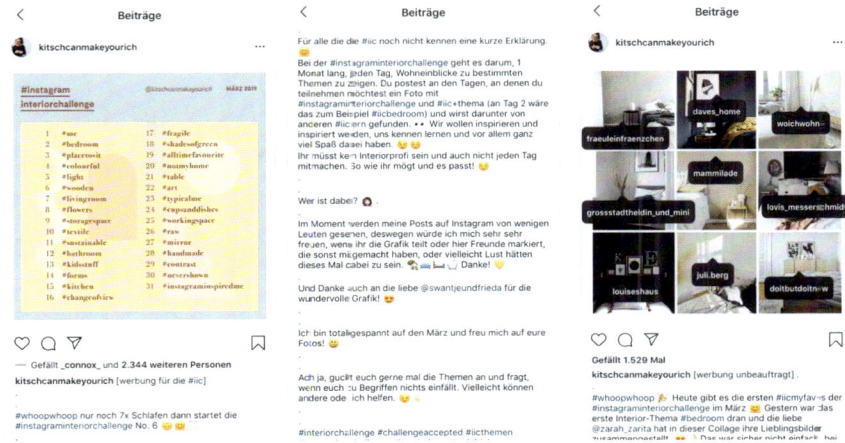

Abb. 5.2: *Ankündigungspost für die Instram Interior Challenge im April 2019 sowie Collage ausgewählter Teilnehmer-Posts*

5.2.12 Shoutouts

Eine beliebte Variante, neue Abonnenten zu gewinnen, ist ein Shoutout durch einen anderen Nutzer, der hinsichtlich seiner Reichweite auf Instagram ähnlich stark aufgestellt ist wie Sie. »Shoutout« bedeutet dabei so viel wie »Ausruf«. Dabei postet der Nutzer, zum Beispiel ein Unternehmen, das ein komplementäres Produktangebot zu Ihrem anbietet, einen Screenshot Ihres Profils oder auch eines einzelnen Fotos mit dem Verweis auf Ihren @Nutzernamen und der Bitte an seine Community, Ihnen zu folgen. Im Gegenzug promoten Sie das Unternehmen auf die gleiche Weise in Ihrem Account. Nutzer, die zu einem gegenseitigen Shoutout bereit sind, markieren ihre Beiträge mit den Hashtags #shoutout, #shoutoutforshoutout, #s4s und Ähnlichem mehr. Allerdings verbergen sich hier in der Regel keine qualitativen Accounts. Aus Unternehmenssicht macht es Sinn, zu Ihren potenziellen Shoutout-Partnern schon frühzeitig eine Beziehung aufzubauen, indem Sie ihnen von Anfang an folgen, ihre Beiträge wertschätzen und sich zu gegebenem Zeitpunkt persönlich mit ihnen austauschen.

Eine weitere Möglichkeit, Shoutouts für den Auf- und Ausbau Ihrer Community zu nutzen, ist das regelmäßige Hervorheben der Beiträge Ihrer Community-Mitglieder über Ihre Stories. Das zeigt Wertschätzung gegenüber Ihrer Community und fördert die Bindung zu Ihrem Unternehmen, Ihrer Marke und den Community-Mitgliedern untereinander.

Das bereits in Kapitel 4 erwähnte Kunst-Startup Juniqe lässt seine Community wie in Abbildung 5.3 durch Community-Mitglieder inspirieren und schafft damit für alle Seiten einen Mehrwert.

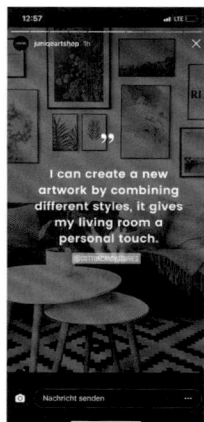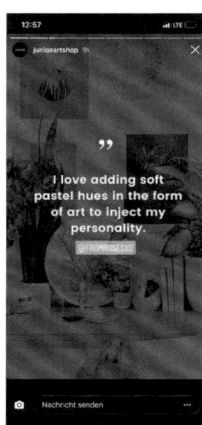

Abb. 5.3: Auszug aus einer Instagram-Story von Juniqe, in der Beiträge von Community-Mitgliedern promotet werden.

5.2.13 Promotion durch Instagram

Instagram selbst hat den größten Account auf seiner sozialen Plattform und zählt inzwischen über 225 Millionen Abonnenten, was fast einem Drittel seiner gesamten Mitglieder entspricht. Um die Nutzer zu involvieren, werden über diesen Account und das damit verbundene frei zugängliche Instagram-Blog sowie den Instagram-Account (@instagram) regelmäßig Hashtag-Projekte ausgerufen, an denen sich Nutzer weltweit beteiligen können. So gibt es beispielsweise jedes Wochenende das »Weekend Hashtag Project« (WHP), bei dem die Community aufgerufen wird, Fotos oder Videos zu einem kreativen Motto zu machen. Beispiele hierfür sind die Projekte »Hand in Hand« (#WHPhandinhand) oder »Appreciate Earth« (#WHPappreciateEarth) oder auch »3 x 5« (#WHP3x5), bei dem die User ein 15-sekündiges Instagram-Video, bestehend aus drei 5-sekündigen Filmsequenzen drehen sollten. Beiträge, die mit dem speziellen Projekt-Hashtag versehen sind, werden von Instagram gesichtet und anschließend neun der besten Fotografen promotet. Wer zu diesen Auserwählten zählt, kann sich über zusätzliche sechs- bis siebenstellige Abonnentenzahlen freuen.

Darüber hinaus stellt Instagram in sogenannten »User Features« Nutzer der Community, ihren spezifischen Foto- oder Videostil oder einzelne Projekte vor. Die Auswahl der Nutzer erfolgt durch das Instagram-Team und ist für den betreffenden Instagrammer eine glückliche Überraschung.

Mit @instagramde hat Instagram einen offiziellen deutschsprachigen Account etabliert, um die »schönsten Instagram-Momente aus Deutschland, Österreich, der Schweiz und weltweit zu teilen«. Neben deutschsprachigen Informationen zu den aktuellen weltweiten Hashtag-Projekten, der Vorstellung spannender Instagrammer, Updates zur Instagram-App oder anstehenden Events gibt es hier zusätzlich monatliche Deutsche

Hashtag-Projekte (DHP), wie #diewocheaufinstagram, über das der schönste Foto- oder Videobeitrag der Woche gekürt wird, #freitagfluff mit einem obligatorischen Foto- oder Videobeitrag eines kuscheligen Haustiers oder auch #DHPporträt, das besonders kreative Porträts hervorhebt.

5.2.14 Die »Suggested User List«

Eine in Community-Kreisen sehr bekannte und von vielen Influencern angestrebte Möglichkeit, mehr Aufmerksamkeit für die eigenen Fotos und Videos nicht nur von anderen Instagrammern, sondern auch werbetreibenden Unternehmen zu generieren, ist die Promotion als »Suggested User« bzw. vorgeschlagener Instagrammer. Die Instagram-Redaktion kuratiert dabei eigenhändig Instagram-Accounts, deren Fotos und Videos »eine einzigartige Sichtweise zu Instagram« beitragen und damit für die Community inspirierend sind.

Die ca. 70 ausgewählten Instagram-Accounts werden dabei in eine Liste, die sogenannte »Suggested User List«, aufgenommen und regelmäßig, das heißt etwa alle zwei Wochen, gegen neue Accounts ausgetauscht. Ein wechselnder Auszug dieser Liste erscheint in der SUCHE UND ERFORSCHEN-Ansicht sämtlicher Instagram-Mitglieder unter der Option ENTDECKE PERSONEN sowie bei jedem neu angemeldeten Community-Mitglied unter dem Punkt EMPFOHLEN VON INSTAGRAM. Das entspricht einer enormen Reichweite.

Neben originellen, hochwertigen Fotos und Videos ist auch eine hohe Aktivität innerhalb der Community für die Promotion als »Suggested User« ausschlaggebend. Dazu zählt sowohl eine hohe soziale Interaktion, beispielsweise das häufige Kommentieren von Beiträgen anderer User als auch die Teilnahme an den zuvor erwähnten Hashtag-Projekten oder die Organisation von InstaMeets, die im nachfolgenden Abschnitt näher erläutert werden.

Ein ausgewählter Nutzer erfährt von seiner Wahl über eine persönliche Nachricht der Instagram-Redaktion in seinen Direkt-Nachrichten und von einem schlagartigen Anstieg seiner Follower und Likes. Aus einigen Hundert Followern werden auf diese Weise schnell Tausende.

5.2.15 Werbung auf Instagram schalten

Sobald Sie Instagram mit einem Unternehmensprofil nutzen, können Sie einzelne Posts analog zu Facebook-Posts auch gegen Geld hervorheben und damit weiteren Nutzern auf Instagram zugänglich machen. Eine noch effektivere Variante, die richtigen Nutzer auf Ihre Inhalte via Werbung aufmerksam zu machen, wäre jedoch die Anzeigenschaltung über den Facebook-Ad-Manager, über den Sie gezielt Kampagnen aufsetzen können. (Detaillierte Informationen zu Werbeschaltungen auf Instagram finden Sie in Kapitel 7.)

5.2.16   Die Instagram-Community in der realen Welt

Eine Besonderheit der Instagram-Community sind die selbst organisierten persönlichen Treffen der Instagrammer in der realen Welt. Diese sogenannten »InstaMeets« dienen dem gemeinsamen ungezwungenen Austausch und dem Aufbau eines persönlichen Netzwerks unter Gleichgesinnten. Oftmals sind die Treffen mit einem InstaWalk verbunden. Ein InstaWalk ist ein gemeinsamer Spaziergang durch die Stadt oder die Natur, bei dem die Instagrammer gemeinsam interessante Motive und Momente festhalten und mit einem zuvor definierten Hashtag, zum Beispiel #instameetdortmund oder #hhandbmeethannover versehen. Am Ende entsteht auf Instagram ein Mosaik von Fotos und Videos des Spaziergangs aus den unterschiedlichsten Perspektiven und ein reger Austausch unter den Teilnehmern. Die lokalen Communitys organisieren sich dabei unter anderem über die Plattform meetup, unter *www.meetup.com/instagram*, direkt über Instagram oder über Facebook-Gruppen. Dabei kann jeder Instagrammer ein InstaMeet oder einen InstaWalk an einem fotogenen Ort vorschlagen. Unternehmen sind willkommene Sponsoren dieser Treffen und könne diese ihrerseits für mehr Sichtbarkeit in der Community nutzen.

Instagramers

Eine bedeutende Rolle bei der Organisation lokaler Communitys fällt den Instagramers (@igers, *www.instagramers.com*) zu. Instagramers war die erste weltweite Instagram-Community für passionierte Nutzer innerhalb der großen Instagram-Gemeinschaft mit der Mission, Instagrammer vor Ort zusammenzubringen. Zu diesem Zweck unterstützte Instagramers tatkräftig die Bildung lokaler Communitys, die unter dem Namen und Logo der Instagramers auftreten.

Inzwischen hat sich daraus ein weltumspannendes Netzwerk von 330 teilnehmenden Städten und Regionen entwickelt. So gibt es die »Instagramers Hamburg« (@igershamburg), die »Instagramers New York City« (@igersnewyorkcity) oder auch die »Instagramers Peru« (@igersperu), die alle unter dem Logo der Instagramers auftreten. Die Manager dieser Sub-Communitys, auch ManIger genannt, organisieren regelmäßig, das heißt mindestens einmal im Monat, InstaMeets, Foto-Wettbewerbe und Insta-Walks. In Deutschland ist Instagramers in elf Städten und Regionen vertreten. Dazu zählen Berlin, Bremen, Köln, Frankfurt, Freiburg, Hamburg, Karlsruhe, Mannheim, München, die Pfalz und Stuttgart. Fast jede lokale Instagramers-Community hat neben einem Instagram-Account auch eine eigene Facebook-Seite, über die auf anstehende Wettbewerbe, InstaMeets und InstaWalks hingewiesen wird.

Weltweite InstaMeets

Zu den Highlights der Community-Treffen zählt das von Instagram initiierte »Worldwide InstaMeet«, das mehrmals im Jahr zeitgleich auf der ganzen Welt in mehreren Hundert

Städten und Regionen stattfindet und das Tausende Instagrammer anzieht. Die Daten, das Motto sowie das Hashtag für das nächste Treffen, beispielsweise #WWIM12 für das 12. weltweite InstaMeet, werden dabei über das Instagram-Blog oder den Instagram-Account (@instagram sowie @instagramde) veröffentlicht. Die weitere Organisation der Treffen vor Ort übernehmen in der Regel die zuvor schon erwähnten Community-Manager der regionalen Instagram-Communitys oder auch einzelne Influencer.

Persönliche Treffen und Freundschaften

Darüber hinaus treffen Instagrammer aus aller Welt auch in kleinen Gruppen gerne aufeinander, um gemeinsam auf Entdeckungstour zu gehen und zu fotografieren. Sehr oft entstehen dabei neue inspirierende Freundschaften in der realen Welt, was Instagram im Vergleich zu anderen Netzwerken besonders macht. Auf diese Weise ist beispielsweise die #Hansegang, bestehend aus vier sehr talentierten deutschen Influencern, entstanden.

5.2.17   Community-Regeln

Die positive und kreative Atmosphäre in der Instagram-Community beruht auf einem Fundament aus inoffiziellen und offiziellen Regeln. Letztere sind beispielsweise in den Gemeinschaftsregeln von Instagram festgelegt, während andere zu den »ungeschriebenen Gesetzen« der Community zählen. Im Folgenden finden Sie einige wichtige Hinweise zu beiden Kategorien.

Eigene Fotos und Videos posten

Zu den wichtigsten Community-Regeln zählt, dass Sie auf Instagram ausschließlich Ihre eigenen Fotos und Videos posten Über die Nutzungsbedingungen von Instagram ist geregelt, dass Sie die alleinigen Rechte an Ihren Fotos und Videos besitzen, auch wenn Sie sie öffentlich auf Instagram teilen. Instagram wird über eine »nicht-exklusive, vollständig bezahlte und gebührenfreie, übertragbare, unterlizenzierbare, weltweite Lizenz« ein Nutzungsrecht an Ihren Bildern eingeräumt, um die App überhaupt betreiben zu können. Nutzer, die fremde Bilder oder Videos ungefragt verwenden, verstoßen damit gegen das Urheberrecht und zudem gegen die Instagram-Etikette.

Diese wichtige Regel ist einigen Nutzern auf Instagram teilweise nicht bewusst. Das klassische Retweeten fremder Beiträge auf Twitter, das Repinnen auf Pinterest, Rebloggen auf Tumblr oder auch das gängige Teilen von Inhalten auf Facebook verleitet Nutzer auch auf Instagram dazu, Fotos aus dem Internet oder von anderen Instagrammern zu posten. Häufig gar nicht in böser Absicht, sondern aus Unwissenheit. Sofern Sie einen Urheberrechtsverstoß dieser Art feststellen und sich der Nutzer nicht auf bilateralem Wege dazu bewegen lässt, den betreffenden Inhalt zu löschen, kann der Verstoß über ein Formular im Instagram-Hilfebereich gemeldet werden.

Fotos anderer Instagrammer bearbeiten und teilen

Besonders Künstler und Fotografen, aber auch Marken auf Instagram sind häufig davon betroffen, dass ihre Werke ohne ihre Zustimmung oder Nennung ihres Namens auf fremden Profilen entweder im Original oder auch verändert weiterverbreitet werden. Einige unter ihnen bieten der Community deshalb entweder unter dem Link in ihrer Biografie oder auch über ein spezielles Hashtag Zugang zu ausgewählten Fotoarbeiten an. Diese können dort von Nutzern heruntergeladen, weiterbearbeitet und unter Nennung des Künstler- oder Fotografennamens gepostet werden.

Fotos reposten und »regramen«

Dass es ein Wunsch eines Teils der Instagram-Community ist, ihre Lieblingsfotos- oder videos anderer Instagrammer über ihr eigenes Profil zu posten sowie zusätzlich bearbeiten zu können, zeigen beliebte Apps wie Repost for Instagram (Android) oder Repost & Regram (iOS).

Die Apps funktionieren über die Instagram-API und greifen auf die Grundfunktionalitäten der Instagram-App zu. Auf diese Weise können Sie Fotos aus Ihrem Homefeed oder aus Ihren »Gefällt mir«-Angaben auswählen und auf REPOST tippen. Das Foto oder Video wird jetzt mit einem schmalen halbtransparenten Rand versehen, in dem der Urheber des Fotos oder Videos erscheint. Im nächsten Schritt haben Sie die Möglichkeit, das Foto auf Instagram hochzuladen, zu bearbeiten und zu teilen. Im Falle von Repost & Regram können Sie Ihren Repost auch noch über diverse weitere fotoverarbeitende Apps, die auf Ihrem Handy installiert sind, wie zum Beispiel WhatsApp, Flipboard oder Tumblr teilen.

Zur Instagram-Etikette zählt es in jedem Fall, den Urheber in einem Kommentar zu Ihrem Repost zu markieren und dankend zu erwähnen, da er sonst keine Kenntnis davon erlangt. Noch besser wäre es allerdings, ihn zuvor um Erlaubnis zu bitten, da die Nutzungsbedingungen von Instagram zum jetzigen Zeitpunkt nicht das Reposten von Fotos oder Videos vorsehen und Sie gegebenenfalls eine Urheberrechtsverletzung trotz namentlicher Nennung des Fotografen begehen.

Weiterhin sollten Sie Reposts dieser Art nur äußerst dosiert einsetzen, da der Großteil der Community-Mitglieder Instagram als Plattform für eigene kreative Schöpfungen nutzt und versteht.

Tonalität

Ein weiterer bedeutender Aspekt der Instagram-Etikette ist das höfliche Miteinander in der Community. Bislang konnte sich die Gemeinschaft den wertschätzenden freundlichen Umgang untereinander bewahren. Negative oder gar beleidigende Kommentare sind nicht gern gesehen, verstoßen gegen die »Gemeinschaftsrichtlinien« und werden in der Regel von anderen Nutzern sofort als unpassend kommentiert. Auch werbliche

Kommentare, die den eigenen Account oder eine Website promoten, sind unter fremden Fotos und Videos tabu und können als Spam gemeldet werden.

Authentizität, Humor und Menschlichkeit

Wichtigste Regeln in der Instagram-Community und Teil der »Instagram-DNA« sind die Attribute Authentizität, Humor und Menschlichkeit, die sich in den Beiträgen der Instagrammer und ihrem Umgang untereinander ausdrücken. Das bedeutet konkret: sich selbst nicht zu ernst zu nehmen, einfach so zu sein, wie man ist, eigene und fremde Beiträge mit humoristischen und gleichzeitig wohlwollenden Kommentaren zu versehen, sich nicht zu sehr »den Kopf zu zerbrechen«, wie ein Kommentar oder ein Beitrag ankommt, niemanden auszuschließen und sich gegenseitig zu stärken.

Grenzwertige Inhalte

Instagram verfolgt strikt die Einhaltung seiner Nutzungsbedingungen. Darunter fällt auch das Verbot »Nacktfotos oder Fotos und Videos mit Erwachseneninhalten« auf Instagram zu teilen, selbst wenn diese der ästhetischen Anmutung der Beiträge dienen. Dabei ist es nicht immer einfach, zu entscheiden, ab wann ein Foto oder Video, abgesehen von nackten Tatsachen, einen klassischen Erwachseneninhalt wiedergibt. Instagram gibt als Gradmesser dafür an, ob Sie den betreffenden Inhalt auch ruhigen Gewissens Ihrem eigenen Kind, Ihrem Chef oder Ihren Eltern zeigen würden.

Sobald Inhalte dieser Art durch das Instagram-Team aufgespürt werden, wird der betreffende Beitrag gelöscht oder im Falle des wiederholten Teilens verbotener Inhalte der Account gesperrt. Der Dienst macht dabei auch nicht vor Stars halt. Eines der beliebtesten Instagram-Profile ist das des Superstars Rihanna (@badgalriri). Diese hatte Magazin-Fotos, auf denen sie nackt zu sehen war, in ihrem Instagram-Account gepostet und sich geweigert, sie zu entfernen, was schließlich zu einer Löschung der Fotos durch Instagram führte. In der Konsequenz deaktivierte Rihanna ihr Profil trotz mehrerer Millionen Follower, kehrte nach einer Instagram-Abstinenz von einigen Monaten jedoch wieder zurück.

Nutzer blockieren und Inhalte melden

Wenn Sie sich durch andere Nutzer gestört fühlen, entweder durch Kommentare oder deren Beiträge, haben Sie die Möglichkeit, die Person zu blockieren oder einzelne Beiträge zu melden.

Um einen Nutzer zu blockieren, gehen Sie auf dessen Profilseite und tippen oben rechts auf der Seite die drei Punkte an. Es erscheint ein Menü, aus dem Sie die Optionen PERSON BLOCKIEREN ODER MELDEN auswählen können. Sobald Sie einen Nutzer blockieren, kann dieser weder nach Ihrem Profil suchen, noch Ihnen eine Kontaktanfrage senden, Ihre Beiträge sehen oder mit Ihnen interagieren, wird jedoch nicht darüber benachrichtigt. Sofern Sie einen Nutzer melden, wird dessen Profil auf die Einhaltung der Community-Richtlinien sowie der Nutzungsbedingungen von Instagram hin untersucht.

Um einen einzelnen Beitrag zu melden, tippen Sie unterhalb des betreffenden Fotos oder Videos auf die drei Punkte und wählen aus dem daraufhin erscheinenden Menü MELDEN aus. Es erscheint ein weiteres Menü, mit dessen Hilfe Sie beschreiben können, warum Sie den betreffenden Inhalt melden wollen, etwa weil es sich um Spam, Betrug oder gar einen gefährlichen Inhalt für Personen auf Instagram handelt. Letzteres beinhaltet insbesondere den Verdacht auf Selbstmord oder Selbstverletzung eines Nutzers.

Kapitel 6

Influencer-Marketing

Influencer-Marketing gilt im Zeitalter der digitalen Transformation der Medien und des sich verändernden Mediennutzungsverhaltens der Menschen weltweit als eine der erfolgversprechendsten Marketing-Strategien. Und auch in Deutschland gewinnt die Zusammenarbeit mit Meinungsführern, insbesondere via Social Media, zunehmend an Relevanz.

Laut einer Umfrage des BVDW im November 2018 unter Corporate-Marketing-, Marketing-, Sales- und PR-Mitarbeitern nutzen schon 59 der Befragten Influencer-Marketing, weitere 24 Prozent überlegen, dies zu tun.. Ein Fünftel der Unternehmen plant dabei bereits mehr als zehn Influencer-Kampagnen pro Jahr und das vorrangig mit dem Ziel, mehr Aufmerksamkeit in relevanten Zielgruppen zu erzielen. Zwölf Prozent der befragten Unternehmen verfügen bereits über ein sechsstelliges Jahresbudget für Influencer-Marketing von 100.000 Euro und mehr.

Einer Prognose des Research- und Beratungsunternehmens Goldbach zufolge, soll das Marktvolumen für Influencer-Marketing in der DACH-Region jährlich um 20 Prozent wachsen und in 2020 990 Millionen Euro erreichen.

Instagram bildet dabei aus Marketingsicht einen äußerst attraktiven Kanal. Doch in dem Maße, in dem das Interesse der Unternehmen an einer Zusammenarbeit mit möglichst reichweitenstarken Influencern auf Instagram gestiegen ist, hat sich auch der Einsatz unlauterer Methoden zur Reichweitensteigerung bei einem Teil der Influencer-Szene etabliert (siehe dazu Abschnitt 5.2.6 »Like-Bots«). Dementsprechend ist Marketing mit Meinungsmachern speziell auf Instagram zwischenzeitlich in die Kritik geraten.

Mit der Weiterentwicklung des Marktes, den zunehmenden Erfahrungen der Unternehmen mit Influencer-Marketing und der Anwendung differenzierterer Auswahlkriterien abseits von reinen Follower-Zahlen wird sich Influencer-Marketing jedoch fest in den Marketing-Mix integrieren.

Die folgenden Ausführungen sollen Ihnen deshalb dabei helfen, einen umfassenden Einstieg in Influencer-Marketing speziell auf Instagram zu finden und dabei eine Vielzahl von Anregungen für Ihre eigene Influencer-Marketing-Strategie zu generieren.

Dabei erfahren Sie unter anderem, auf welche Weise Unternehmen bereits erfolgreich mit Influencern auf Instagram kooperieren, wie Sie selbst die richtigen Influencer finden und wie Sie eine Zusammenarbeit mit ihnen planvoll angehen, umsetzen und anschließend bewerten können.

6.1   Relevanz von Influencer-Marketing auf Instagram

Instagram hat sich neben YouTube zur beliebtesten Social-Media-Plattform für Influencer-Marketing etabliert. Laut der Marktstudie Influencer Marketing für die DACH-Region von Goldmedia hat Instagram im Hinblick auf die Influencer-Erlöse sogar noch eine leicht höhere Relevanz als YouTube.

Relevanz Social Media-Plattformen nach Influencer-Erlösen durch gesponserte Posts (DACH, 2017e*)

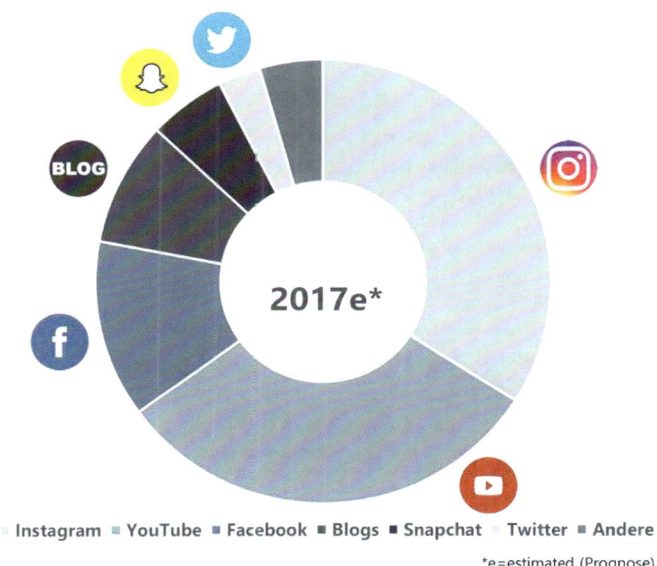

Instagram ■ YouTube ■ Facebook ■ Blogs ■ Snapchat ■ Twitter ■ Andere

*e=estimated (Prognose)

Abb. 6.1: *Instagram und YouTube – wichtigste Plattformen für Influencer, © Goldmedia*

Die Gründe für das steigende Interesse an Influencer-Marketing im Allgemeinen und auf Instagram im Besonderen sind einleuchtend.

Sichtbarkeit und Relevanz in der Aufmerksamkeitsökonomie

Wie schon in Kapitel 1 beschrieben, sind wir mit dem Dilemma der Aufmerksamkeitsökonomie konfrontiert. Ein Großteil der Aufmerksamkeit der Menschen richtet sich inzwischen auf ihr Smartphone und hier wiederum auf Social-Media-Kanäle, wie Facebook, Instagram oder YouTube. Jede fünfte auf dem Smartphone verbrachte Minute Mediennutzungszeit entfällt mittlerweile auf Facebook oder Instagram (Quelle: Facebook).

Während Markenbotschaften auf klassische Weise immer seltener zu ihren Zielgruppen vordringen, fungieren Influencer in Social-Media-Kanälen wie Leuchttürme, an denen sich Konsumenten orientieren. Aufgrund ihrer Authentizität und ihrer hohen Glaubwürdigkeit werden ihre Inhalte und Botschaften im Gegensatz zu anderen gelesen, angesehen oder gehört und als relevant empfunden.

Menschen präferieren im Zeitalter von Social Media zudem den Dialog mit echten Menschen, denen sie sich dank deren ständiger Verfügbarkeit in sozialen Netzwerken und den damit verbundenen Interaktionsmöglichkeiten nahe fühlen. Sie können sich mit ihrer Lebenswelt identifizieren und nehmen sie als bereichernden Teil ihres digitalen Lebensraumes wahr. Laut Instagram ist die Interaktion mit Influencern bzw. »Creators« – eine neue durch Instagram forcierte Terminologie für »Influencer« – für 68 Prozent der Instagrammer der Hauptgrund, die Plattform zu nutzen.

Mit Influencern können Sie Ihr Unternehmen und Ihre Marke somit wirksam in das Wahrnehmungsfeld Ihrer potenziellen Kunden rücken.

Umgehen von realen (und mentalen) AdBlockern

Die Akzeptanz von störender Unterbrecherwerbung sinkt hingegen weiter. Damit einher geht die anhaltende Verwendung von AdBlockern. Laut einer Online-Umfrage der Unternehmensberatung PwC in 2018 unter deutschen Internetnutzern nutzten 23 Prozent der Befragten bei allen Browsern einen AdBlocker. Laut eMarketer soll sich dieser Anteil in 2019 auf 33,8 Prozent erhöhen. Mit Blick auf die steigende mobile Mediennutzung scheint die Lage hierzulande allerdings weniger kritisch. Laut dem irischen Werbeblocking-Spezialisten PageFair sind AdBlocker auf nur einem Prozent der mobilen Endgeräte in Deutschland installiert. Unabhängig davon existieren AdBlocker jedoch auch in den Köpfen der Nutzer. Sie blenden klassische Display-Werbung im wahrsten Sinne des Wortes zunehmend aus.

Zugang zu relevanten Zielgruppen

Influencer bieten aus Unternehmenssicht den unschätzbaren Vorteil, dass sie bereits mühsam eine für Sie relevante Zielgruppe aufgebaut haben. Sie müssen sich auf diese Weise nicht die Mühe machen, Ihre Zielgruppe in den Weiten des Netzes zu identifizieren, indem Sie zum Beispiel Kampagnen testen oder eine Marktforschung aufsetzen. Das spart eine Menge an zeitlichen als auch finanziellen Ressourcen.

Die Influencer-Community hat bereits ein grundsätzliches Interesse an den Produkten und Marken Ihrer Branche, nur gegebenenfalls noch nicht an Ihnen.

Mit Influencern schaffen Sie es, Konsumenten, die sich noch nicht für Ihr Unternehmen oder Ihre Marke interessieren, aber durchaus zu Ihrer Zielgruppe gehören, durch einen Menschen, dem sie vertrauen, zu adressieren und sie zu potenziellen Kunden zu machen.

Relevante Reichweite

Die Produktarchitektur von Instagram ist für das Wachstum von Meinungsführern und Multiplikatoren, insbesondere auch in Nischen, geradezu prädestiniert.

Mit

- ‣ seinem Twitter-ähnlichen einfachen **Follower-Mechanismus**,
- ‣ seiner **leistungsstarken Suche**,
- ‣ seinen vielseitigen **visuellen Storytelling-Tools**,

> ‣ seinen einfachen **Interaktionsmöglichkeiten**,
> ‣ der allgemein gebräuchlichen Verwendung von **Hashtags**
> ‣ und mithilfe des **Instagram-Algorithmus**, der Inhalte, mit denen die Community besonders schnell und intensiv interagiert, in das Sichtfeld der Nutzer bringt,

lässt sich via Instagram eine reichweitenstarke, involvierte und stetig wachsende Follo-werschaft, insbesondere auch in Nischen, aufbauen.

Mit ihren Communitys und mit der schon in Kapitel 1 beschriebenen hohen Nutzungs-frequenz der Instagrammer sind Influencer somit ein attraktiver Kanal für Sie, um schnell Reichweite für Ihre Markenbotschaft aufzubauen.

Glaubwürdigkeit, Authentizität und Vertrauen

Influencer zeichnen sich in der Wahrnehmung ihrer Follower aufgrund ihres authenti-schen und konsistenten Auftretens, das meistens schon über einen langen Zeitraum währt, durch eine hohe Vertrauenswürdigkeit aus. Durch ihre unverstellte direkte Spra-che, ihre tägliche Präsenz auf Instagram und ihre zum Teil freundschaftliche Verbun-denheit mit ihren Followern, die sich auch in Kommentaren oder Bildunterschriften ausdrückt, wird dieses Vertrauen noch verstärkt. Influencer haben damit das, wofür Unternehmen und deren Marken oftmals Jahre benötigen – das Vertrauen der Men-schen. Für Sie als Unternehmen bedeutet das, dass Sie mit einer Empfehlung durch einen Influencer schnell Vertrauen zu Ihrem Unternehmen, Ihrer Marke oder Ihren Pro-dukten aufbauen können.

Laut der schon zu Beginn dieses Kapitels erwähnten Umfrage des BVDW werden »Mehr Authentizität« und eine »Verbesserung der Kommunikation mit einer Zielgruppe« als die größten Vorteile von Influencer-Marketing seitens der Unternehmen eingestuft.

Kunden mit einem höheren Lifetime Value

Unternehmen, die Influencer-Marketing schon seit längerer Zeit einsetzen, sind zudem überzeugt, dass die über Influencer-Marketing-Maßnahmen generierten Leads im Ver-gleich zu anderen Marketing-Disziplinen qualifizierter sind und mit höherer Wahr-scheinlichkeit in lebenslange Kundenbeziehungen mit einem höheren Deckungsbeitrag münden.

Content-Kreation

Influencer-Inhalte liefern darüber hinaus einen Mehrwert, sind unterhaltsam, lösen ein Problem oder inspirieren, denn Influencer kennen die Probleme und Bedürfnisse Ihrer Zielgruppe bereits. Influencer Content ist damit idealtypisch für Instagram und bildet somit auch einen großen Mehrwert für Ihr Instagram-Profil. Sie können über den Account von Influencern zudem eine Menge über Ihre Zielgruppe lernen und diese Learnings für Ihre eigene Content-Strategie und auch weit darüber hinaus anwenden.

Medien- und Storytelling-Kompetenz

Influencer verfügen in diesem Zusammenhang über ein ausgeprägtes Social-Media-Know-how und eine hohe Kompetenz in der Kreation von Inhalten, die insbesondere für das Smartphone und speziell für Instagram funktionieren. Davon können Sie profitieren.

Durch ihre tägliche Arbeit mit Instagram und allen weiteren gängigen Social-Media-Kanälen sind Influencer mit allen App-Funktionen und Content-Formaten vertraut und können Geschichten nicht nur authentisch erzählen, sondern auch technisch und visuell ansprechend auf der Plattform umsetzen. Darüber hinaus ist es für sie selbstverständlich, Inhalte sinnvoll mit einem Blog oder weiteren Social-Media-Kanälen zu verweben.

Differenzierung zum Wettbewerb

Die Zusammenarbeit mit Influencern kann Ihnen dabei helfen, Ihr Unternehmen oder Ihre Marke gegenüber Ihrer Konkurrenz durch kreative und smarte Inhalte zu differenzieren, insbesondere, wenn Ihnen die Mittel für breit angelegte Display-Advertising- oder SEA-Kampagnen fehlen. (Wenngleich das Zusammenspiel aller relevanten Disziplinen für Ihren langfristigen Erfolg elementar ist.)

Langlebige Partnerschaften mit großem Potenzial

Influencer-Marketing auf Instagram kann für Ihr Unternehmen auch langfristig gesehen großes Potenzial entfalten und beispielsweise in Produkt-Kollektionen, die Sie gemeinsam mit einem Influencer auf den Markt bringen, gemeinsamen Live-Events oder gar in einem Joint Venture münden.

6.2   Begriffsklärung und Abgrenzung

Als **Influencer** gelten in der Regel Personen, die aufgrund

- ▸ ihrer (wirklichen oder wahrgenommenen) sozialen **Autorität**,
- ▸ ihrer **Reputation**
- ▸ oder ihres meist über einen längeren Zeitraum erarbeiteten **Expertenstatus** zu einem bestimmten Thema,
- ▸ ihrer **Vertrauenswürdigkeit**
- ▸ und mit ihren **kommunikativen Fähigkeiten**
- ▸ auf **authentische** und **konsistente** Art und Weise
- ▸ als **Meinungsführer** und **Multiplikatoren**
- ▸ die **Meinungen** und das **(Kauf-)Verhalten** einer Zielgruppe **beeinflussen** können.

Influencer-Marketing ist (in seiner idealtypischen Form) eine Marketing-Disziplin,

‣ bei der Unternehmen gezielt **authentische Beziehungen** mit **Meinungsführern** und **Multiplikatoren**

‣ mit zumeist **reichweitenstarken Communitys**

‣ zur **beidseitigen Erreichung von Marketing- und Kommunikationszielen** eingehen.

‣ Influencer fungieren dabei als **Absender** in der Markenkommunikation

‣ und sollen im Idealfall eine **authentische Empfehlung** für eine Marke oder ein Produkt in ihrer Community aussprechen.

‣ Das Fundament von Influencer-Marketing ist also das klassische **Empfehlungs-marketing**.

‣ Unternehmen wollen auf diese Weise von der hohen **Glaubwürdigkeit** und dem damit verbundenen **Einfluss** der Influencer

‣ in einer für sie **relevanten Zielgruppe** profitieren

‣ und so die **Bekanntheit, Sympathie und Kaufbereitschaft** für ihre Marke oder ihre Produkte stärken

‣ und schließlich **Abverkäufe generieren** und **neue Kunden** gewinnen.

6.2.1   Macro- versus Micro-Influencer

Die Reichweite in Form von Followern eines Influencers ist für viele Unternehmen immer noch ein markantes Auswahlkriterium für die Zusammenarbeit mit Meinungs-führern.

Inzwischen hat sich diesbezüglich eine Differenzierung zwischen Macro- und Micro-Influencern etabliert.

Als Micro-Influencer gelten laut der in Münster beheimateten und auf Instagram spe-zialisierten Influencer-Research- und -Analytics-Plattform InfluencerDB Influencer mit einer Reichweite zwischen 5.000 und 25.000 Follower. Als Macro-Influencer werden gemeinhin Instagrammer mit mehreren Hunderttausend Followern betrachtet.

In die Gruppe der Macro-Influencer fallen auch die Star-Influencer, zu denen neben prominenten Schauspielern, Musikern, Models oder Sportlern auch Instagram-Stars wie Pamela Reif (@pamela_rf), Daniel Fuchs (@magicfox) oder andere Social-Media-Stars wie zum Beispiel die YouTuberin Bianca Heinecke »Bibi« (@bibisbeautypalace) zählen. Sie führen in der Regel Communitys von mindestens einer oder mehreren Mil-lionen Followern an.

Zwischen Macro- und Micro-Influencern liegt die »Power-Middle-Class« der Influencer, deren Accounts laut InfluencerDB 25.000 bis 100.000 Follower folgen. Im amerikani-schen Markt wird diese Gruppe auch zwischen 100.000 bis 200.000 Followern ange-siedelt.

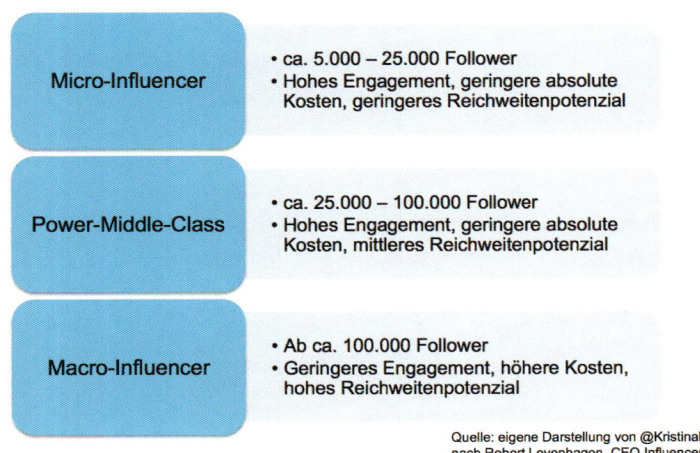

Quelle: eigene Darstellung von @KristinaKobilke
nach Robert Levenhagen, CEO InfluencerDB

Abb. 6.2: *Kategorisierung von Influencern, © Kristina Kobilke,
u.a. nach Robert Levenhagen, CEO Influencer DB*

Insbesondere Micro- und Power-Middle-Class-Influencer verfügen oftmals über eine aktive und loyale Community, die mit den Influencer-Inhalten stetig und intensiv in Form von Likes und Kommentaren interagiert.

Ein hohes Interaktionsniveau lässt aus Unternehmenssicht darauf schließen, dass ein Influencer auf Basis von relevanten Inhalten einen guten Draht zu seiner Community pflegt und damit auch Unternehmensinhalte, die über den Influencer veröffentlicht werden, von einem stärkeren Engagement profitieren. Das wiederum steigert die Chance, eine höhere Aufmerksamkeit für die Markenbotschaft innerhalb der Zielgruppe zu generieren.

Positiv dürfte sich in diesem Zusammenhang auch die Tatsache auswirken, das Micro- und Power-Middle-Influencer im Vergleich zu Social-Media-Stars deutlich seltener mit Marken zusammenarbeiten, was ihre sporadischen gesponserten Posts authentischer wirken lässt.

Ein hohes Engagement lässt allerdings keine konkreten Rückschlüsse auf den tatsächlichen Einfluss eines Influencers zu. Nicht jeder Instagrammer, der einen Influencer-Post likt oder kommentiert, kauft zum Beispiel auch das empfohlene Produkt. Und im Umkehrschluss hat nicht jeder, der ein empfohlenes Produkt gekauft hat, zuvor mit dem betreffenden Influencer-Post interagiert oder die Empfehlung bewusst wahrgenommen. Erst die Gegenüberstellung von zuordenbaren Abverkäufen kann hier ein klareres Bild liefern.

Ebenso ist eine hohe Reichweite eines Influencers noch kein Garant für den potenziellen Erfolg einer Zusammenarbeit. Denn je nach Zielsetzung eines Unternehmens lässt sich die Reichweite eines Influencers durchaus relativ betrachten. Ein Micro-Influencer kann zwar eine geringe Follower-Zahl aufweisen, dennoch aber eine hohe Durchdringung und einen hohen Einfluss innerhalb einer begrenzten Nischen-Zielgruppe generieren.

Ähnlich betrachtet kann ein Macro-Influencer zwar ein hohes Reichweiten-Potenzial durch eine große Community bieten. die gewünschte Nischen-Zielgruppe aber weder erreichen noch beeinflussen.

Als hinderlich kann sich in diesem Zusammenhang insbesondere bei Star-Influencern das sogenannte »Star-Syndrom« erweisen, bei dem das Interesse der Community mit zunehmender Popularität des Influencers mehr und mehr seiner Person gilt und weniger den von ihm empfohlenen Produkten. Davon gänzlich unberührt bleiben jedoch die eigenen Produkt-Kreationen der Star-Influencer, die sie gemeinsam mit Marken auf den Markt bringen und über Instagram und weitere Kanäle promoten. Laut InfluencerDB zählen der Produkt-Shop bilou (@mybilou) von Bibi sowie der Fan-Shop @dagishop von Dagi Bee beispielsweise zu den Top 10 der deutschen Retail-Marken auf Instagram.

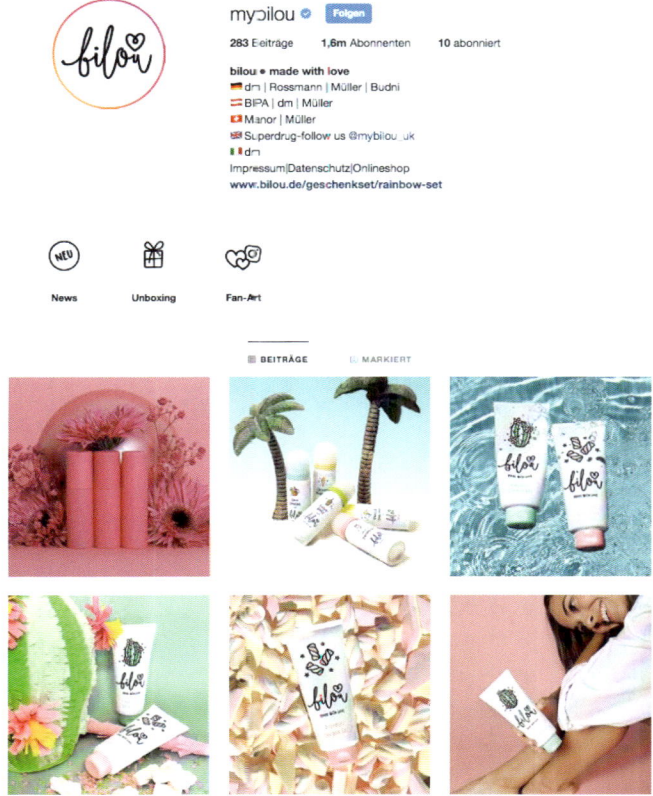

Abb. 6.3: *Webprofil-Ansicht des Produkt-Shops bilou (@bilou)*

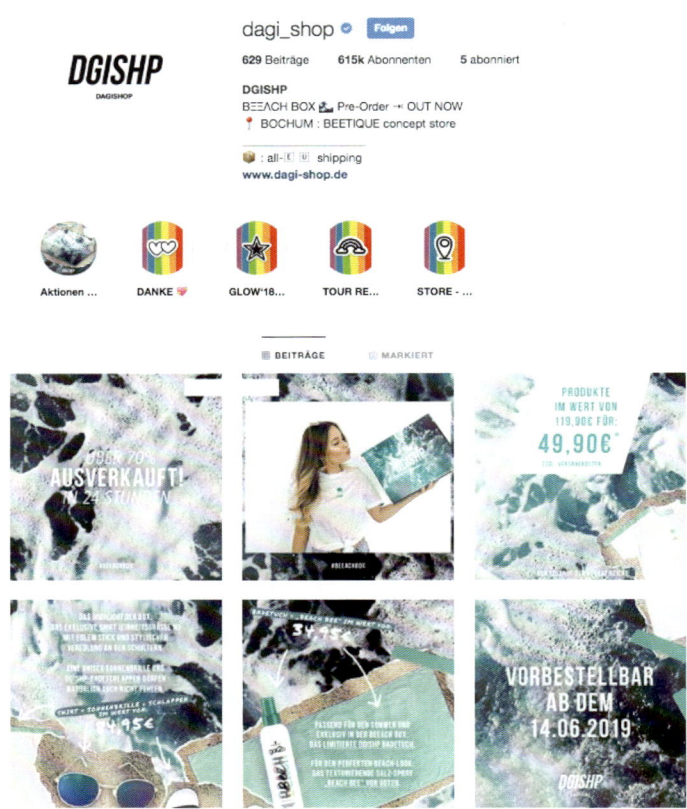

Abb. 6.4: *Webprofil-Ansicht des Fan-Shops @dagi_shop von Dagi Bee (@dagibee)*

Mit der stetigen Weiterentwicklung von Influencer-Marketing zeichnet sich inzwischen ein Trend ab, bei dem Unternehmen im Rahmen ihrer Influencer-Marketing-Strategie von einer Zusammenarbeit mit wenigen großen Influencern absehen und stattdessen für das gleiche Budget mit vielen »kleineren« Influencern zusammenarbeiten. In Summe können diese das Unternehmen durchaus erfolgreicher machen, da sie die für das Unternehmen relevante Zielgruppe effektiver erreichen können. Dies stützt auch die bereits erwähnte Umfrage des BVDW, wonach die überwiegende Mehrheit der befragten Unternehmen mit Micro-Influencern zusammenarbeitet.

Zudem können sich Unternehmen mithilfe von Micro-Influencern perspektivisch ein eigenes tragfähiges Influencer-Netzwerk aufbauen und gemeinsam mit diesem wachsen. Indem sie frühzeitig Micro-Influencer »besetzen«, schließen Unternehmen ihre

Konkurrenz aus. Zwar halten sich Influencer grundsätzlich alle Optionen offen und arbeiten kaum exklusiv mit einem Unternehmen zusammen, eine parallele oder zeitlich nah aufeinanderfolgende Zusammenarbeit mit der Konkurrenz wird jedoch als unprofessionell angesehen.

Wesentlicher Nachteil einer Micro-Influencer-Strategie ist jedoch, dass die Ansprache und Kooperation mit vielen Influencern mit einem deutlich höheren Aufwand verbunden ist.

6.2.2 Fach-Influencer versus Mainstream-Influencer

Zwei weitere Pole im Influencer-Ökosystem bilden die Fach-Influencer und die Mainstream-Influencer.

Fach-Influencer sind in der Regel einflussreiche und auf ihrem Fachgebiet hochengagierte Micro-Influencer, darunter eine Vielzahl von Journalisten, die zumeist ein Fach-Blog oder -Vlog betreiben und sich für Influencer-Marketing-Zwecke nur bedingt zur Verfügung stellen, es sei denn, sie sind ohnehin treue Anhänger einer Marke. Denn ihre Unabhängigkeit ist ihr höchstes Gut und ihre Reputation dementsprechend hoch. Ihr Ziel ist es in erster Linie, ihr Ansehen innerhalb ihrer Community zu untermauern. Sie ad hoc von einer Marke oder einem Produkt zu überzeugen, kann durchaus schwierig sein. Hier geht es vielmehr um den systematischen Aufbau und die kontinuierliche Pflege langfristiger Beziehungen, was auch als **Influencer Relations** bezeichnet wird und häufig in der PR angesiedelt ist. Das Wirkungsfeld von Influencer Relations bezieht sich jedoch nicht nur auf Fach-Influencer.

> ### Wichtig
>
> Influencer Relations sind inzwischen ein integraler Bestandteil aller Influencer-Marketing-Aktivitäten. Denn auch für die Anbahnung und das Gelingen temporärer Influencer-Marketing-Kampagnen, erst recht für die langfristig angelegte Zusammenarbeit mit Testimonials und Markenbotschaftern, ist eine gute Beziehung zwischen Influencern und Unternehmen unerlässlich.

Als **Mainstream-Influencer** gelten vornehmlich die bereits erwähnten reichweitenstarken Star-Influencer, die sich und ihre (Social-)Media-Kanäle eher als Medium verstehen, in denen Unternehmen gegen Mediabudget Werbung buchen können. Genau genommen handelt es sich hier nicht um Influencer-Marketing im herkömmlichen Sinne, bei dem ein Meinungsführer mit einem Unternehmen eine authentische Beziehung eingeht, sondern um eine klassische Werbebuchung bzw. **Influencer Advertising**. Influencer gewähren Unternehmen zur Promotion ihres Contents dabei lediglich einen temporären Zugang zu ihrer Community mit dem Ziel, ihre Media-Reichweite zu monetarisieren.

6.2.3   Content-Creator versus Multiplikator

Eine weitere Differenzierung von Influencern besteht in der Art ihrer Zusammenarbeit mit Unternehmen. Influencer kommen nicht nur als **Multiplikatoren** für die möglichst reichweitenstarke und wirksame Verbreitung einer Markenbotschaft zum Einsatz, sondern auch aufgrund ihrer kreativen visuellen Storytelling-Kompetenz als **Content-Creator** bzw. Content-Ersteller.

Ein Beispiel dafür bildet die Zusammenarbeit des Lebensmitteleinzelhändlers EDEKA mit den derzeit erfolgreichsten deutschen Food-Influencern Nora Eisermann und Laura Muthesius von Our Food Stories (@_foodstories_). Mit dem Duo aus Fotografin und Food-Stylistin, die mit ihrer ästhetischen und unverwechselbaren Bildsprache über eine Million Follower begeistern, hat EDEKA ein perfektes Kreativ-Team gefunden, das den Instagram-Account der Marke bespielt. Dabei bringen die Influencer die Bildsprache von EDEKA mit dem auf Instagram erfolgreichen #onthetable-Look perfekt zusammen.

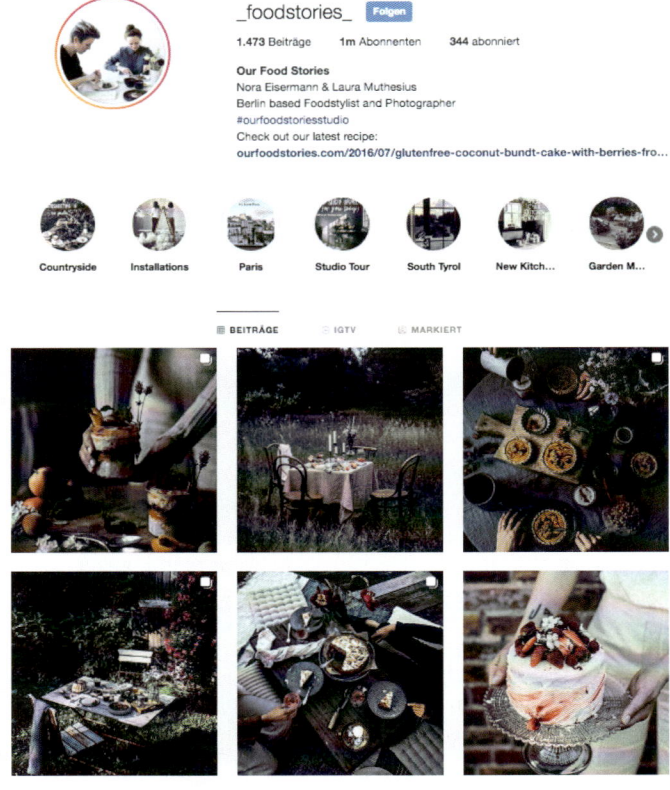

Abb. 6.5: *Webprofil-Ansicht von Our Food Stories (@_foodstories_)*

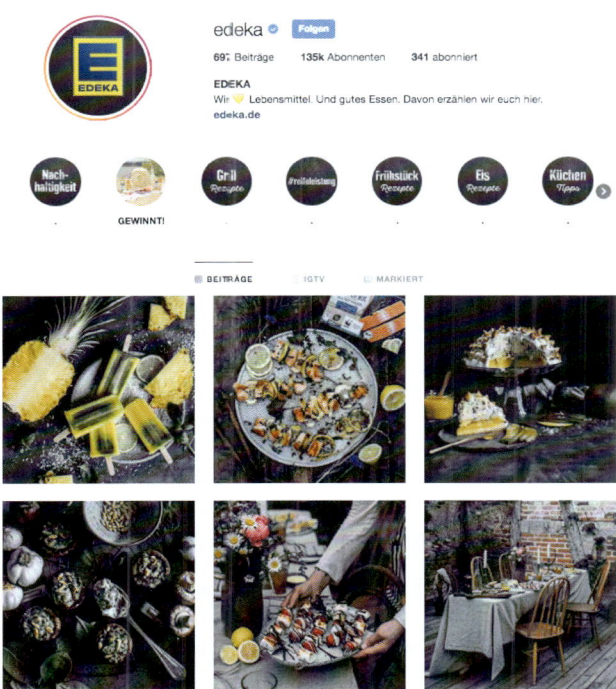

Abb. 6.6: *Webprofil-Ansicht von EDEKA (@edeka)*

Auch Mercedes Benz setzt auf die Zusammenarbeit mit Content-Creators. Dazu arbeitet das Unternehmen mit einem Netzwerk von »Marken-Freunden«, bestehend aus · 50 professionellen Fotografen und Influencern mit einer ausgewiesenen Auto-Expertise aus der ganzen Welt, zusammen. Entscheidend bei der Auswahl dieser Influencer ist je nach Art der Zusammenarbeit, neben ihrer Reichweite, sowohl ihre Kreativität als auch ihre Glaubwürdigkeit.

Zusammen mit den zahlreichen Markenfans auf der Plattform, die unter dem Hashtag #mbfanphoto authentischen User Content veröffentlichen sowie den Mitarbeitern und Markenbotschaftern, die einen Einblick in die Mercedes-Benz-Markenwelt geben können, kreieren sie 95 Prozent der Inhalte des Marken-Profils von Mercedes Benz (@mercedesbenz).

Der für Instagram erstellte Content wird anschließend auch für andere Instagram-Accounts, wie zum Beispiel @mercedesbenz_de, sowie weitere soziale Netzwerke amplifiziert. Diese Content-Strategie zahlt sich aus. Mercedes Benz Deutschland zählt hinsichtlich seiner Reichweite zu den Top-Ten-Marken auf Instagram. Unter dem Hashtag #mbfanphoto wurden inzwischen über 230.000 Beiträge auf der Plattform geteilt.

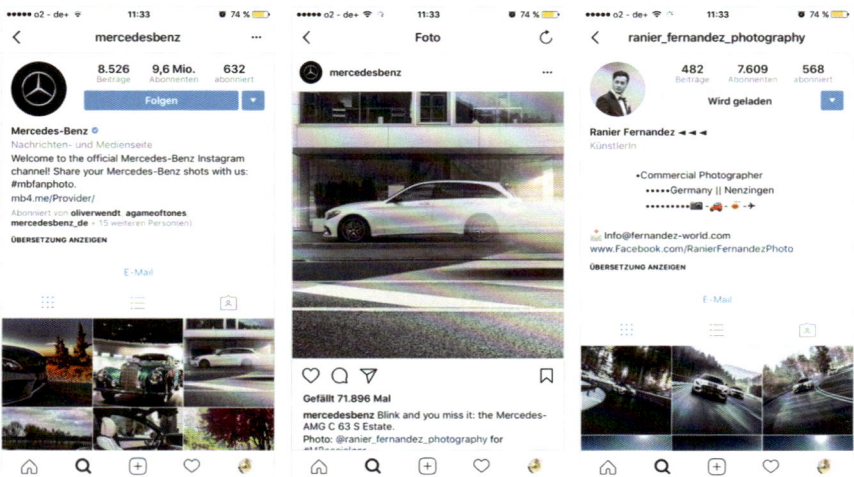

Abb. 6.7: *Beispiel von Mercedes-Benz für die Zusammenarbeit mit Content-Creators*

6.2.4   Brand Advocate versus Brand Ambassador

Wenngleich über die Differenzierung von Brand Advocates versus Brand Ambassadors in der Fachwelt noch Uneinigkeit besteht, lassen sich beide zum jetzigen Zeitpunkt wie folgt unterscheiden.

Brand Advocates sind freiwillige Markenbotschafter, die ohne explizite Aufforderung eines Unternehmens ihre Begeisterung für eine Marke oder ein Produkt aus einer ehrlichen und authentischen Motivation heraus (etwa, weil sie selbst Kunde sind und eine positive Erfahrung mit einer Marke oder einem Produkt gemacht haben) mit anderen teilen. Sie verfügen dabei nicht unbedingt über eine hohe Reichweite in Form einer großen Followerschaft in ihren Social-Media-Kanälen. Ihr großes Potenzial für Unternehmen liegt aber in ihrer hohen Glaubwürdigkeit.

Brand Ambassadors sind von Unternehmen gezielt eingesetzte und für ihre Arbeit in der Regel auch vergütete Markenbotschafter, die ihrer Community die Vorzüge einer Marke oder eines Produkts näherbringen sollen. Brand Ambassadors können dabei natürlich auch gleichzeitig Brand Advocates und reichweitenstarke Influencer sein. Zwischen Unternehmen und Markenbotschafter besteht im Gegensatz zu einem Brand Advocate jedoch eine professionelle Beziehung.

6.3   Formen von Influencer-Marketing auf Instagram

Die Zusammenarbeit von Influencern und Marken ist auf Instagram besonders vielfältig und entwickelt sich stetig weiter. Im Folgenden finden Sie eine Reihe von Beispielen, wie Marken und Influencer bereits erfolgreich kooperieren.

6.3.1   Branded Foto- oder Video-Post

Die gängigste Form, Influencer in der Markenkommunikation auf Instagram einzuset-zen, ist die möglichst freie Gestaltung und Veröffentlichung eines branded Posts. Der Influencer konzipiert zu diesem Zweck in der erfolgserprobten Bildsprache seines Accounts eine visuelle Geschichte, in die das Produkt, die Dienstleistung oder generell die Markenbotschaft des Unternehmens integriert wird.

Anschließend veröffentlicht er den Post zu einem zuvor definierten Zeitpunkt und mar-kiert darin idealerweise den Instagram-Account der Marke, des empfohlenen Produkts oder andere für die Marke wichtige Accounts sowie einen bestimmten Ort, beispiels-weise eine Filiale des Unternehmens.

Zusätzlich fügt er in der Bildunterschrift gut sichtbar die Markenhashtags der Marke ein und markiert auch hier deren Instagram-Account. Mit den Marken-, Produkt- und Geo-Tags können die Follower des Influencers weiteren Marken-Content auf Instagram ent-decken, sich mit der Marke auseinandersetzen oder direkt an den Point of Sales (FOS) gelangen.

Wichtig ist an dieser Stelle auch die deutlich sichtbare Kennzeichnung des Posts als #anzeige oder #werbung direkt zu Beginn der Bildunterschrift, wie im Beispiel der You-Tuberin und Bloggerin Maren Wolf (mehr dazu in Abschnitt 6.6 »Rechtliche Rahmen-bedingungen, Kennzeichnungspflichten«).

Wie subtil oder prominent die Marke in dem Post erscheint, wird in der Regel zwischen Influencer und Marke abgestimmt. Ein zu werblich anmutender Post kann sich jedoch kontraproduktiv für beide Seiten auswirken.

Abb. 6.8: *Branded Post von Maren Wolf (@marenwolf) und L'Or Espresso*

Marken wie Kapten & Son (@kaptenandson) oder auch Samsung Deutschland (@samsungmobile_de) setzen vollständig auf Branded-Influencer-Posts. In beiden Fällen erscheint der Branded Post (in der Regel) sowohl im Account des Influencers als auch im Account der Marke.

Branded Posts können von Unternehmen und Influencern zudem als Branded Content Ads für Werbezwecke eingesetzt werden. Weitere Informationen dazu finden Sie in Kapitel 7 »Instagram Advertising«.

6.3.2   Takeover

Die zweite weit verbreitete Form der Zusammenarbeit mit Influencern ist die temporäre Übernahme des gesamten Marken-Accounts oder immer häufiger der Stories, zum Beispiel auf einem Event, durch den Influencer. Ziel von Takeovern ist es vorwiegend, kreativen Content für den Marken-Account zu generieren und damit die Interaktion mit der Zielgruppe zu steigern. Ein signifikanter Anstieg der eigenen Follower-Zahlen ist mit dieser Methode allerdings selten verbunden.

6.3.3   InstaMeets und InstaWalks

Ein weiteres probates Mittel, Influencer-Marketing zu betreiben, ist die Organisation und Durchführung eines InstaWalks mit Influencern. Gleichbedeutend zu einem Insta-Walk ist auch ein InstaMeet. Zur Erinnerung: Ein InstaWalk bzw. InstaMeet ist üblicherweise ein Fotospaziergang mit Instagrammern an einem fotogenen Ort (siehe dazu auch Abschnitt 5.2.16 »Die Instagram-Community in der realen Welt«). Hierbei ergeben sich mehrere Möglichkeiten.

Exklusive InstaMeets/InstaWalks

Das Unternehmen organisiert einen InstaWalk/ein InstaMeet mit einer begrenzten Anzahl an Teilnehmern an einem definierten Ort mit dem Ziel, Aufmerksamkeit für das Unternehmen, dessen Produkte oder Dienstleistungen zu schaffen.

Diese Variante wird inzwischen sehr häufig von Museen und Theatern zur Promotion neuer Ausstellungen oder Theaterstücke aufgegriffen. In diesem Zusammenhang ist das weltweite Motto #emptymuseum entstanden. Dabei erhalten Influencer eine exklusive Führung außerhalb der Öffnungszeiten eines Museums oder auch während einer Vorstellung vor und hinter den Kulissen eines Theaters und fotografieren dabei die jeweilige Szenerie in ihrem eigenen Stil.

Anschließend werden die oftmals künstlerischen Fotos, Videos und Instagram Stories unter einem zuvor definierten Hashtag, dem Geo-Tag sowie dem Account-Tag des Museums oder Theaters über die Accounts der Influencer geteilt. Die Museen und Theater erreichen so schnell eine hohe Reichweite und Sichtbarkeit in der Instagram-Community, können neue Besucher gewinnen und zusätzlich kreativen ästhetischen Content für ihren Account generieren. Die Influencer profitieren wiederum von außergewöhnlichen Foto-Motiven, die ihren eigenen Instagram-Feed bereichern.

Abb. 6.9: *Influencer-Beiträge des Events #EmptyHamburgerKunsthalle der Hamburger Kunsthalle (@hamburger.kunsthalle, Webprofil-Ansicht)*

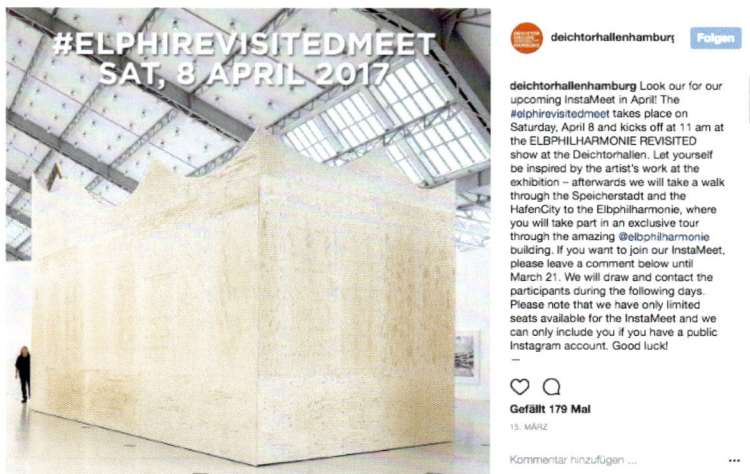

Abb. 6.10: *Ankündigung des InstaMeets der Deichtorhallen Hamburg (@deichtorhallenhamburg) und der Elbphilharmonie (@elbphilharmonie) anlässlich der Eröffnung der Ausstellung ELBPHILHARMONIE REVISITED (Webprofil-Ansicht)*

Das Prinzip eines InstaMeets/InstaWalks lässt sich nahezu auf alle Branchen und Unternehmen anwenden, ob eine Führung durch das eigene Unternehmen, eine Produktionsanlage, eine gemeinsame Wanderung oder sogar mehrtägige Reise durch eine Tourismus-Region, die Besichtigung von Sehenswürdigkeiten, der Besuch eines Events, eine gemeinsame Spritztour mit dem Auto (»InstaDrive«) und vieles mehr.

Beim #gmd_instawalk treten beispielsweise gleich drei Unternehmen zusammen in Erscheinung: die Dresden Marketing GmbH (@visitdresden), der Freistaat Sachsen (@simplysaxony) und Volkswagen (@volkswagen) mit ihrer in Dresden beheimateten Gläsernen Manufaktur (@vwmanufaktur_de). Der exklusive InstaWalk beinhaltete neben der gemeinsamen Besichtigung der Gläsernen Manufaktur eine Testfahrt des neuen eGolfs. Die beteiligten Influencer sind neben in Dresden beheimateten bekannten Instagrammern, wie Toni Stadler oder Philip Goetze, Fotografen mit einer Expertise für Autos, Reisen oder Architektur.

Bei der Organisation eines exklusiven InstaWalks ist jedoch Sorgfalt geboten. Um dem Ziel gerecht zu werden, Reichweite und Awareness für das Unternehmen, die Marke oder das Produkt zu generieren, ist die Teilnahme reichweitenstarker, kreativer und thematisch passender Influencer sinnvoll. Um sicherzustellen, dass diese auch am InstaWalk teilnehmen, werden sie durch das Unternehmen im Vorfeld des Events gezielt ausgewählt und direkt angesprochen. Bei der Auswahl und Organisation des InstaWalks empfiehlt es sich, direkt mit einem Influencer, der sich in Ihrer Branche/Region auskennt, zusammenzuarbeiten und seine Kontakte und Expertise für die Organisation zu nutzen. Je nach Art des InstaMeets werden ca. 20 bis 30 Teilnehmer, darunter die gewünschten Influencer, direkt vom Unternehmen zu einem exklusiven InstaWalk eingeladen.

whatinasees
Gläserne Manufaktur

Folgen

whatinasees Time to reflect

Had a wonderful weekend in Dresden
exploring @volkswagen's Transparent
Factory & test driving the new eGolf, all
with a great bunch of people - so much
fun! Big thanks to @simplysaxony
@vwmanufaktur_de and @visitdresden for
making it happen!

#gmd_instawalk #simplysaxony
#transparentfactory #visitdresden
#Dresden

weitere Kommentare laden

whatinasees #volkswagen#urbanromanti
x#citylimitless#thespacesilike#archi_featu
res#skrw#tv_pointofview#topgermanypho
to#guardiantravelsnaps#diewocheaufinst
agram#iamatraveler#bbctravel#autoprofil
es#fubiz#traveldeeper#architectanddesig

♡ ○

Gefällt 1.373 Mal

VOR 1 TAG

Kommentar hinzufügen ...

Abb. 6.11: *Influencer-Post von Ina Thedens (@whatinasees) im Rahmen des #gmd_instawalk (Webprofil-Ansicht)*

Darüber hinaus ist es jedoch immens wichtig, den eigenen Followern sowie weiteren Community-Mitgliedern die Chance zu geben, sich an dem InstaWalk zu beteiligen, denn eigentlich ist ein InstaMeet/InstaWalk eine urtypische Erfindung der Instagram-Community und bisher stets für alle Interessierten offen.

Zu diesem Zweck wird der InstaWalk im Account des Unternehmens in einem Post angekündigt und eine begrenzte Anzahl von Gäste-Plätzen ausgelobt. Um einen solchen Platz zu ergattern, müssen die Instagrammer dem Unternehmens-Account folgen und in einem Kommentar unter dem Ankündigungspost darlegen, warum sie an dem Event teilnehmen möchten. Anschließend wählt das Unternehmen anhand der überzeugendsten Kommentare die restlichen Teilnehmer für den InstaWalk aus. Auf diese Weise entsteht eine ideale Mischung aus bekannten und unbekannten Instagrammern.

Am Ende des InstaWalks wird ein Gruppenfoto oder -video (zum Beispiel ein Boomerang) erstellt, mit dem sich das Unternehmen bei den Teilnehmern des InstaWalks bedankt, idealerweise deren Accounts markiert und nochmals auf das InstaWalk-Hashtag verweist, um den eigenen Followern und Besuchern des Accounts Zugang zu den Event-Eindrücken der Teilnehmer zu gewähren. Auch noch Wochen später können Teilnehmer-Posts unter dessen namentlicher Nennung als Latergrams (siehe dazu auch Abschnitt 5.1 »Wie funktioniert die Instagram-Community?«) im Instagram-Feed des Unternehmens geteilt werden.

Offene InstaWalks

Wie schon in Kapitel 5 beschrieben, organisieren die lokalen Instagramers-Communitys regelmäßige Fotospaziergänge in fast jeder größeren Stadt Deutschlands.

Abb. 6.12: *Ankündigungspost der IgersFrankfurt (@igersfrankfurt, Webprofil-Ansicht) für ein InstaMeet*

Abb. 6.13: *Gruppenfoto vom InstaMeet #igersfrankfurtoff in Offenburg (Webprofil-Ansicht)*

Sie können sich hier als Mitveranstalter oder Sponsor einbringen, indem Sie die lokalen Manager der Instagramers (zum Beispiel @igershamburg, @igersmunich, @igersfrankfurt etc.) via Instagram oder auch Facebook kontaktieren und ein gemeinsames Sponsoring-Konzept für das InstaMeet entwickeln. Das kann das Sponsoring von Eintrittspreisen sein oder die Möglichkeit, Ihr Produkt zu testen oder den exklusiven Zugang zu Ihrem Unternehmen beinhalten.

Von besonderem Interesse sind für Unternehmen und Teilnehmer gleichermaßen die von Instagram selbst initiierten »Weltweiten InstaMeets«. Diese sind oftmals groß angelegt und werden von den lokalen Instagram-Communitys inzwischen vielfach gemeinsam mit Unternehmen bzw. Sponsoren organisiert. Großes mediales Aufsehen erregte in diesem Zusammenhang das 13. Weltweite InstaMeet im April 2016 in Frankfurt.

Die lokale Instagram-Community @igersfrankfurt sowie die Tourismus+Congress GmbH Frankfurt brachten gemeinsam mit den beteiligten Sponsoren Lufthansa, Samsung sowie namhaften Hotels, unter anderen das Jumeirah, le Méridien, The Westin Grand, 130 Teilnehmer, darunter eine Vielzahl reichweitenstarker Influencer aus ganz Europa, zusammen. Gemeinsam erreichten deren Accounts zu diesem Zeitpunkt ca. 3,5 Millionen Follower. Das InstaMeet erstreckte sich über zwei Tage und bezog Touren zu den Sehenswürdigkeiten der Stadt und dem Umland ein.

Die Sponsoren übernahmen die Logistik im Hintergrund des Treffens – die Lufthansa flog einen Teil der Instagrammer ein, Samsung unterstützte bei der Organisation der Flüge und den Transfers vor Ort und die Hotels beherbergten einen Teil der zugereisten Gäste – und fungierten dabei selbst als Foto-Objekte.

Neben einer Promotion dieser Art entstand mit 1.400 Beiträgen, die unter dem Hashtag #wwim13fra auf Instagram geteilt wurden, jede Menge interessanter Content für die Unternehmen, den sie in ihren eigenen Feeds reposten konnten. Die Stadt Frankfurt profitierte in besonderem Maße, indem sie sich einer neuen Zielgruppe in einem völlig neuen Licht präsentieren konnte.

InstaMeets/InstaWalks sind ein perfektes Format, über das sich auch über Instagram hinaus hervorragend Geschichten in Blogs, lokalen Websites und klassischen Medien-Kanälen erzählen lassen.

6.3.4   Testimonials und Markenbotschafter

Zunächst stellt sich hier die Frage, ob und inwiefern sich Testimonials und Markenbotschafter im Rahmen von Influencer-Marketing unterscheiden. Einige griffige Definitionen dazu liefert das auf die Bewertung von Human Brands und Testimonials spezialisierte Hamburger Marktforschungsunternehmen SPLENDID RESEARCH:

»Testimonals bewerben die Marke im extra dafür geschaffenen Kontext, der Testimonialwerbung.« »Testimonialwerbung ist Werbung, in der eine oder mehrere prominente Personen die Vorzüge einer Marke bekräftigen.«

»Markenbotschafter repräsentieren die Marke wie beim Sponsoring in einem natürlichen Umfeld: bei Sportveranstaltungen, Konzerten oder in sozialen Netzwerken.«

Dennoch sind die Grenzen zwischen beiden fließend. Ein Testimonial ist oftmals nicht nur das prominente Gesicht einer Werbekampagne, sondern auch gleichzeitig Markenbotschafter, indem er oder sie die Marke auch im Alltag trägt oder nutzt.

Testimonialwerbung grenzt sich auf Instagram sowohl inhaltlich als auch in ihrer Bildsprache von Markenbotschafter-Inhalten ab. Influencer fungieren hier als Gesicht der Marke und bewerben, wie im Beispiel von Bibi und Braun Beauty Deutschland (@braunbeautyde) oder adidas Football (@adidasfootball) und Lionel Messi (@leomessi), die Marke sowie deren Produkte in einer direkten Art und Weise. Absender dieser Kommunikation bleibt die Marke selbst. Nichtsdestotrotz tritt Lionel Messi auf seinem eigenen Instagram-Account, der Einblick in sein privates Leben gibt, auch als Markenbotschafter von adidas auf, indem er zum Beispiel ein T-Shirt mit dem Logo der Marke trägt.

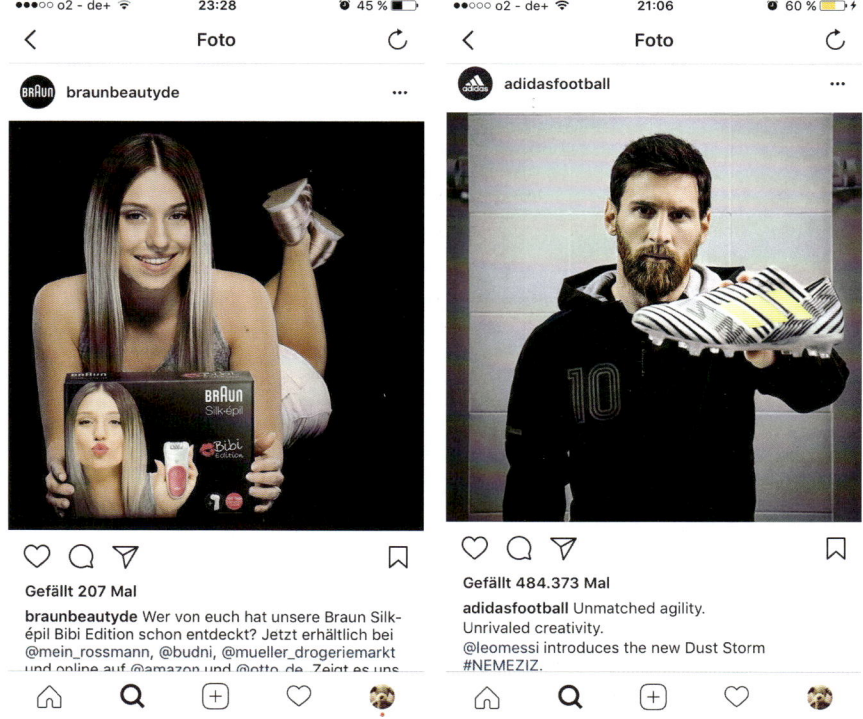

Abb. 6.14: Beispiele für Testimonialwerbung auf Instagram mit Bianca Heinicke (@bibisbeautypalace) für Braun Beauty Deutschland (@braunbeautyde) und Lionel Messi (@leomessi) für adidas Football (@adidasfootball)

Influencer, die als Markenbotschafter auf Instagram agieren, kreieren in ihrer eigenen Bildsprache selbst Foto- und Videobeiträge, in denen die Marke oder deren Produkte indirekt beworben werden. Sie sind dabei Absender der Markenkommunikation. Was nicht heißt, dass Marken diesen Content nicht auch in ihrem eigenen Instagram-Acccunt aufgreifen.

Unternehmen bauen sogar ganze Markencommunitys mithilfe von Markenbotschaftern auf Instagram auf.

Ein gutes Beispiel dafür ist die #SamsungSnapshooter Community von Samsung Mobile Deutschland. Das Unternehmen hat für die Promotion der neuesten Smartphone-Modelle seiner Marke Samsung Galaxy frühzeitig ein Netzwerk aus talentierten deutschen Mobile-Fotografen mit einem Faible für Landschaften, Architektur und urbanen Lebensräumen aufgebaut, die zugleich authentische Anhänger und Markenbotschafter der Marke Samsung sind. Ausgestattet mit den neuesten Smartphones der Marke kreieren die Influencer nicht nur hochwertigen Content für ihren eigenen Feed, sondern auch für den Samsung-Mobile-Deutschland-Account (@samsungmobile_de).

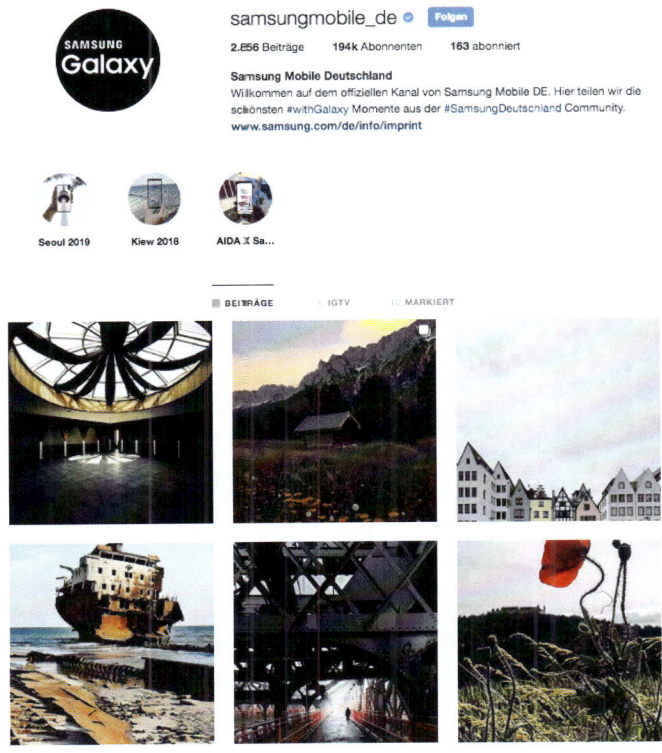

Abb. 6.15: *Webprofil-Ansicht von Samsung Mobile Deutschland (@samsungmobile_de)*

Abb. 6.16: *Repost eines Influencer-Posts von @aguynamedriadh durch Samsung Mobile Deutschland (@samsungmobile_de)*

Abb. 6.17: *Foto-Beiträge der SamsungSnapshooter, die während der »Samsung Galaxy Walks« entstanden sind*

Über regelmäßige von Samsung initiierte InstaMeets und InstaWalks, deren Beiträge beispielsweise unter den Markenhashtags #InfinityMeet oder #SamsungGalaxyWalk auf Instagram zu finden sind, entstehen darüber hinaus immer wieder zusätzliche kreative Inhalte sowie Reichweite und Aufmerksamkeit für Samsung Mobile in einer für die Marke relevanten Zielgruppe auf der Plattform. Denn die Samsung-Snapshooter erreichen mit ihren ästhetischen und originellen Feeds ebenfalls an hochwertiger Mobile-Fotografie interessierte Nutzer auf Instagram.

6.3.5 Tutorials

Mit seinem verstärkten Fokus auf Videos, Live-Videos sowie Instagram Stories hat sich nun auch auf Instagram das bereits auf YouTube weit verbreitete Tutorial-Format im Influencer-Marketing etabliert. Influencer präsentieren auf diese Weise vornehmlich How-to-Content und erklären, wie ein bestimmtes Produkt verwendet oder ein bestimmtes Problem der Zielgruppe gelöst werden kann.

6.3.6 Channel Building

Für ihre Follower nicht ersichtlich ist die Strategie vieler Unternehmen, den eigenen Instagram-Kanal nicht nur mit Influencer-Inhalten zu bespielen, sondern generell von einem Influencer aufbauen zu lassen. Vorteil dieser Strategie ist es, direkt einen Instagram-Experten für sich zu verpflichten, der die Regeln und die Mechanik der Plattform beherrscht, wirksam mit Ihrer Community interagiert, im Idealfall die Probleme und Wünsche Ihrer Kunden in Bezug auf Ihr Produkt kennt, ein Netzwerk weiterer Influencer mitbringt und zudem kreativen Content entwickeln kann.

6.3.7 Strategie und Konzeption

Die Zusammenarbeit mit Influencern kann sich auch auf die Erarbeitung von Strategien und Konzepten »beschränken«. Influencer, insbesondere Blogger, haben oftmals einen Medien- und Marketing-Background und/oder durch ihre eigenen Erfahrungen mit Influencer-Marketing eine hohe Feldkompetenz auf diesem Gebiet. Sie zur Erarbeitung einer sinnvollen Influencer-Marketing- oder auch Social-Media-Marketing-Strategie heranzuziehen, ist für Unternehmen äußerst vielversprechend.

6.3.8 Content Generation

Wie schon in den vorangegangenen Abschnitten beschrieben, setzen Unternehmen verstärkt auf die kreative Storytelling-Kompetenz von Influencern. Daniel Wellington oder Kapten & Son sind prominente Beispiele dafür, wie Marken mithilfe von Influencer-Content bekannt geworden sind und ihre Markengeschichte durch Meinungsführer erzählen lassen.

Sie setzen dabei in erster Linie auf Blogger, die ihren Blog-Inhalt via Instagram und weiteren Kanälen promoten. Auf diese Weise erreichen Marken gleich zwei Dinge auf einmal: einen langlebigen und über die Google-Suche stets auffindbaren und gut gerankten Blog-Content und eine hohe, wenn auch kurzlebigere Aufmerksamkeit und hohe Reichweite durch einen Post oder eine Instagram Story auf Instagram.

Dank Influencern konnten auch ihre Markenhashtags, wie #bekapten oder #danielwellington in ihrer Zielgruppe verbreitet und damit das Earned-Media-Volumen gesteigert werden. Das bedeutet zum Beispiel, dass Käufer bzw. Konsumenten der Marke neben Likes und Kommentaren zu einem Marken-und/oder Influencer-Post selbst freiwillig Medieninhalte, auf denen das Produkt oder die Marke sichtbar ist, unter dem Hashtag #bekapten oder #danielwellington erstellt und auf Instagram geteilt haben. Damit beeinflussen sie ihrerseits die Follower sowie die Besucher ihres Profils.

6.3.9   Content Seeding

Im Falle von Content Seeding helfen Influencer Unternehmen gezielt dabei, bestimmte Marken-Inhalte im Original auf Instagram zu verbreiten. Dabei posten sie den Marken-Inhalt, zum Beispiel ein Image-Video versehen mit den Markenhashtags, Geo- und Account-Tags 1:1 in ihrem eigenen Account.

6.3.10   Events

Influencer sind inzwischen fester Bestandteil jedes größeren (PR-)Events und stellen nicht nur eine Bereicherung für die Event-Teilnehmer vor Ort, sondern auch in der Berichterstattung rund um das Event dar. Neben Blog- und Instagram-Posts vor, während und nach dem Event können dank Instagram Stories und Live-Videos auch Echtzeit-Eindrücke von Ihrem Event über Influencer verbreitet werden.

Auch ein Takeover Ihres Instagram-Accounts durch einen Influencer während des Events ist eine sinnvolle Strategie. Die Erfahrungen von Snapchat zeigen, dass insbesondere für die Berichterstattung von Events ein Live-Reporter durch ein Video oder auch eine Instagram Story führen sollte. Bei der Auswahl eines geeigneten Influencers ist es deshalb wichtig, seine übliche Content-Präferenz auf Instagram zu kennen. Einem Influencer, der vornehmlich Fotos postet, kann die Moderation eines Events via Instagram-Live oder via Instagram Stories gegebenenfalls schwerfallen.

6.3.11   Gemeinsame Produkt-Kreationen

Die Königsdisziplin von Influencer-Marketing stellt sicher die Kreation eines gemeinsamen Produkts oder gar einer kompletten Produkt-Kollektion dar. So kreierte beispielsweise die erfolgreiche deutsche Bloggerin und Instagrammerin Caro Daur (@carodaur) den Lippenstift MACxCaroDaur für das Kosmetik-Unternehmen MAC Cosmetics.

Abb. 6.18: *Instagram-Post von Bloggerin Caro Daur (@carodaur) zum Launch ihres selbst kreierten Lippenstiftes für MAC Cosmetics (@maccosmetics, Webprofil-Ansicht)*

6.3.12   Werbekampagnen

Der hochwertige Influencer-Content kann je nach Art und Umfang der vereinbarten Zusammenarbeit auch in klassische Werbekampagnen wie Print-Anzeigen, TV-Spots oder Display-Ads einfließen. Während dies bei Testimonialwerbung bereits gang und gäbe ist, bietet sich dieser Ansatz aber auch für Markenbotschafter-Content an, den Sie im Rahmen von Influencer-Marketing-Kampagnen auf Instagram generiert haben (siehe dazu auch Kapitel 8 »Kommunikative und rechtliche Regeln für Unternehmen auf Instagram«).

6.3.13   Rabattcode/Aktionscode

Eine für Influencer und Marken gleichzeitig bereichernde Form der Zusammenarbeit ist die Promotion von Rabatt- oder Aktionscodes über Influencer-Posts oder -Stories.

Dabei erhält jeder Influencer, mit dem eine Marke im Rahmen einer Influencer-Marketing-Kampagne zusammenarbeitet, temporär einen individuellen Code, der wie im Beispiel von CHRIST (@christ_juweliere) und der erfolgreichen deutschen Bloggerin und Instagrammerin Debi Flügge (@debiflue) etwa den Vornamen des Influencers sowie eine bestimmte Zahl enthält, zum Beispiel »DEBI10«. Der Code wird vom Influencer in der Regel in einem Post, einem Link in der Biografie sowie im Blog promotet.

Unter Angabe dieses Codes erhalten die Follower und Besucher des Accounts des Influencers bei einer Bestellung einen Rabatt. Dieser kann wie im Falle von @debiflue mit einem Mindestbestellwert verknüpft sein oder sich auch nur auf ein bestimmtes Produkt beziehen.

Für Marken ergibt sich hierbei neben einem potenziellen Anstieg ihrer Produktverkäufe der Vorteil, dass sie die Auswirkung ihrer Influencer-Marketing-Aktivitäten auf ihren Umsatz besser messen können. Influencer liefern ihren Followern wiederum einen Mehrwert durch einen attraktiven Rabatt.

Abb. 6.19: *Influencer-Post von Debi Flügge (@debiflue) für CHRIST (@christ_juweliere) mit Rabatt-Code*

6.3.14 Affiliate Marketing

Affiliate Marketing funktioniert trotz der geringen externen Verlinkungsmöglichkeiten auf der Plattform auch auf Instagram. Influencer platzieren zu diesem Zweck über einen begrenzten Zeitraum entweder

- ▸ direkt einen Affiliate-Link in Ihrem Profil, verweisen über einen oder mehrere Posts darauf und werden anschließend prozentual an den über den Link generierten Verkäufen beteiligt

- ▸ oder integrieren einen Affiliate-Link in einen Blog-Post und verweisen via Instagram auf ihren Blog. Letzteres ist die inzwischen beliebtere Variante unter Influencern.

Darüber hinaus bieten Apps bzw. Affiliate-Netzwerke wie das äußerst erfolgreiche LIKEtoKNOW.it Marken und Influencern (insbesondere aus dem Fashion-Bereich) gleichermaßen die Möglichkeit, Affiliate Marketing auch für Foto-Beiträge ohne direkten Link zu ermöglichen.

LIKEtoKNOW.it bedient sich dabei unter anderem dem in Kapitel 4 beschriebenen Shoppable-Feed-Ansatzes. Nutzer können dabei mithilfe von LIKEtoKNOW.it einen Screenshot der Fotos Ihrer Lieblings-Influencer erstellen und die im Foto promoteten Produkte via LIKEtoKNOW.it nachshoppen. Influencer und auch deren Follower müssen dazu in Besitz der LIKEtoKNOW.it-App sein und Marken die von den Influencern promoteten Produkte in der LIKEtoKNOW.it Datenbank hinterlegen. Sobald ein Influencer ein auf der Plattform hinterlegtes Produkt in seinem Foto-Post promoted und auf die Möglichkeit, das Produkt via LIKEtoKNOW.it zu kaufen, hinweist, daraufhin ein Kauf via LIKEtoKNOW.it generiert wird, profitiert er von einer Umsatzbeteiligung. LIKEtoKNOW.it wird laut Business Insider inzwischen von 11.000 Influencern eingesetzt. Über drei Millionen Nutzer haben sich auf der Plattform registriert.

6.4   Organisatorische Voraussetzungen

Wichtiger Startpunkt Ihrer Überlegungen, Influencer-Marketing via Instagram und weiteren Kanälen in Ihren Marketing-Mix zu integrieren, sollte die Prüfung Ihrer organisatorischen Voraussetzungen diesbezüglich sein.

Organisationsstruktur

Je größer Ihr Unternehmen ist, desto schwieriger könnte sich die Zuordnung des Themas zu einer passenden Abteilung gestalten. In der Regel sind mehrere Unternehmensbereiche, wie zum Beispiel die PR, das Marketing, Social Media, die Media-Abteilung sowie diverse Agenturen in Influencer-Marketing-Maßnahmen involviert.

Bestenfalls sollten Sie alle beteiligten Bereiche und Dienstleister an einen Tisch bringen und gemeinsam eine Influencer-Strategie für Ihr Unternehmen erarbeiten. Auf diese Weise lernen Sie auch von den Erfahrungen, die möglicherweise schon mit Influencern in Ihrem Unternehmen gemacht wurden.

Wichtig ist an dieser Stelle, dass Sie nach außen hin, sowohl gegenüber Ihren bestehenden und potenziellen Kunden als auch gegenüber Influencern, einheitlich und abgestimmt auftreten. Für Influencer-Marketing als wichtige Säule von Content-Marketing ist die abteilungsübergreifende Zusammenarbeit in ihrem Unternehmen Voraussetzung für dessen langfristigen Erfolg.

Sowohl intern als auch extern sollte darüber hinaus ersichtlich sein, wer der Haupt-Kontakt für Influencer-Marketing in Ihrem Unternehmen ist. So können auch Anfragen seitens kooperationswilliger Influencer, die an Ihr Unternehmen herantreten, schnell und effizient weiterbearbeitet werden und gehen nicht an Ihre Konkurrenz verloren. Laut der zitierten BVDW-Umfrage ist das Thema Influencer-Marketing bei jedem zweiten befragten Unternehmen im Social-Media-Marketing-Bereich angesiedelt.

Ein eigener Influencer-Marketing-Manager

Mit seiner zunehmenden Relevanz und zukünftigen Rolle im Marketing-Mix ist es sogar ratsam, eine eigenständige Funktion für Influencer-Marketing mit Schnittstellen zur PR, Marketing, Social Media und Media in Ihrem Unternehmen zu schaffen. Warum lohnt sich diese Investition? Sie stellen Ihr Unternehmen damit zukunftssicher auf. Laut dem BVDW setzen 15 Prozent der Unternehmen bereits auf eine eigene Influencer-Marketing-Abteilung.

Ein Influencer-Marketing-Manager kann:

- ▸ Kampagnen, Kooperationen und Events planen, umsetzen und bewerten oder
- ▸ unterschiedliche Influencer-Marketing-Aktivitäten im Unternehmen koordinieren.
- ▸ Influencer identifizieren und analysieren,
- ▸ Influencer betreuen und eine enge Beziehung zu ihnen aufbauen,
- ▸ sich intensiv mit Influencer-Technologien, Trends sowie Dienstleistern beschäftigen
- ▸ und, was am wichtigsten ist, sukzessive Know-how aufbauen und intern weitergeben.

Personelle und technische Ressourcen

Unabhängig von seiner organisatorischen Aufhängung beansprucht Influencer-Marketing gerade zu Beginn erhebliche personelle Ressourcen. Nicht nur die Suche, Auswahl und Analyse der Influencer, sondern auch die gemeinsame Abstimmung von Kampagnen, das Kampagnen-Monitoring, die Auswertung und die Abrechnung sind zeitintensiv.

Hilfreich kann an dieser Stelle der Einsatz von Influencer-Technologie sein, mit der Sie idealerweise den gesamten Influencer-Marketing-Prozess in einem Tool abbilden können (mehr dazu in Abschnitt 6.5.6 »Identifikation und Analyse von Influencern).

Kontakt-Management via CRM-Tools

Darüber hinaus sollten Ihre Kontakte, wichtige E-Mails, Verträge, Vereinbarungen und Erfahrungen mit Influencern anstelle einzelner Dokumente zentral in ihr CRM-System aufgenommen und so nicht nur zeitsparend an einem Ort auffindbar sein, sondern auch lückenlos an Mitarbeiter weitergegeben werden können. Denken Sie diesbezüglich möglichst langfristig. Sie stellen damit sicher, dass jeder, der potenziell mit Influencer-Marketing-Aktivitäten betraut ist, schnell einen Einstieg in die Historie sowie den Status quo dazu findet.

Kommunikation

Influencer arbeiten 24 Stunden, 7 Tage die Woche. Die Zusammenarbeit mit ihnen lässt sich somit nur bedingt in klassische Arbeitszeiten integrieren. Wegen WhatsApp, dem Facebook Messenger, den darüber verfügbaren Sprachnachrichten, Instagram Direct und weiteren bevorzugen Influencer zudem nicht immer zwingend die Kommunikation via E-Mail.

Mitarbeiter, die mit der Betreuung von Influencer-Kampagnen betraut sind, sollten deshalb vom Unternehmen darin unterstützt werden, sich auf die Arbeits- und Kommunikationsweise von Influencern einzulassen.

6.5   Strategie, Umsetzung und Bewertung

In den folgenden Ausführungen geht es nun konkret darum, wie Sie Schritt für Schritt eine eigene Strategie für Ihr Influencer-Marketing auf Instagram aufsetzen, umsetzen und bewerten können.

6.5.1   Know-how aufbauen

Der erste Schritt im Rahmen Ihrer Influencer-Marketing-Aktivitäten sollte zunächst der Aufbau von so viel Vorwissen wie möglich sein. Das betrifft zum einen ein tieferes Verständnis der Plattform Instagram und zum anderen generelles Know-how zum Thema Influencer-Marketing.

Plattformspezifisches Know-how

Wenn Sie Instagram bisher nur sporadisch privat genutzt haben, tauchen Sie tiefer in die Plattform ein. Sofern Sie eine Strategie für Ihre eigene Unternehmens-Präsenz auf Instagram entwickelt haben, werden Sie die Antworten auf Fragen wie die folgenden sicher schon kennen:

▸ Wie ist Ihre Konkurrenz auf Instagram aufgestellt?
▸ Wer folgt Ihrer Konkurrenz?
▸ Wem folgt Ihre Konkurrenz?
▸ Auf welche Art und Weise arbeitet Ihre Konkurrenz mit Influencern zusammen?
▸ Über welche Inhalte und Content-Formate kommunizieren diese Influencer auf Instagram?
▸ Wer folgt ihren Accounts?
▸ Wem folgen die Influencer?
▸ Welche Hashtags werden von ihnen genutzt?
▸ Fallen Ihnen direkt potenzielle Influencer Ihrer Branche auf? Folgen Sie ihnen und beobachten Sie ihre Accounts.
▸ Wie sehen die Inhalte generell in Ihrer Branche auf Instagram aus?
▸ Wie ist Ihr eigenes Unternehmen auf Instagram aufgestellt?
▸ Wer sind Ihre Follower?
▸ …

Je mehr Sie sich mit Instagram beschäftigen, desto besser können Sie Influencer-Marketing-Taktiken einschätzen und zudem eigene Ideen in Ihre Strategie einbringen.

Influencer-Marketing-Know-how

Um Vorwissen zum Thema Influencer-Marketing aufzubauen, können Sie auf eine Vielzahl von Informationsquellen, die Ihnen wertvolles Know-how vermitteln, zurückgreifen:

Blogs:

Online Marketing Rockstars Daily

Topaktuelles Blog rund um Trends und Best Practices im digitalen Marketing, darunter Influencer-Marketing auf Instagram

https://omr.com/de/

InfluencerDB Education Blog

Hochspezialisiertes Blog rund um Influencer-Marketing mit Schwerpunkt Instagram der Research- und Analytics-Plattform InfluencerDB

https://www.influencerdb.net/education/blog/

Buzzbird Blog

Praxisorientiertes Blog der Technologie-Plattform Buzzbird (siehe dazu Abschnitt 6.5.6 »Identifikation und Analyse von Influencern«) mit How-to-Anleitungen und Hintergrundwissen sowohl für Influencer als auch Marken gleichermaßen

https://www.buzzbird.de/blog/

SocialMedia Examiner

Topaktuelles Blog rund um Trends im Bereich Social Media, darunter Specials und Best Practices zu Influencer-Marketing auf Instagram

http://www.socialmediaexaminer.com/

futurebiz by BRANDPUNKT

Businessblog der Agentur BRANDPUNKT zum Thema Digital- und Social Media, unter anderem mit Insights zu Instagram und Influencer-Marketing

http://www.futurebiz.de/

Konferenzen

#INREACH Konferenz

Jährlich stattfindende praxisorientierte Konferenz zum Thema Influencer-Marketing unter Teilnahme namhafter Influencer und Marken, gleichzeitiger Branchentreff und Influencer-Marktplatz für Marken (Veranstalter: BRANDPUNKT)

http://inreach.de/

#AIMC Konferenz

Erstmals in 2017 stattgefundene »All Influencer Marketing Conference« mit hochwertigen Praxis-Vorträgen und Panels unter Teilnahme von Influencern, Marken, Agenturen und Tool-Anbietern. Schwester-Event der erfolgreichen und sehr zu empfehlenden AllFacebook Marketing Conference #AFBMC. (Veranstalter: Rising Media Ltd.)

http://allinfluencer.de/

6.5.2   Status quo bestimmen

In diesem Schritt geht es zunächst darum, Ihre Ausgangssituation zu beleuchten. Hier fließen auch Ihre Vorüberlegungen zu den organisatorischen Rahmenbedingungen in Ihrem Unternehmen ein.

- Gibt es in Ihrem Unternehmen bereits Erfahrungen mit Influencern und wenn ja, welche?
- Was waren Erfolge und wo lagen bisher die Probleme im Influencer-Marketing?
- Wer war bisher für Influencer-Marketing-Aktivitäten verantwortlich?
- Gibt es gegebenenfalls Mitarbeiter, die schon Know-how im Influencer-Marketing aufbauen konnten? Wer kennt sich insbesondere mit Instagram gut aus und versteht die Plattform?
- Gibt es personelle Ressourcen, auf die Sie zurückgreifen können?
- Gibt es ein Marketing-Budget für Influencer-Marketing?
- Gibt es ein Budget für die Anschaffung technischer Ressourcen?

6.5.3   Messbare Ziele formulieren

In diesem sowie den darauf folgenden Schritten geht es nun darum

- Ihre konkreten Ziele, die Sie mit Influencer-Marketing erreichen wollen, auf S.M.A.R.T.e Art und Weise zu bestimmen (analog zu der in Abschnitt 3.3 »Definition einer konkreten Zielsetzung« vorgestellten Vorgehensweise),
- Ihre ideale Influencer-Zielgruppe zu definieren
- und aus dieser Betrachtung geeignete Influencer-Maßnahmen abzuleiten.

Ziele im Influencer-Marketing

Zu den häufigsten Zielen im Influencer-Marketing auf Instagram zählen im Wesentlichen folgende übergeordnete Ziele sowie damit verbundene Subziele:

- **Steigerung der Markenbekanntheit**
  - Reichweite in relevanten Zielgruppen maximieren
  - neue Zielgruppen erreichen
  - Aufmerksamkeit für einen Produkt-Launch erzielen

‣   Zusätzliche Reichweite via Earned Media erzielen

‣   ...

‣ **Verbesserung des Markenimage und der Markenwahrnehmung, Unterstützung der Markenbildung**

   ‣   einen Imagelift erzielen

   ‣   die Marke verjüngen

   ‣   die Glaubwürdigkeit der Marke erhöhen

   ‣   ...

‣ **Steigerung der Markenpräferenz**

   ‣   Interaktion mit der Zielgruppe erhöhen

   ‣   Wachstum der Instagram-Community generieren

   ‣   Kaufbekundungen und Empfehlungen steigern

   ‣   User Generated Content steigern

   ‣   ...

‣ **Steigerung des Abverkaufs von Produkten der Marke**

   ‣   qualifizierten Traffic auf der Website erhöhen

   ‣   Leads generieren

   ‣   Conversions erhöhen

   ‣   besseres Google-Ranking erzielen (indirekt mithilfe von Influencern, die ein Blog betreiben)

   ‣   ...

Damit dient Influencer-Marketing auf Instagram vorrangig dem strategischen Ziel, Kunden für das Unternehmen zu gewinnen und dessen Gewinn zu erhöhen.

Darüber hinaus existieren jedoch auch noch weitere Ziele, wie zum Beispiel:

‣ **Content-Erstellung** (was direkt auf die Markenbildung einzahlt und zudem zur Steigerung der Markenbekanntheit, Markenpräferenz, zur Verbesserung von Prozessen oder zur Einsparung von Kosten beitragen kann)

‣ **Event-Management** (was ebenfalls auf die Verbesserung von Prozessen sowie die Steigerung der Markenbekanntheit oder auch Kundenbindung einzahlt)

‣ **Krisen- oder Reputationsmanagement** (was auf die Akzeptanz in der Öffentlichkeit und die Krisenfestigkeit des Unternehmens einzahlt)

Grundsätzlich ist es sinnvoll, von Ihren übergeordneten Zielen, die Sie für die wichtigsten halten, zwei bis drei Ziele zu priorisieren.

Bedenken Sie dabei, dass sich Branding-orientierte Ziele und Performance-orientierte Ziele zwar nicht ausschließen, aber einer durchdachten Kampagnen-Architektur bedürfen. Nicht nur auf einen Post beschränkte Influencer-Marketing-Kampagnen bieten Ihnen die Chance, zunächst Awareness für eine Marke und/oder deren Produkte aufzubauen, im nächsten Schritt die Präferenz für die Marke zu steigern und schließlich, oftmals unterstützt durch Rabatt- oder Aktionscodes, den Abverkauf der Produkte zu forcieren.

Ableitung von KPIs und Methoden zur Erfolgsmessung

Nachdem Sie Ihre wichtigsten Ziele ausgewählt haben, geht es nun darum, jeweils zwei bis drei KPIs pro übergeordnetem Ziel abzuleiten, an denen Sie den Erfolg Ihrer Influencer-Marketing-Aktivitäten festmachen wollen und mit deren Hilfe Sie Ihre Ziele bestmöglich S.M.A.R.T formulieren können.

Im Falle des Ziels »Content-Erstellung« könnte das zum Beispiel wie folgt aussehen:

Mithilfe der durch die Influencer X, Y, Z produzierten Inhalte wollen wir bis zum 30.9.

▸ die Reichweite (Unique Accounts) unserer Posts/Stories auf Instagram um zehn Prozent erhöhen,

▸ das Post-Engagement auf sieben Prozent steigern,

▸ sowie das monatliche Follower-Wachstum unseres Instagram-Accounts auf fünf Prozent erhöhen.

Der bereits mehrfach erwähnte Leitfaden »Erfolgsmessung in Social Media« sowie die gleichnamige Matrix des BVDW kann Ihnen dabei helfen, für Sie relevante KPIs zu Ihren Zielen zu finden, und darüber hinaus einen Überblick geben, mit welchen Methoden Sie diese messen können.

Wichtig

Gerade zu Beginn Ihrer Influencer-Marketing-Aktivitäten ist es ohne einen Referenzwert gegebenenfalls schwierig, ein belastbares S.M.A.R.T.es Ziel zu formulieren.

Orientieren Sie sich gegebenenfalls an Ihrer Konkurrenz oder an Branchendurchschnittswerten. Mit Tools und Technologien wie Iconosquare oder InfluencerDB können Sie Ihre Konkurrenz diesbezüglich analysieren.

Mit Ihren Erfahrungen können Sie dann sukzessive realistischere Zielwerte festlegen und in Ihrer Strategie anpassen.

6.5.4   Zielgruppe bestimmen

Um später Ihren idealen Influencer identifizieren zu können, ist es wichtig, sich Ihre Zielgruppe, die Sie mit Influencer-Marketing-Maßnahmen erreichen wollen, genau vorzustellen. Hilfreich ist an dieser Stelle das Persona-Konzept aus Abschnitt 3.4 »Analyse und Definition von Zielgruppen«.

Dabei sind vor allem folgende Fragestellungen von großer Relevanz:

▸ Wer ist meine Persona (Name, Alter, Wohnort, Familienstand, Beruf, Einkommen etc.)?

▸ Welche Werte, Einstellungen hat meine Persona?

- ▸ Für welches Problem sucht meine Persona eine Lösung?
- ▸ Wo sucht meine Persona nach einer Lösung? (Blogs, Instagram-Accounts, Zeitschriften etc.)
- ▸ Was sind ihre Kaufkriterien in Bezug auf mein Produkt?
- ▸ Wie sieht die typische Customer-Journey meiner Persona aus?
- ▸ Welche Bedürfnisse hat meine Persona in den einzelnen Phasen ihrer Customer-Journey?

6.5.5   Ableitung von Maßnahmen

Auf Basis Ihrer Ziele sowie Ihren identifizierten Personas können Sie nun konkrete Influencer-Marketing-Maßnahmen ableiten.

Die von der zuvor schon erwähnten Research- und Analytics-Plattform InfluencerDB gegründete und auf Influencer-Marketing spezialisierte Agentur Social Match (*www.social-match.de*) hat auf Basis ihrer Erfahrungen mit einer Vielzahl von Kampagnen eine Systematisierung gängiger Influencer-Marketing-Methoden erstellt. Dabei unterscheiden die Experten zwischen kurz-, mittel- und langfristigen Maßnahmen.

ZEITRAUM	KURZFRISTIG (1–3 Monate)	MITTELFRISTIG (3–6 Monate)	LANGFRISTIG (Always On, 12+ Monate)	
MASSNAHMEN	Influencer Marketing Kampagne	Strategische Testimonials	Dauerhafte Influencer Marketing Strategie	Influencer Relations & Ambassador Programme
ZIELE	Reichweite, Awareness, Abverkauf, (Content)	Glaubwürdige, contentstarke Gesichter und Stories	Dauerhafte, effiziente Reichweite & Markenbildung, Conversion, Content für Social Media Strategie	Beziehungspflege zu Fachinfluencern, glaubwürdige Markenbotschafter, Verankerung in Themen-Community
BUDGET	10k – 1 Mio	50 – 250k	5 – 200k pro Monat	0 – 10k pro Monat

Social Match

Abb. 6.20: *Kategorisierung von Influencer-Marketing-Maßnahmen (Quelle: Social Match, www.social-match.de)*

Kurzfristig

Kurzfristige Maßnahmen sind demnach klassische vier- bis sechswöchige Influencer-Marketing-Kampagnen, mit denen die Reichweite für eine Markenbotschaft, das Markenbewusstsein oder der Abverkauf erhöht oder auch Content kreiert werden soll. Das Budget solcher Kampagnen reicht, je nach Zielsetzung, Influencer-Auswahl und vorhandener finanzieller Ressourcen, von 10.000 Euro bis eine Million Euro.

Mittelfristig

Mittelfristige Maßnahmen zielen auf die Zusammenarbeit mit »Strategischen Testimonials« ab, die in einer authentischen Beziehung zur Marke stehen und deren Werte sich durch ihre Person und ihre Lebensweise widerspiegeln können. Sie sind damit nicht nur das Gesicht der Marke, sondern gleichzeitig auch deren Markenbotschafter und beziehen deren Produkte auf natürliche Weise in ihr Leben ein. So sind sie in der Lage, glaubwürdige Geschichten unter Beteiligung der Marke aus ihrem Alltag mit ihrer Community zu teilen.

Langfristig

Zu den langfristigen Maßnahmen zählt zum einen eine, mindestens auf ein Jahr, angelegte Influencer-Marketing-Strategie, die das Ziel hat, auf effiziente Weise Reichweite für die Marke zu generieren, die Markenbildung kontinuierlich zu unterstützen, Abverkäufe zu erzielen oder auch Content für die eigene Content-Marketing-Strategie zu gewinnen.

Zum anderen schließt eine langfristige Strategie Ambassador-Programme ein, bei denen der Aufbau und die Pflege von Beziehungen zu glaubwürdigen Markenbotschaftern und Fach-Influencern im Vordergrund steht. Sie sollen die Marke und ihre Produkte in ihren Communitys bekannt, vertrauenswürdig und erlebbar machen.

Entwicklung eines Kampagnen-Konzepts

Sobald Sie sich darüber im Klaren sind, wie eine Zusammenarbeit mit Influencern grundsätzlich ausgelegt sein soll, ob kurz-, mittel- und/oder langfristig, geht es nur um die Ausdifferenzierung der damit verbundenen Maßnahmen und die Entwicklung eines individuellen Kampagnen-Konzepts.

Dabei können Sie auf die in Abschnitt 6.3 »Formen von Influencer-Marketing auf Instagram« vorgestellten Formen der Zusammenarbeit mit Influencern zurückgreifen.

6.5.6 Identifikation und Analyse von Influencern

Nachdem Sie nun Ihre konkreten Ziele formuliert, Ihre Zielgruppe definiert sowie ein erstes Kampagnen-Konzept erarbeitet haben, können Sie im nächsten Schritt Kriterien bestimmen, nach denen Sie passende Influencer auswählen wollen.

Dazu können folgende Kriterien zählen:

Soziodemografie:

▸ Alter
▸ Geschlecht
▸ Region (Land, Stadt, …)
▸ Sprache
▸ Familienstand (Mutter, Vater)

Quantitative Aspekte:

▸ durchschnittliche Brutto- und Netto-Reichweite pro Foto-Post, Video-Post, Instagram Story oder Live-Video (Durchschnittswert aus den letzten sieben bis zehn Posts)

▸ Reichweite weiterer Social-Media-Präsenzen (Soll Ihr Influencer gleichzeitig ein Blog betreiben, eine starke Präsenz auf Facebook, YouTube, Snapchat oder Pinterest haben?)

▸ Prozentualer Follower-Zuwachs, Follower-Growth-Rate (Wächst der Account kontinuierlich?)

▸ Engagement-Rate (mindestens xx Prozent)

▸ Posting-Frequenz (z.B. mindestens täglich)

▸ Mindest- oder Höchst-Reichweite bzw. Anzahl der Follower

Qualitative Aspekte:

▸ Glaubwürdigkeit für ein bestimmtes Thema

▸ Standing in seiner Nische (wer verweist in seinen Posts auf den Influencer?)

▸ Bildsprache

▸ Content-Qualität

▸ Content-Präferenzen (Macht er/sie lieber Fotos oder Videos? Steht er/sie lieber vor oder hinter der Kamera? Kann er/sie gut moderieren?)

▸ Zielgruppen-Affinität (Passen die Follower des Influencers zur anvisierten Zielgruppe?)

▸ Sentiment der Kommentare

▸ Referenzen (Gab es schon eine erfolgreiche Zusammenarbeit mit anderen Unternehmen?)

▸ Brand-Affinität, Brand Fit

▸ Interaktion mit den Followern (Antwortet er/sie auf Kommentare, wenn ja, wie?)

▸ Beziehungsqualität zwischen Influencer und Follower (Welche Konversationen entstehen via Kommentare zu einzelnen Posts?)

Recherche-Möglichkeiten

Manuelle Recherche

Hier bietet sich zunächst die Recherche über Hashtags an. Zuallererst sollten Sie Ihre Markenhashtags sowie Ihre Produkthashtags in die Instagram-Suche eingeben. In den Suchergebnissen werden die beliebtesten Beiträge in der Community dazu auf Basis ihrer Likes und Kommentare zuerst angezeigt, sodass Sie hier bereits auf geeignete Kandidaten stoßen könnten, die affin zu Ihrer Marke sind.

Geben Sie zudem sämtliche Hashtags Ihrer Branche, inklusive die Ihrer Konkurrenz, in die Instagram-Suche ein und beobachten Sie, wer bereits erfolgreich auf Instagram zu Ihrem Thema kommuniziert. Gegebenenfalls können Sie hier bereits auf die Schlagworte der in Kapitel 3 und 5 beschriebenen Hashtag-Recherche-Möglichkeiten zurückgreifen.

Instagram schlägt Ihnen auf den Suchergebnisseiten darüber hinaus ÄHNLICHE Hashtags, die im Zusammenhang mit Ihren Schlagworten von der Community verwandt werden, vor, sodass Sie noch tiefer in Ihre Recherche einsteigen können.

Darüber hinaus können Sie sich auf dem Profil potenzieller Instagrammer über die Funktion VORSCHLÄGE FÜR DICH (neben dem Folgen-Button) ähnliche Profile anzeigen lassen.

Beziehen Sie bei Ihrer Suche auch die jeweiligen Hashtag-Stories (sofern vorhanden), die oberhalb der Foto- und Video-Posts der Suchergebnisse angezeigt werden, ein.

Falls Sie schon Kontakte zu Influencern geknüpft haben, fragen Sie diese nach weiteren potenziellen Kandidaten in ihrem Netzwerk oder/und analysieren Sie die Liste der Accounts, die der betreffende Influencer abonniert hat. Da die Konkurrenz zwischen den Influencern stark gestiegen ist, werden Sie bei beiden Varianten möglicherweise nicht immer fündig, aber einen Versuch ist es wert.

Blogger-Recherche

Sofern es Ihnen wichtig ist, dass ein Influencer erfolgreich ein eigenes Blog oder Vlog zu Ihrem Thema betreibt, weiten Sie Ihre Suche auch auf Blogsuchmaschinen, wie zum Beispiel twingly sowie auf YouTube und Google aus. Auch die Plattform BLOGLOVIN' (auch als App für iOS und Android verfügbar) kann hier eine Inspirationsquelle sein. Neben diversen Kategorien (insbesondere Mode, Beauty, Lifestyle, DIY und weitere) können Sie deutschsprachige Blogs auch via deutschen Schlagworten suchen. Darüber hinaus ist das Tool BuzzSumo eine sehr gute Möglichkeit, Blogger insbesondere auch zu Nischen-Themen aufzuspüren.

Recherche innerhalb der eigenen Follower

Auch eine Analyse Ihrer eigenen Follower ist ein probates Mittel, um auf potenzielle markenaffine Influencer zu stoßen. Allerdings werden Sie hier je nach Anzahl Ihrer Follower schnell an Ihre Grenzen stoßen. Ohne technische Hilfsmittel gleicht die Suche nach einem passenden Influencer eher »der Suche nach der Nadel im Heuhaufen«.

Influencer-Technologien

In Anbetracht der Komplexität der Influencer-Recherche sowie auch Analyse greifen immer mehr Unternehmen und Marken auf die Hilfe von Influencer-Technologien zurück, von denen im Folgenden eine Auswahl vorgestellt wird.

InfluencerDB

Ein Tool, mit dem Sie auf Instagram systematisch Influencer suchen und analysieren können, ist die bereits erwähnte Software von InfluencerDB (*www.influencerdb.com*).

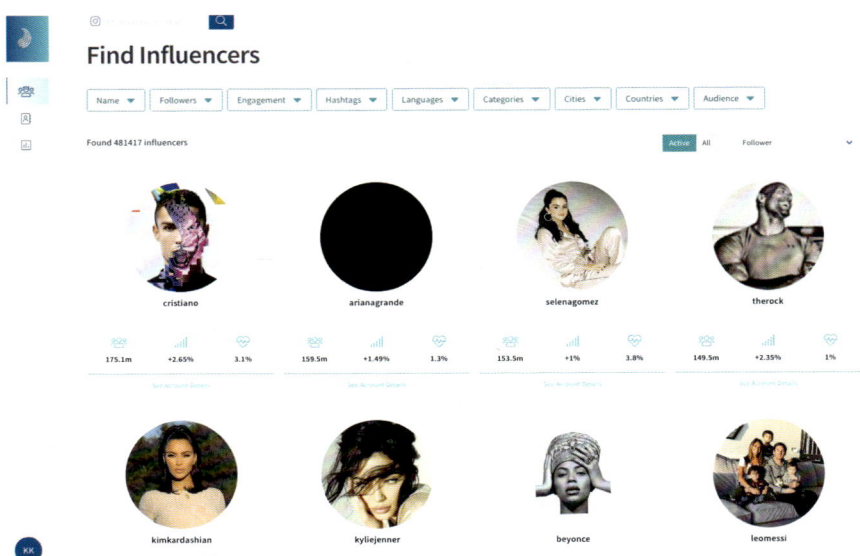

Abb. 6.21: *Ansicht »Find Influencers« auf InfluencerDB.com*

In der Ansicht Find Influencers können Sie mit Filtern Ihre Suche gezielt nach

‣ Namen

‣ Anzahl Follower oder durchschnittlichem Engagement

‣ oder alternativ nach dem Follower-Wachstum der letzten vier Wochen

‣ nach einer minimalen oder maximalen Anzahl Follower

‣ nach Hashtags, die von den Influencern in den letzten drei Monaten verwandt wurden (inklusive Ihrer Marken- und Produkthashtags)

‣ nach einem bestimmten Land oder bestimmten Städten, in denen der Influencer aktiv ist

‣ einer bestimmten Sprache

‣ nach bestimmten Kategorien, wie Beauty, Fashion, Food, Lifestyle, Sport und Fitness sowie Travel

‣ oder dem Herkunftsland der Follower

eingrenzen.

Eine kostenlose Basis-Version des Tools gibt es leider nicht mehr. In jeder bezahlten Version können Sie Accounts, die in Ihre engere Wahl gelangen, in eine Liste aufnehmen und nach bestimmten Kriterien, wie die Anzahl Follower, Follower-Wachstum, Like-Follower-Ratio (der die durchschnittliche Anzahl Likes pro Post im Verhältnis zur Anzahl der Follower ausdrückt) sowie dem InfluencerDB-Score sortieren. Auf diese Weise können Sie Ihre potenziellen Kooperationspartner auch über einen längeren Zeitraum beobachten und in einer übersichtlichen Form vergleichen.

Analyse der Influencer

Über den Aufruf der Influencer Profile auf InfluencerDB ist es nun möglich, einzelne Influencer einer genaueren Betrachtung zu unterziehen.

Abb. 6.22: *Ansicht des Profils von Carmushka (@carmushka) auf InfluencerDB.com.*

Dabei sind folgende Aspekte besonders aufschlussreich:

▸ Entwicklung des Follower-Wachstums

▸ Entwicklung des Earned-Media-Volumens (hier lassen sich auch Ausschläge nachvollziehen, die beispielsweise durch Berichterstattungen in den Medien erzielt wurden)

▸ Analyse der Follower des Influencers (Target Group Analysis) nach Alter, Region und Demografie. Hier können Sie ermitteln, inwieweit die Zielgruppe des Influencers zu Ihrer anvisierten Zielgruppe passt. Dieser Aspekt ist absolut erfolgskritisch.

▸ Analyse der AUDIENCE QUALITY

Der Audience-Quality-Score sagt aus, wie hoch die Aktivität und das Engagement seitens der Zielgruppe ist. Im Falle von Carmushka (@carmushka) ist die Audience-

Qualität mit einem Audience-Quality-Score von 97 Prozent bzw. A+ besonders hoch.

- ‣ Laut InfluencerDB entspricht eine gute Audience-Qualität Followern, die selbst nur wenigen Accounts folgen, idealerweise zwischen 100 und 250, und somit in der Lage sind, Inhalte, die sie abonniert haben, auch zu sehen.
- ‣ Eine schlechte Audience-Qualität entspricht inaktiven Accounts, die kaum oder nicht liken oder kommentieren, zu vielen Accounts folgen etc.

‣ Potenzielle Reichweite pro Post der letzten sieben Tage. Um die tatsächliche Reichweite pro Post zu ermitteln, ist ein Einblick in die Business-Account-Statistiken des Influencers notwendig und empfehlenswert (siehe dazu auch Abschnitt 4.12 »Erfolgsmessung – hilfreiche Tools«). Dieser Aspekt ist insofern wichtig, da die tatsächlich generierte Reichweite eines Posts deutlich geringer ist als die potenzielle Reichweite eines Posts.

‣ Die Like-Follower-Ratio sowie die Kommentare pro Post lassen bereits eine Aussage auf den Kampagnenerfolg im Hinblick auf das Engagement der Zielgruppe zu.

‣ Sponsored Posts zeigen die werblichen Aktivitäten des Influencers und lassen Rückschlüsse auf Art und Häufigkeit dieser Aktivitäten zu.

‣ Outgoing Mentions zeigen, auf welche Marken der Influencer in seinen Posts verweist, woraus sich schließen lässt, zu welchen Marken bereits eine Nähe besteht, ob gegebenenfalls schon die Konkurrenz zu seinen Partnern gehört und ob es sich dabei um hochwertige oder weniger hochwertige Marken handelt.

‣ Engaged Influencers sind einflussreiche Nutzer, die mit den Inhalten des Influencers in Form von Likes oder Mentions interagieren, daraus lässt sich das Standing des Influencers innerhalb der Influencer-Szene ableiten.

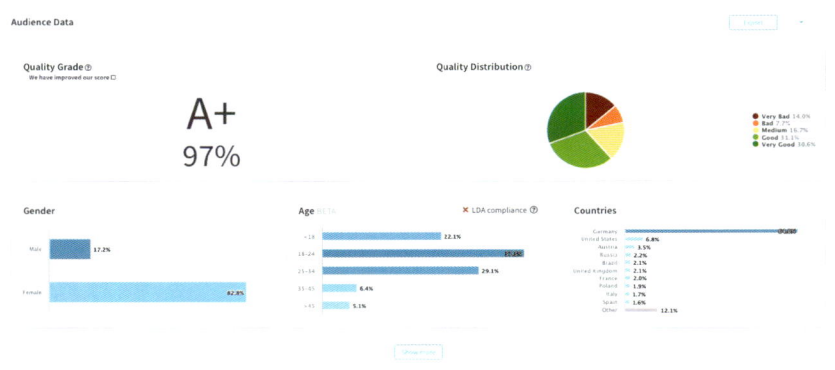

Abb. 6.23: *Audience-Quality-Score-Ansicht der Influencerin Carmushka (@carmushka) auf InfluencerDB.com*

Influencer-Marketing-Plattformen

ReachHero

Das Berliner Start-up ReachHero betreibt nach eigenen Angaben mit über 70.000 registrierten Influencern den größten Online-Marktplatz für Micro- und Macro-Influencer-Kampagnen in Deutschland. Die Einstiegshürden sind dabei sowohl für Unternehmen als auch Influencer gering. Ab einer Anzahl von 1000 Abonnenten pro Kanal können Influencer-Angebote auf die auf der Plattform eingestellten Kampagnenbriefings der Unternehmen abgeben. Unternehmen wählen aus den Angeboten wiederum die für sie attraktivsten aus. Das Mindestauftragsvolumen beträgt dabei 100 Euro.

Als Entscheidungshilfe liefert ReachHero KPIs pro Influencer, die Reichweite und Zielgruppe nach Alter und Geschlecht des jeweiligen Social-Media-Kanals. Darüber hinaus bietet ReachHero einen automatischen Algorithmus, der Influencer anhand von Zielgruppenparametern für Kampagnen vorschlägt.

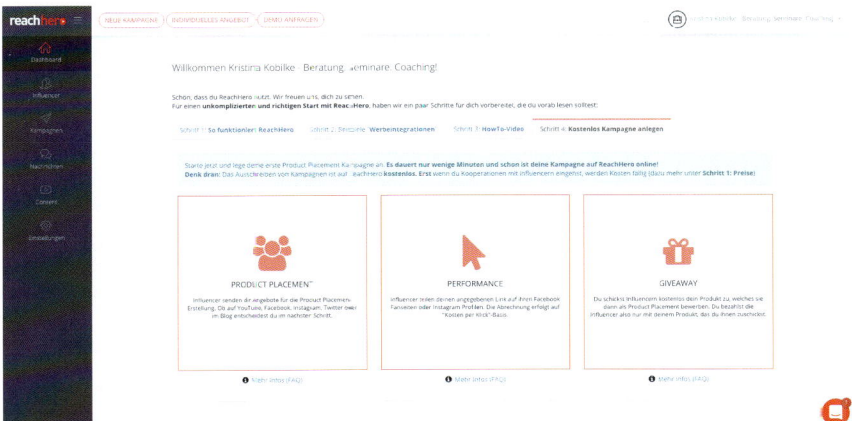

Abb. 6.24: *Kampagnen-Auswahl auf der Plattform von reachhero (Stand Juni 2017)*

Weitere Influencer-Marketing-Plattformen:

▸ Collabary by Zalando (*https://www.collabary.com*)

▸ Missions – Micro Influencer Marketing by Territory Influence (*https://missions.territory-influence.com*)

▸ Buzzbird (*https://missions.territory-influence.com*)

▸ Hashtaglove (*https://www.hashtaglove.de/*)

▸ Reachbird (*https://www.reachbird.io/de/*)

Social-Media-Management und Listening-Tools

Die schon in Kapitel 3 und 4 erwähnten Social-Media-Management- und Analytics-Tools wie

- Sprout Social
- Falcon.io
- Swat.io
- Meltwater
- Talkwalker
- oder Brandwatch

beinhalten starke Social-Media-Monitoring- und Listening-Funktionalitäten, mit deren Hilfe Influencer identifiziert werden können.

6.5.7   Umsetzung

Briefing

Nach der Identifikation und Analyse der Influencer folgt nun die Ausarbeitung eines Briefings mit allen relevanten Informationen:

- die S.M.A.R.T.e Zielformulierung Ihrer Influencer-Marketing-Maßnahme
- Ihre Zielgruppe, respektive Ihre Persona inklusive deren Bedürfnisse, Mediennutzungsverhalten etc.
- Ihre Kampagnen-Idee, die von den Influencern interpretiert werden soll
- die Anforderungen an den Influencer (Welche Art von Zusammenarbeit wäre wünschenswert? Welche Social-Media-Kanäle sollen über Instagram hinaus bespielt werden?)
- die Eigenschaften Ihrer Marke oder Ihrer Produkte, die besonders hervorgehoben werden sollen
- Honorar oder sonstige Gegenleistung für den Influencer

Kontaktanbahnung und Ansprache

Dieser Punkt ist besonders erfolgskritisch für die Auswahl von Markenbotschaftern und Testimonials. Da es sich bei Influencern um Kooperationspartner handelt, die Sie von sich und Ihrer Marke überzeugen wollen, sollten Sie die Kontaktaufnahme möglichst sensibel und wertschätzend angehen. Das beginnt bereits bei der Frage, ob Sie die Influencer direkt selbst ansprechen oder lieber eine Spezial-Agentur beauftragen sollten. Laut Studien präferieren 79 Prozent der Influencer eine persönliche Ansprache über eine Marke als über Dritte.

Wichtig ist in jedem Fall eine persönliche Ansprache der Influencer entweder per E-Mail oder idealerweise bei einem Treffen. Hierzu empfiehlt es sich, so viele Informationen wie möglich über den Influencer herauszufinden. Darüber hinaus sollten Sie darauf hinweisen, aufgrund welcher Stärken und individueller Facetten Sie den betreffenden Influencer ausgewählt haben und warum Sie glauben, dass er oder sie zu Ihnen passt. Gleichzeitig sollten Sie herleiten, warum gerade Ihr Unternehmen ein guter Kooperationspartner aus Sicht des Influencers ist. Denn auch er muss von einer Zusammenarbeit mit Ihnen profitieren.

Vor diesem Hintergrund sollten Sie eine Kampagne entwickeln, die einen Mehrwert für die Instagram-Präsenz als auch darüber hinaus darstellt.

Beziehen Sie auch die Kreativität der Influencer in den gesamten Strategie-Prozess ein. Gegebenenfalls kann Ihre Kampagnen-Idee noch verbessert werden.

Redaktionsplan

Sobald die Abstimmung mit den Influencern erfolgt ist, geht es um die Entwicklung eines konkreten Redaktionsplans, in dem Sie Ihre Maßnahmen inklusive Publishing-Daten pro Post, Instagram Story, Account Takeover etc. terminieren. Sofern Sie den Influencer-Content auch für Ihre eigene Instagram-Präsenz nutzen wollen, haben Sie hier einen guten Überblick, wann dieser Content verfügbar ist.

Konditionsverhandlungen

Ihr Plan steht, nun geht es an die Verhandlung der Konditionen.

Faktoren, die bei der Preisfindung eine Rolle spielen, sind zum Beispiel folgende:

- die Qualität und Konsistenz des Contents
- die Audience-Qualität (involvierte Zielgruppe)
- die tatsächliche Reichweite seiner Posts
- Referenzen (zum Beispiel die Zusammenarbeit mit hochwertigen Marken)
- das Image des Influencers in der Influencer-Szene und darüber hinaus
- die Qualität und der Einfluss seiner Webpräsenz inklusive Backlinks auf seinen Blog durch renommierte Seiten
- Anzahl der Follower
- gegebenenfalls ein Celebrity-Status, der auch über Instagram hinausreicht

Unter Influencern inzwischen weit verbreitet ist der Ansatz, den Mediavalue pro Post, der über InfluencerDB ausgewiesen wird, als Verhandlungsbasis zu nutzen.

Guidelines

Extrem wichtig in der Zusammenarbeit mit Influencern ist, ihre künstlerische Freiheit zu wahren. Deshalb sollten Sie nur so wenige Guidelines wie nötig aufsetzen und in einem Vertrag fixieren (siehe dazu Abschnitt 6.6 »Rechtliche Rahmenbedingungen, Kennzeichnungspflichten«). Eine gängige Guideline ist inzwischen die Vorabnahme eines Inhalts durch die Marke.

6.5.8   Bewertung

Sobald Ihre Influencer-Marketing-Maßnahmen anlaufen, gilt es nun, den Kampagnenerfolg zu messen.

Probate **quantitative Messkriterien** sind dabei folgende:

▸ das Wachstum Ihres eigenen Instagram-Accounts (Follower-Growth-Rate, die Sie beispielsweise mit InfluencerDB oder auch Iconosquare analysieren können)

▸ der Trafficzuwachs auf Ihrer Website (zum Beispiel via Google Analytics oder Webtrekk)

▸ das Engagement der Sponsored Posts (via InfluencerDB oder weiteren Influencer-Technologien)

▸ Post-Performance – performen die Sponsored Posts gleich, besser oder schlechter als der Durchschnitt der Influencer-Posts? Sind sie von der Zielgruppe gut angenommen worden?

▸ Anzahl Mentions durch andere Influencer (via InfluencerDB)

▸ Entwicklung von Earned Media (via InfluencerDB oder auch manuelle Recherche, etwa Anzahl der Beiträge, die mit Ihrem Markenhashtag verbreitet werden, gibt es eine signifikante zusätzliche Reichweite, die Sie über Ihre bezahlten Maßnahmen hinaus generieren konnten?)

▸ Hashtag-Performance – welche Reichweite und welches Engagement konnten die Influencer-Beiträge, die mit Ihrem Aktions- oder Markenhashtag markiert wurden, insgesamt generieren und welche Influencer greifen Ihre Aktion darüber hinaus unter den Hashtags auf? (Ein sehr gutes allerdings kostenpflichtiges Tool in diesem Zusammenhang ist das bereits erwähnte Talkwalker (*www.talkwalker.com*).

▸ Conversions – gibt es Leads oder Sales, die über die Aktion generiert werden konnten? (Nachweis über Rabatt- oder Aktions-Codes möglich)

Qualitative Kriterien

Hier ist die Tonalität bzw. das Sentiment der Kommentare besonders wichtig – sind sie positiv, neutral oder negativ, konnte hier eine Präferenz oder gar ein direktes Kaufinteresse geweckt werden? (Manuelle Recherche notwendig)

Gibt es Berichterstattungen in den Medien (Google-Suche) oder auch in anderen Social-Media-Kanälen (BuzzSumo)?

6.6   Rechtliche Rahmenbedingungen, Kennzeichnungspflichten

Grundsätzlich sind kommerzielle Influencer-Inhalte kennzeichnungspflichtig. Im Falle von Foto- und Video-Posts muss dies sofort sichtbar zu Beginn der Bildunterschrift mit dem Begriff »Werbung« oder »Anzeige« erfolgen.

Kommerziell ist ein Inhalt, wenn mt dessen Veröffentlichung

- eine monetäre Vergütung
- oder eine geldwerte Gegenleistung durch ein Unternehmen in Form von Gutscheinen,
- eine kostenlose Produktprobe
- oder das Einsparen von Reisekosten, Flügen oder Hotelübernachtungen verbunden ist.

Übersendet ein Unternehmen einem Influencer Produktproben oder Gutscheine ohne Vorgabe, dazu einen Inhalt zu veröffentlichen, handelt es sich wiederum um einen nicht kennzeichnungspflichtigen Inhalt.

Sehr hilfreich zur Beurteilung der Kennzeichnungspflichten in Social Media im Allgemeinen und Instagram im Besonderen ist der »Leitfaden der Medienanstalten zur Werbekennzeichnung bei Social Media-Angeboten«, den Sie hier finden:

*https://www.die-medienanstalten.de/fileadmin/user_upload/Rechtsgrundlagen/
Richtlinien_Leitfaeden/Leitfaden_Medienanstalten_Werbekennzeichnung_Social_
Media.pdf.*

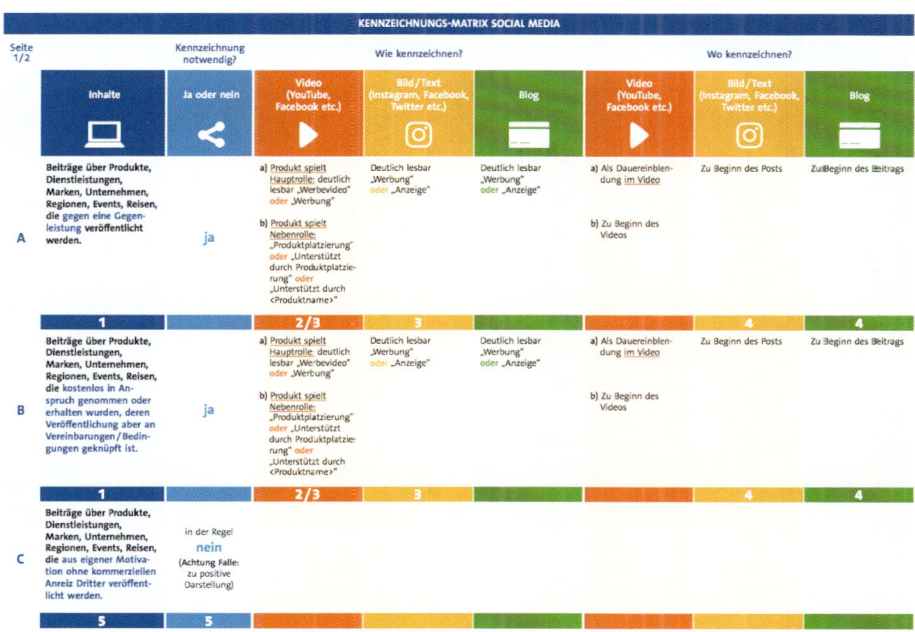

Abb. 6.25: *Auszug aus dem Leitfaden der Medienanstalten zur Werbekennzeichnung bei Social-Media-Angeboten (Quelle: Direktorenkonferenz der Landesmedienanstalten (DLM), Cornelia Holsten, DLM-Vorsitzende, Stand November 2018)*

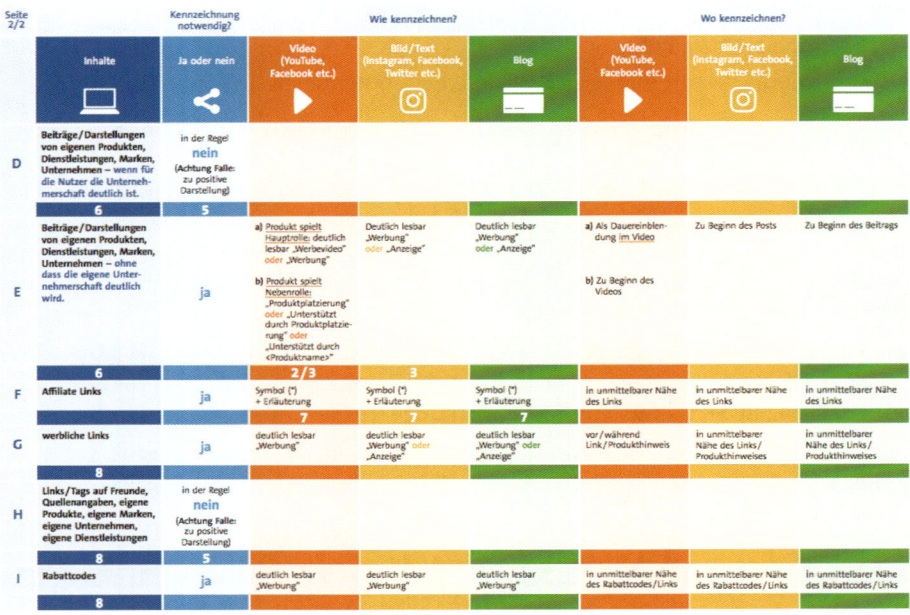

Seite 2/2 Inhalte	Kennzeichnung notwendig? Ja oder nein	Wie kennzeichnen? Video (YouTube, Facebook etc.)	Bild/Text (Instagram, Facebook, Twitter etc.)	Blog	Wo kennzeichnen? Video (YouTube, Facebook etc.)	Bild/Text (Instagram, Facebook, Twitter etc.)	Blog
D Beiträge/Darstellungen von eigenen Produkten, Dienstleistungen, Marken, Unternehmen – wenn für die Nutzer die Unternehmerschaft deutlich ist.	in der Regel **nein** (Achtung Falle: zu positive Darstellung)						
E Beiträge/Darstellungen von eigenen Produkten, Dienstleistungen, Marken, Unternehmen – ohne dass die eigene Unternehmerschaft deutlich wird.	**ja**	a) Produkt spielt Hauptrolle: deutlich lesbar „Werbevideo" oder „Werbung" b) Produkt spielt Nebenrolle: „Produktplatzierung" oder „Unterstützt durch Produktplatzierung" oder „Unterstützt durch <Produktname>"	Deutlich lesbar „Werbung" oder „Anzeige"	Deutlich lesbar „Werbung" oder „Anzeige"	a) Als Dauereinblendung im Video b) Zu Beginn des Videos	Zu Beginn des Posts	Zu Beginn des Beitrags
F Affiliate Links	**ja**	Symbol (*) + Erläuterung	Symbol (*) + Erläuterung	Symbol (*) + Erläuterung	in unmittelbarer Nähe des Links	in unmittelbarer Nähe des Links	in unmittelbarer Nähe des Links
G werbliche Links	**ja**	deutlich lesbar „Werbung"	deutlich lesbar „Werbung" oder „Anzeige"	deutlich lesbar „Werbung" oder „Anzeige"	vor/während Link/Produkthinweis	in unmittelbarer Nähe des Links/ Produkthinweises	in unmittelbarer Nähe des Links/ Produkthinweises
H Links/Tags auf Freunde, Quellenangaben, eigene Produkte, eigene Marken, eigene Unternehmen, eigene Dienstleistungen	in der Regel **nein** (Achtung Falle: zu positive Darstellung)						
I Rabattcodes	**ja**	deutlich lesbar „Werbung"	deutlich lesbar „Werbung"	deutlich lesbar „Werbung"	in unmittelbarer Nähe des Rabattcodes/Links	in unmittelbarer Nähe des Rabattcodes/Links	in unmittelbarer Nähe des Rabattcodes/Links

Abb. 6.26: *Auszug aus dem Leitfaden der Medienanstalten zur Werbekennzeichnung bei Social-Media-Angeboten (Quelle: Direktorenkonferenz der Landesmedienanstalten (DLM), Cornelia Holsten, DLM-Vorsitzende, Stand November 2018)*

Grundsätzlich ist es wichtig, einen Vertrag mit Influencern für die jeweilige Zusammenarbeit abzuschließen, der folgende Punkte einschließt:

‣ Kennzeichnungspflichten

‣ Verantwortlichkeit bei nicht eingehaltenen wettbewerbs-, medien-, presse- und jugendschutzrechtlichen Regelungen

‣ Tätigkeits- und Leistungsumfang der Zusammenarbeit

‣ Vergütung inklusive Goodies oder Prämien

‣ Nutzungs- und Verwertungsrechte von Inhalten

Weitere Informationen dazu finden Sie unter anderem auf der Seite *www.socialmedia-recht.de* von Rechtsanwältin Nina Diercks oder dem bereits erwähnten Rechtsanwalt Dr. Thomas Schwenke *https://drschwenke.de/* sowie bei auf Influencer-Marketing spezialisierten Rechtsanwälten.

Kapitel 7

Instagram Advertising

7.1   Relevanz von Werbung auf Instagram

Werbung auf Instagram ist nicht nur effektiv, sondern auch effizient, und das sowohl für Branding- als auch Performance-orientierte Werbekampagnen. Das bestätigen Marketing-Entscheider und Media-Agenturen mittlerweile gleichermaßen. Inzwischen werben laut Instagram über zwei Millionen Unternehmen (Stand September 2017) auf der Plattform (versus 200.000 im März 2016). Laut einer Prognose des Marktforschungsunternehmens eMarketer soll Instagram im Jahr 2021 allein in den USA 15,65 Milliarden US-Dollar Werbeumsatz generieren.

Die Gründe für das allgemeine Interesse an Werbung auf Instagram und ihr Funktionieren sind im Wesentlichen folgende:

Native Platzierung der Werbung im Homefeed

Wie auch bei Facebook werden Werbeanzeigen auch auf Instagram nativ, das heißt in einer den Usern vertrauten Art, in der auch organische Inhalte auf Instagram erscheinen, eingebunden. Damit wirkt Werbung auf Instagram weniger störend als klassische Display-Werbung. Sie erscheint als Foto-, Video- oder Galerie-Post (bzw. Carousel Ad) im Homefeed der Nutzer, zwischen den Beiträgen der Instagrammer, die der Nutzer abonniert hat, oder als Foto oder Video zwischen den Instagram Stories, die er sich ansieht, und hat somit die gleiche Chance wie organische Inhalte, dessen Aufmerksamkeit zu gewinnen.

Selbstlernender Algorithmus

Der viel zitierte Instagram-Algorithmus wertet neben dem Such- und Kommunikations-Verhalten auf Instagram, Facebook sowie dem Facebook Audience Network auch die Interaktionen der User mit Werbung aus und ist ein selbstlernendes System. Werbung, die der User aktiv ausgeblendet oder mit der er interagiert hat, hat einen Einfluss darauf, welche Werbung er zukünftig sieht. Damit steigt die Relevanz der ausgelieferten Werbung kontinuierlich, was sich in besseren Kampagnen-Ergebnissen für werbetreibende Unternehmen niederschlägt.

Effektives Targeting

Dank seiner Verknüpfung mit der Facebook-Marketing-Plattform stehen für Instagram die gleichen granularen Targeting-Optionen zur Verfügung wie für Facebook-Ads. Das Targeting basiert dabei auf den über die Facebook-ID sowie die Instagram-ID gesammelten umfassenden Nutzerinformationen von »echten Menschen«. Diese IDs liefern nicht nur Daten in Echtzeit, sondern werden seit dem Beitritt der Nutzer zur Facebook- und/oder Instagram-Community über Jahre mit allen erdenklichen (freiwillig oder auch unwissentlich geteilten) Informationen des Nutzers angereichert. Das ist aus Sicht der Werbetreibenden außerordentlich wertvoll (aus User-Sicht natürlich durchaus kritisch zu sehen). Durch den Facebook- und/oder Instagram-Login lassen sich damit die richtigen User am richtigen Ort zur richtigen Zeit über das richtige Endgerät mit der richtigen Botschaft im passenden Kontext ansprechen (mehr dazu in Abschnitt 7.4.5 »Vorteile eines Facebook-Pixels und/oder des Facebook-SDKs« sowie »Anforderungen durch die DSGVO«). Da immer mehr Unternehmen von den Targeting-Optionen für ihre Kampagnen Gebrauch machen, steigt auch auf Instagram die Relevanz und Akzeptanz von Werbung zunehmend.

Markenaffinität, Engagement und Kaufinteresse

Die schon in Kapitel 1 beschriebene Markenaffinität der Instagrammer, ihr hohes Engagement und ihr latentes Kaufinteresse wirken sich auch positiv auf den Erfolg von Werbekampagnen auf Instagram aus. Sie wollen grundsätzlich mehr über Marken und Produkte erfahren und sind auch bereit, beworbene Produkte zu kaufen. Auch die Einführung der in Kapitel 3 erwähnten Shopping-Funktion zielt auf das grundsätzliche Informations- und Kaufinteresse der Instagrammer ab. Mit den für Werbeanzeigen verfügbaren Call-to-Action-Buttons wie »Mehr ansehen«, »Jetzt buchen« oder »Jetzt einkaufen« lassen sich die Nutzer ideal in der jeweiligen Phase ihres Kaufentscheidungsprozesses ansprechen.

Visualität der Plattform

Der Fokus auf visuelle Inhalte und die fast ausschließlich mobile Nutzung von Instagram stellt zwar auch Anforderungen an werbetreibende Unternehmen, wirkt sich aber grundsätzlich förderlich auf eine wirksame Markenkommunikation aus. Eine ansprechende visuelle Gestaltung von Werbung zieht die nach Inspiration suchenden Instagrammer an. Zudem erscheinen Inhalte, inklusive Werbung, als exklusiver Inhalt im Homefeed der Nutzer. Es gibt keinen linken oder rechten Seitenrand, der die Aufmerksamkeit der Nutzer zerstreut.

Innovationskraft von Facebook

Ein wesentlicher Erfolgsfaktor für Werbung auf Instagram ist die kontinuierliche Weiterentwicklung der Werbeformate seitens Facebook, etwa auf Basis von Eye-Tracking-Studien, Analysen des Klick-Verhaltens oder generell des Nutzungsverhaltens der User auf der Plattform. Auch das Feedback der User und Werbetreibenden fließt dabei ein. Bringt ein Werbeformat nicht den gewünschten Erfolg, wird es umgehend verbessert. Facebook treibt selbst immer wieder Innovationen voran, um bessere Ergebnisse für Werbetreibende und Nutzer gleichermaßen herzustellen.

7.2   Ziele von Werbung auf Instagram

Grundsätzlich lässt sich mit Instagram-Werbung der gesamte Kaufentscheidungsprozess eines Users begleiten und insbesondere in den Phasen Bekanntheit, Kauferwägung und Conversion eine Vielzahl von Zielen verfolgen:

- **Bekanntheit bzw. Awareness**
  - die Bekanntheit und Sichtbarkeit Ihrer Marke oder Produkte innerhalb der Instagram-Community steigern
  - Ihre Bekanntheit in einem bestimmten Land, einer bestimmten Region oder in einer bestimmten Stadt erhöhen
  - Ihre Markenbildung unterstützen
  - die Reichweite Ihrer Markenbotschaft erhöhen
  - die Sichtbarkeit und Interaktion mit Ihren Inhalten erhöhen
- **Kauferwägung bzw. Consideration**
  - Nutzer über Ihre Produkte oder Dienstleistungen informieren
  - die Anzahl der an Ihren Produkten interessierten Besucher auf Ihrer Website erhöhen
  - die Reichweite innerhalb einer markenaffinen Zielgruppe erhöhen
  - mehr Aufrufe für Ihr Video generieren
- **Conversion bzw. Purchase**
  - die Abverkäufe auf Ihrer Website steigern
  - die Downloadzahlen Ihrer mobilen App steigern
  - die Interaktionen mit Ihrer mobilen App erhöhen

Instagram-Werbung eignet sich damit sowohl für Branding-Kampagnen, bei denen die Steigerung der Markenbekanntheit, Reichweite und Markenbildung im Vordergrund stehen, als auch Performance-Kampagnen, über die Leads und Conversions generiert werden sollen.

Mit Retargeting-Optionen, die in Abschnitt 7.4.5 »Vorteile eines Facebook-Pixels und/ oder des Facebook-SDKs« noch näher vorgestellt werden, ist es darüber hinaus möglich, auch bestehende Kunden durch einen erneuten Kaufentscheidungsprozess zu führen und sie damit an Ihre Marke zu binden und schließlich Ihren Customer Lifetime Value (CTV) zu erhöhen.

7.3   Werbeformen auf Instagram

Die Visualisierungsmöglichkeiten für Werbeanzeigen sind inzwischen vielfältig und beinhalten derzeit folgende vier Grund-Formate sowie darauf basierende Sonderformate.

7.3.1   Foto-Ad (Photo Ad und Link Ad)

Foto-Ads sind das gängigste Format unter den verfügbaren Formaten auf Instagram und erscheinen als Foto-Post im Homefeed der Nutzer. Sofern Sie im Rahmen Ihrer Kampagnen-Erstellung einen Link zu Ihrer Website hinterlegen, wird unterhalb Ihres Fotos über dessen gesamte Breite automatisch der Call-to-Action-Button MEHR DAZU angezeigt. Damit entspricht Ihr Foto-Ad einem Link Ad. Alternativ können Sie auch einen anderen Call-to-Action, wie zum Beispiel »Jetzt buchen« oder »Jetzt kontaktie-ren« und weitere auswählen. Hinterlegen Sie keinen Link in Ihrer Kampagne, wird kein Call-to-Action angezeigt.

Ein Foto-Ad unterscheidet sich neben dem optionalen Call-to-Action-Button lediglich durch die Kennzeichnung GESPONSERT unterhalb Ihres, bei jedem Post eingeblendeten, Account-Namens. Unternehmen nutzen Foto-Ads vor allem, um ihre Marke und ihre Produkte in den Mittelpunkt des Interesses des Nutzers zu setzen. Auch besonders erfolgreiche organische Posts werden als Foto-Ad verlängert. Darüber hinaus setzen Unternehmen User Generated Content mit der entsprechenden Freigabe der User (mehr dazu in Abschnitt 8.4 »Umgang mit Urheberrechten«) für Foto-Ads ein.

Foto-Ads können entweder quadratisch, im Querformat (Landscape-Modus) oder im Hochformat (Porträt-Modus) gestaltet sein. Instagram empfiehlt für eine größtmög-liche Aufmerksamkeit ein 1:1- bzw. quadratisches Bildseitenverhältnis mit folgenden Spezifikationen:

- Bildgröße 1080 x 1080 Pixel (mindestens jedoch 600 x 600 Pixel)
- Dateiformat: JPG oder PNG
- Dateigröße: 30 MB
- Bildunterschrift: ca. 125 Zeichen

Für die Bildunterschrift haben Sie zwar 2.200 Zeichen Platz, eine kurze, sofort zu erfas-sende Bildunterschrift inklusive der für Ihre Kampagne relevanten Hashtags ist jedoch empfehlenswert.

Das Foto Ihrer Werbeanzeige sollte zudem so wenig Text wie möglich enthalten. Damit sind Texte, textlastige Logos oder Wasserzeichen, die sich direkt auf Ihrem Foto befin-den, gemeint. Fotos mit mittelvielem bis vielem Text-Anteil laufen Gefahr, weniger oder gar nicht angezeigt zu werden. Um dieser Gefahr vorzubeugen, können Sie den Text-Anteil Ihres Fotos mit dem Text-Overlay-Tool von Facebook prüfen:
https://www.facebook.com/ads/tools/text_overlay

Weitere technische Details finden Sie immer aktuell im Facebook-Ads-Guide unter:
https://www.facebook.com/business/ads-guide/

Foto-Ads auf Instagram sind derzeit für folgende Kampagnenziele einsetzbar:

- Markenbekanntheit
- Conversions
- Interaktionen
- Traffic

7.3.2 Video-Ad (Video Link Ad)

Video-Ads werden analog zu Foto-Ads im Homefeed der User ausgespielt, starten dabei automatisch und ohne Ton. Sie sind im Hoch- oder Querformat oder in quadra-tischer Form einsetzbar. Vorteil eines Video-Ads ist die Möglichkeit, Nutzer mithilfe von

Bewegtbild sowie optischen und akustischen Reizen noch emotionaler und kreativer anzusprechen. Allerdings besteht die Herausforderung darin, die Kernaussage Ihres Videos schon direkt zu Beginn zu platzieren und auch ohne Ton verständlich zu machen. Laut aktuellen Studien von Facebook und Nielsen werden 47 Prozent der Werbewirkung eines Videos in Bezug auf Werbeerinnerung, Markenbekanntheit oder Sales bereits in den ersten drei Sekunden erzielt und 74 Prozent innerhalb der ersten zehn Sekunden, wenngleich auch der weitere Verlauf des Videos wertstiftend ist.

Nachdem der Video-Konsum auf Instagram stark gestiegen ist (innerhalb von nur sechs Monaten um 40 Prozent im Jahr 2015), hat Instagram eine über den Explorer zugängliche eigene Video-Suche eingeführt. Damit wird Bewegtbild auf der Plattform noch relevanter und vertrauter. Sie sollten Video-Ads deshalb in Ihre Werbestrategie einbeziehen und Erfahrungen damit sammeln und sich zukunftssicher aufstellen.

Unternehmen zeigen über Video-Ads häufig für Instagram optimierte Image-Videos (das Wichtigste zuerst), aber auch kreative Zeitraffer- oder Stop-Motion-Filme.

Wichtigste Spezifikationen:

- Seitenverhältnis: 1:1 oder 4:5 (empfohlen)
- Format: .mp4
- Bildunterschrift: 125 Zeichen (empfohlen)
- Mindestlänge: keine
- Maximale Länge: 120 Sekunden, empfohlene Länge: 15 Sekunden
- Maximale Größe: 30 GB
- Ton: automatischer Start ohne Ton

Die ausführlichen Spezifikationen finden Sie im Facebook-Ads-Guide, zum Beispiel hier: *https://www.facebook.com/business/ads-guide/video-views/instagram-video-views/*

Video-Ads auf Instagram sind derzeit für folgende Kampagnen-Ziele einsetzbar:

- Leadgenerierung
- Markenbekanntheit
- Interaktionen
- Store Traffic
- App-Installationen
- Videoaufrufe
- Nachrichten

7.3.3   Karussel-Ad (Carousel Ad)

Karusell-Ads entsprechen einer interaktiven Bilder-Galerie bzw. Slideshow, durch die der User swipen bzw. wischen kann. Sie können aus bis zu zehn Fotos und/oder Videos, auch Karten genannt, bestehen. Analog zum Foto- und Video-Ad kann auch das Karussel-Ad mit einem Call-to-Action-Button versehen werden, der schon ab dem ersten Bild oder Video zu sehen ist. Mithilfe des Karussel-Ads können Sie Nutzer bereits innerhalb der Instagram-Welt mit Ihrer Marken- und Produktwelt vertraut machen, indem Sie unterschiedliche Produkte nacheinander zeigen, Ihr Produkt aus verschiedenen Perspektiven beleuchten, verschiedene Screenshots Ihrer App visualisieren oder Impressionen einer neuen Reisedestination vermitteln. Das Karusell-Ad entspricht dabei der typischen Nutzer-Intention, mehr über eine Marke oder ein Produkt erfahren zu wollen, jedoch ohne dabei die Instagram-Welt sofort verlassen zu müssen.

Beliebter kreativer Anwendungsfall für Karussel-Ads ist es, ein großes Bild in mehrere Einzelbilder zu zerlegen und es über mehrere Karten im Karussel-Ad zu zeigen.

Wichtigste Spezifikationen:

- analog zu Foto- und Video-Ad
- Videolänge: bis zu 60 Sekunden
- Bildseitenverhältnis: 1:1
- Mindestanzahl Karten: 2
- Maximale Anzahl Karten: 10

Die ausführlichen Spezifikationen finden Sie im Facebook-Ads-Guide, zum Beispiel hier: *https://www.facebook.com/business/ads-guide/brand-awareness/instagram-carousel/ ?toggle0=Foto*

Karussel-Ads sind für folgende Kampagnenziele einsetzbar:

- Reichweite
- Conversions
- Leadgenerierung
- Katalogverkäufe
- Markenbekanntheit
- Traffic
- Store Traffic

7.3.4   Instagram Stories Ads

Mit Instagram Stories Ads können Sie ein einzelnes Foto, das bis zu fünf Sekunden lang sichtbar ist, ein bis zu 15 Sekunden langes Video, ein aus drei Sequenzen bestehendes Karussel-Ad oder eine sogenannte Instant Experience (ehemals Canvas-Ad, siehe dazu auch die Ausführungen in Abschnitt 7.3.7 »Collection Ads«) zwischen den vielfach erwähnten Instagram Stories schalten. Die einzelnen Stories werden dabei nicht unterbrochen, sondern die Werbung schließt sich in einem weichen Übergang an das Ende einer zuvor angesehenen Story an, bevor eine neue startet.

Sofern Sie Ihr Werbemittel individuell auf das Story-Format angepasst haben, erscheint dieses bildschirmfüllend im 9:16-Hochformat auf dem Smartphone-Screen analog zu den Stories der User, womit Sie eine noch größere Aufmerksamkeit für Ihre Werbebotschaft erzeugen können.

Einziger Unterschied zu den organischen Stories ist die Kennzeichnung GESPONSERT am oberen Seitenrand, direkt unter Ihrem Profil-Logo und -Namen. Empfindet ein Nutzer Ihre Anzeige als störend, kann er sie überspringen und zur nächsten Story wechseln. Deshalb ist es außerordentlich wichtig, dass Ihr Werbemittel direkt auf den ersten Blick Aufmerksamkeit erregt.

Analog zu Foto-, Video- und Karussel-Ads können Sie auch Instagram Stories Ads einen Call-to-Action-Button hinzufügen.

Darüber hinaus lassen sich inzwischen auch alle anderen Foto- und Video-Formate, die nicht im Hochformat produziert sind, über ein Story Ad darstellen. Auch Facebook-Posts können so 1:1 in Story Ads verlängert werden. Allerdings überzeugen die so generierten Story Ads in ihrer Ästhetik und Aussagekraft eher weniger.

Tipp – Separate Kampagne für Story Ad

Mit dem Ziel, die bestmögliche Werbewirkung Ihres Story Ads zu erzielen, sollten Sie ein bildschirmfüllendes Werbemittel, idealerweise ein Video im Hochformat, konzipieren und als separate Kampagne schalten. Dazu lässt sich im Werbeanzeigenmanager die Platzierung INSTAGRAM STORIES manuell auswählen.

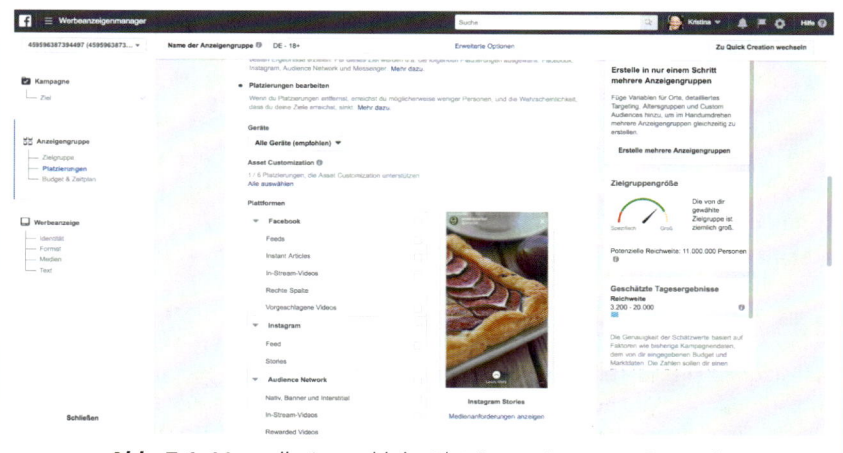

Abb. 7.1: *Manuelle Auswahl der Platzierung* INSTAGRAM STORIES *im Werbeanzeigenmanager*

Großer Vorteil ist, dass für Instagram Stories Ads die gleichen Targeting-Optionen wie für alle anderen Werbeformate zur Verfügung stehen.

Wichtigste Spezifikationen:

▸ Bildformat: 9:16, 1080 x 1920 Pixel

▸ Dateiformate: .mp4, .mov, .jpg, .png

▸ Dateigröße: 4 MB (Video), 30 MB (Foto)

▸ Videolänge: 120 Sekunden

Die ausführlichen Spezifikationen finden Sie im Facebook-Ads-Guide, zum Beispiel hier: *https://www.facebook.com/business/ads-guide/traffic/instagram-stories/*

Aktuell verfügbare Kampagnen-Ziele für Instagram Stories Ads:

▸ Markenbekanntheit

▸ Reichweite

▸ App-Installationen

▸ Conversions

▸ Traffic

▸ Videoaufrufe

▸ Leadgenerierung

▸ Nachrichten

▸ Conversions

▸ Katalogverkäufe

7.3.5   Lead Ads

Lead Ads sind ein Sonderwerbeformat für Instagram (und Facebook), mit dem sich gerade im mobilen Nutzungskontext auf einfache Weise Leads generieren lassen. Dabei können Sie Ihrem Werbemittel, beispielsweise einem Foto-Ad, Video-Ad oder einem Karussel-Ad, ein zusätzliches Kontaktformular hinzufügen, das über den Call-to-Action-Button Ihres Werbemittels erreichbar ist.

Das Kontaktformular ist dabei ein vorgefertigtes Formular, das in seinem Design und seiner Nutzerführung für Instagram-Nutzer optimiert ist. Das Besondere ist dabei, dass Daten, die Facebook bereits bekannt sind, schon im Formular vorausgefüllt sind. Im Falle von Instagram sind das Daten wie die E-Mail-Adresse des Users, sein Name, seine Telefonnummer und sein Geschlecht. Auf diese Weise muss der Nutzer diese Daten nicht noch einmal manuell eingeben, sondern kann das Formular sofort absenden. Möchten Sie über diese Daten hinaus noch weitere Informationen sammeln, ist dies über zusätzliche Felder, die Sie individuell ergänzen können, möglich.

Das Formular lässt sich in wenigen Schritten im Rahmen Ihres Kampagnen-Setups im Facebook-Werbeanzeigenmanager erstellen und individualisieren.

Anders als auf Facebook besteht es nicht aus einer einzigen Seite, durch die der Nutzer scrollt, sondern aus vier Seiten:

▸   einer optionalen BEGRÜSSUNGSSEITE, auf der Sie Ihr Unternehmen, Ihre Marke, Ihr Produkt kurz vorstellen können

▸   einer Seite FRAGEN, auf der Sie einerseits nach weiteren Benutzerinformationen, wie Kontaktinformationen, demografischen Daten oder geschäftlichen Informationen, fragen können, und benutzerdefinierte Fragen.

▸   einer Seite, auf der Sie einen Link zu Ihrer DATENRICHTLINIE hinterlegen

▸   einer VIELEN DANK-Seite

Die vollständigen Spezifikationen für Lead Ads finden Sie im Facebook-Ads-Guide unter: *https://www.facebook.com/business/help/397336587121938?helpref=faq_content*.

Lead Ads sind über das Kampagnenziel LEADGENERIERUNG im Werbeanzeigenmanager verfügbar. Sofern Sie Lead Ads nur auf Instagram einsetzen wollen, können Sie im Schritt PLATZIERUNGEN und hier unter dem Punkt PLATZIERUNGEN BEARBEITEN, Lead Ads für Facebook deaktivieren und somit nur für Instagram aktivieren.

Lead Ads eignen sich besonders gut für Kurz-Registrierungen, etwa Newsletter-Anmeldungen, Terminvereinbarungen, das Anfordern von Produktinformationen, Vereinbarungen von Probefahrten und Ähnlichem. Die über die Lead Ads gewonnenen Leads können Sie im Werbeanzeigenmanager herunterladen oder direkt mit Ihrem CRM-System wie zum Beispiel Salesforce oder MailChimp verbinden.

7.3.6   Dynamic Ads

Dynamic Ads sind auf den ersten Blick klassische Foto- oder Karussel-Ads mit Produktabbildungen und entsprechenden Call-to-Actions zu Ihrer Website oder App. Es handelt sich dabei allerdings um Werbeanzeigen, die sich dynamisch am Nutzerverhalten Ihrer bestehenden und potenziellen Kunden auf Ihrer Website oder App ausrichten. Das heißt, sie zeigen beispielsweise ganz individuell genau das Produkt oder die Produkte, an denen Ihr potenzieller oder bestehender Kunde bereits Interesse gezeigt hat.

Wie funktioniert das?

Damit Sie nicht manuell mehrere Hundert Werbemittel für sämtliche Ihrer Produkte erstellen müssen, können Sie mit Dynamic Ads eine **Werbeanzeigenvorlage** erstellen, die automatisch Fotos und Produkt-Detailinformationen aus Ihrem gesamten Produktkatalog verwendet.

Wie Sie einen **Produktkatalog** erstellen und für die Anzeigenschaltung auf Instagram (und damit auch Facebook) verfügbar machen können, erfahren Sie auf der Plattform **Facebook Business** unter *https://www.facebook.com/business/help/1397294963910848?helpref=faq_content* oder unter unter dem Stichwort PRODUKTKATALOG ERSTELLEN.

Damit Ihre Werbeanzeige auch noch dem richtigen Nutzer zur richtigen Zeit das passende Produkt zeigt, muss eine Verbindung zwischen Instagram und Ihrer Website oder Ihrer App geschaffen werden.

Das geschieht im Falle Ihrer Website über das sogenannte Facebook-Pixel oder im Falle Ihrer App über das sogenannte Facebook-SDK (Software-Development-Kit). Wichtig ist in diesem Zusammenhang, dass Sie die Bestimmungen der DSGVO einhalten.

Weitere Informationen dazu finden Sie in Abschnitt 7.4.5 »Vorteile eines Facebook-Pixels und/oder des Facebook-SDKs«.

7.3.7   Collection Ads

Collection Ads oder auch (Sammlungen) kombinieren ein Foto- oder Video-Ad mit weiterführenden Informationen, in der Regel Produktinformationen. Dabei fungiert das Foto oder Video innerhalb des Ads als sogenannter Hero-Content, darunter erscheinen vier Produkte. Interagiert der User mit dem Collection Ad, öffnet sich eine sogenannte Instant Experience – eine bildschirmfüllende Microsite, die Sie je nach Zielsetzung Ihrer Werbeschaltung individuell gestalten können. Facebook liefert Ihnen dabei im Werbeanzeigenmanager drei unterschiedliche Vorlagen:

▸ eine Instant Experience »Kundengewinnung«, um neue Kunden für Ihre Marke und Ihre Produkte zu begeistern

▸ eine Instant Experience »Storytelling« zur Vorstellung Ihrer Marke oder Ihres Unternehmens (ohne zwingenden Produktfokus)

▸ sowie eine Instant Experience »Formular« zur Sammlung von Leads (alternativ zum Lead Ad)

Das Collection Ad kann dabei sowohl im Instagram-Feed als auch als Story Ad geschaltet werden.

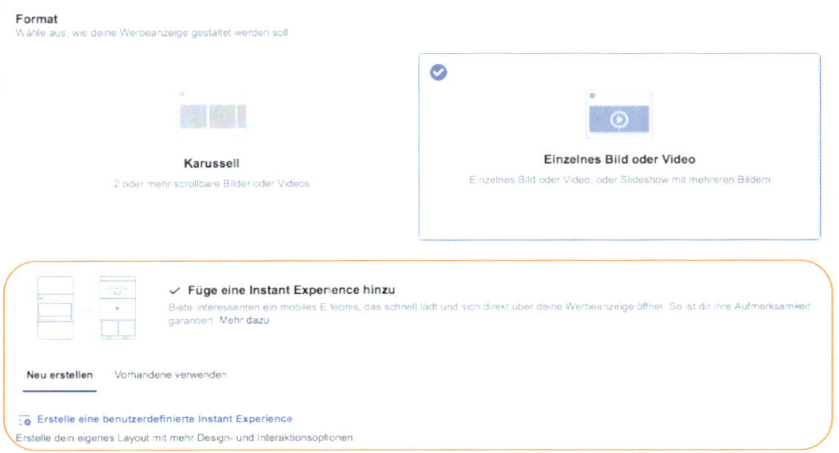

Abb. 7.2: *Auswahlmöglichkeit im Werbeanzeigenmanager, eine Instant Experience als Werbemittel-Format hinzuzufügen*

Neu erstellen   Vorhandene verwenden

⚡ Beginne mit einer Vorlage ⓘ

Vorlagen können direkt verwendet werden. Füge einfach deinen eigenen Content hinzu. Mehr dazu.

Kundengewinnung
Ermutige neue Kunden, deine Marke und deine Produkte zu entdecken. Eine mobile Landing Page macht es möglich.

Vorlage verwenden

Storytelling
Biete Kunden eine interaktive Plattform, um deine Marke, Produkte und Services kennenzulernen.

Vorlage verwenden

Formular
Verwende zum Erstellen einer Liste mit potenziellen Kunden ein Formular.

Vorlage verwenden

⊡ Erstelle eine benutzerdefinierte Instant Experience ⓘ

Erstelle deine eigene Instant Experience mit einem benutzerdefiniertem Layout und mehr Design- und Interaktionsoptionen.

Abb. 7.3: Auswahl der drei Instant-Experience-Templates im Werbeanzeigenmanager

Instant Experience erstellen   ✕

Titelbild oder -video   ▾   Instagram   📱 Mobile Preview ▾

Präsentiere deine Marke, dein Produkt oder deinen Service. Du kannst ein auffälliges Video oder Bild dafür verwenden oder eine Slideshow mit bis zu 10 Fotos oder Videostandbildern erstellen.

* Bild   Video/Slideshow

Empfohlene Bildbreite: 1.080 Pixel

Bild ersetzen

Ziel-URL (optional)

Dieses Feld gilt nur für Facebook-Werbeanzeigen.

Text   ▾

Add Context

Text   ▾

Change the text and use this space to tell people about your product, brand, or service.

Button   ▾

Füge einen Button hinzu.

Beschriftung

Write something...

Zielseite

Add Context

Change the text and use this space to tell people about your product, brand, or service.

Write something...

Fertig

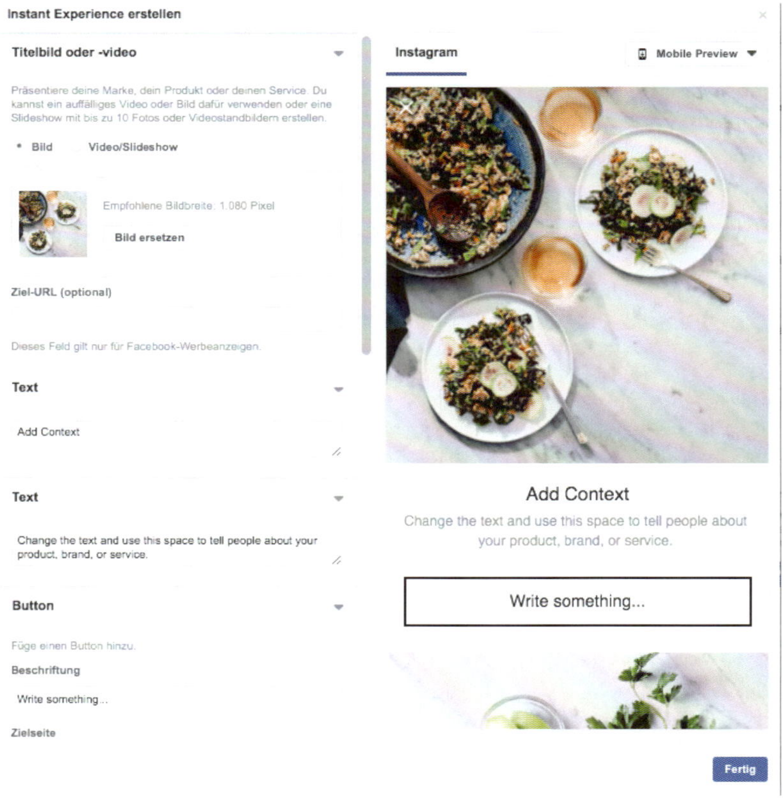

Abb. 7.4: Screenshot eines Instant-Experience-Templates im Facebook-Werbeanzeigenmanager

User können sich im Rahmen der Instant Experience beispielsweise durch Slide-Shows wischen, weitere Fotos und Videos anschauen, durch Kippen des Smartphones den Vollbildmodus für Fotos und Videos aktivieren oder weitere Produktinformationen abrufen.

Sofern Sie mit dem Collection Ad eine direkte Sales-Absicht verfolgen, ist die Verknüpfung Ihres Shopping-Katalogs mit Facebook analog zu den Dynamic Ads erforderlich. Darüber hinaus ist es möglich, eine benutzerdefinierte Instant Experience zu erstellen.

Aktuell verfügbare Kampagnenziele für Collection Ads:

- Conversions
- Traffic
- Katalogverkäufe
- Store Traffic

Weitere Informationen und Spezifikationen zum Collection Ad (bzw. zur Sammlung) finden Sie hier:
https://www.facebook.com/business/ads-guide/collection/instagram-feed.

7.3.8   Branded Content Ads

Mithilfe der Branded Content Ads ist es Unternehmen möglich, ihre Zusammenarbeit mit Influencern bzw. Creators offiziell auf die Schaltung von Werbung auszudehnen. Dabei können organische Posts, bei denen Unternehmen und Marken zusammengearbeitet haben, mit Zustimmung des Creators über den Werbeanzeigenmanager des Unternehmens werblich hervorgehoben werden.

Als Voraussetzung dazu muss:

- das Unternehmen dem Creator zunächst erlauben, das Unternehmen oder die Marke in seinem Post zu taggen,
- der Creator wiederum dem Unternehmen eine Genehmigung erteilen, dass der betreffende Post hervorgehoben werden darf.

Beide Partner können die Performance der Promotion über ihre Insights im Business-Profil sowie im Creators-Profil nachverfolgen.

Mithilfe der Branded Content Ads ist es für Unternehmen möglich, noch stärker von den Vorteilen des Influencer-Marketings, insbesondere der Authentizität der Creators, zu profitieren.

7.4   Voraussetzungen für Werbeschaltungen auf Instagram

Für eine Werbeschaltung auf Instagram ist grundsätzlich erforderlich:

- ein persönliches Profil auf Facebook
- eine Facebook-Seite

- ein Facebook-Werbekonto
- eine für die mobile Nutzung optimierte Zielseite

Absolut empfehlenswert ist darüber hinaus:

- ein Instagram-Profil (optional)
- ein Instagram-Business-Profil (optional)
- die Verknüpfung Ihres Instagram-Profils mit Ihrer Facebook-Seite (optional)
- die Verknüpfung Ihres Instagram-Profils mit dem Facebook-Business-Manager (optional)
- hochwertiger visueller Content (siehe dazu auch Abschnitt 7.6 »Qualitative Anforderungen an Werbeanzeigen«)

Optimal für Ihren Werbeerfolg wäre zusätzlich zu den Vorgenannten

- die Implementierung eines Facebook-Pixels und/oder eines Facebook-SDKs

7.4.1   Vorteile eines eigenen Instagram-Profils

Wie schon in Kapitel 3 angemerkt, ist für die Schaltung von Werbung nicht zwingend ein Instagram-Account notwendig, es sei denn, Sie wollen von der Funktion HERVORHEBEN, mit der Sie einzelne Beiträge innerhalb der Instagram-App promoten können, Gebrauch machen.

Da Instagram-Werbung über die Werbeplattform von Facebook gebucht wird, kann auch Ihre Facebook-Seite als Absender Ihrer Werbung auf Instagram dienen. Dabei wird das Profilfoto sowie der Seitenname Ihrer Facebook-Seite als Profilfoto sowie Account-Name für Ihre Werbe-Posts und Stories auf Instagram übernommen.

Großer Nachteil dabei ist allerdings, dass Instagrammer das Profilfoto sowie den Account-Namen in diesem Fall nicht anklicken können, was jedoch ihrem typischen Nutzungsverhalten entspricht, wenn sie auf einen interessanten Inhalt stoßen.

Das bestätigen auch Analysen des Instagram-Analytics-Teams. Demnach klicken Instagram-Nutzer bei einem Sponsored Post nicht zuerst auf den Call-to-Action-Button, sondern auf den Profil-Link oberhalb der Werbung, um sich zunächst das Marken-Profil auf Instagram anzuschauen und anschließend auf den Link in der Biografie der Marke zu klicken. Instagram hat daraufhin einen Reminder-Button auf der Profilseite des werbetreibenden Unternehmens integriert. Nutzer sollen damit daran erinnert werden, auf den Call-to-Action-Link zu klicken und damit zum gewünschten weiterführenden Inhalt auf der Unternehmenswebsite zu gelangen.

Darüber hinaus ist eine Interaktion über Ihren Werbe-Post mit der Community, beispielsweise das Beantworten von Kommentaren, nur möglich, wenn Sie selbst über einen eigenen Instagram-Account verfügen.

Im Hinblick auf die Auseinandersetzung der User mit Ihrer Marke, Ihren Produkten und Ihrem Unternehmen bringt Ihnen im Falle einer Werbeschaltung das gleichzeitige Vorhandensein eines Instagram-Accounts meines Erachtens den größtmöglichen Nutzen. Das schon in Kapitel 3 erwähnte »Scrollytelling« kann damit seine volle Wirkung entfalten. Ein User wird über Ihren Sponsored Post oder eine Sponsored Instagram Story auf Ihr Unternehmen, Ihre Marke oder Ihr Produkt aufmerksam, tippt Ihr Profilbild oder den Profilnamen an, scrollt daraufhin durch Ihr Profil und tippt dann auf den als Reminder platzierten Call-to-Action-Link. Ein auf diese Weise positiv aufgeladener Nutzer wird mit hoher Wahrscheinlichkeit eher und besser konvertieren.

7.4.2   Vorteile eines Instagram-Business-Profils

Abgesehen von hilfreichen Statistiken sowie direkten Kontaktmöglichkeiten zu Ihrer Zielgruppe bietet das Business-Profil in Bezug auf Werbung noch einen weiteren Vorteil. Denn anders als das Hervorheben von Facebook-Posts über den Werbeanzeigenmanager können Sie einzelne organische Posts in Ihrem Instagram-Profil derzeit ausschließlich über die HERVORHEBEN-Funktion Ihres Business-Profils promoten. Ebenso ist der Kampagnen-Erfolg nur über die Statistiken Ihres Business-Profils einsehbar. Wie Sie Ihr privates Instagram-Profil in ein Business-Profil umwandeln, erfahren Sie in Abschnitt 4.1 »Einrichten Ihres Business-Profils«. Mit der HERVORHEBEN-Funktion haben Sie die Möglichkeit, Ihre besonders erfolgreichen Posts gezielt einer noch breiteren Öffentlichkeit innerhalb Ihrer potenziellen Zielgruppe zuzuführen und damit mehr relevante Reichweite und Engagement für Ihre Markenbotschaft zu generieren.

7.4.3   Instagram-Profil mit Facebook-Seite verknüpfen

Um Instagram später als Belegungseinheit für Ihre Werbeschaltung auswählen zu können, müssen Sie Ihr Instagram-Profil zunächst mit einer Facebook-Seite verknüpfen.

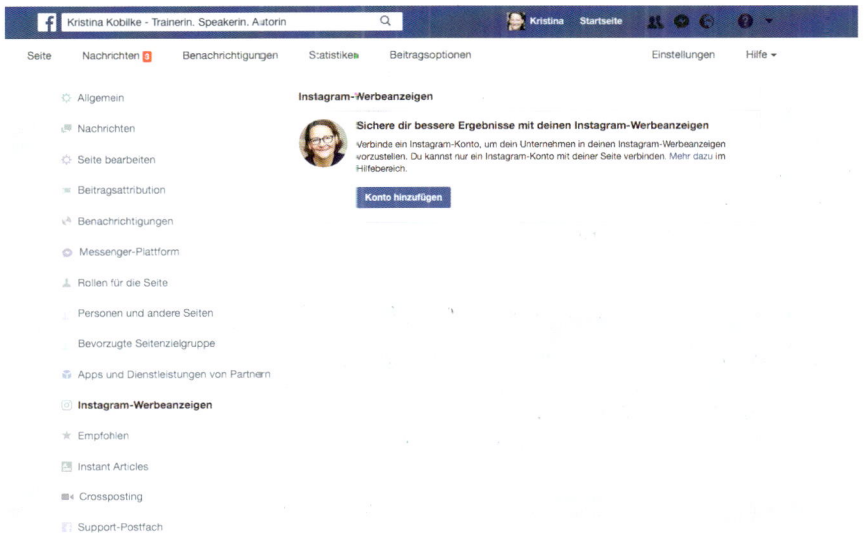

Abb. 7.5: Bereich EINSTELLUNGEN der Facebook-Seite, Menüpunkt INSTAGRAM-WERBEANZEIGEN

Rufen Sie dazu den Menüpunkt Einstellungen Ihrer Facebook-Seite auf und wählen Sie den Menüpunkt Instagram-Werbeanzeigen aus. Folgen Sie den weiteren Anweisungen und hinterlegen Sie Ihren Instagram-Benutzernamen sowie das dazugehörige Passwort. Klicken Sie zuletzt auf Bestätigen. Jetzt ist Ihr Instagram-Account als Belegungseinheit für Ihre Kampagnen verfügbar. Pro Facebook-Seite kann derzeit nur ein Instagram-Konto hinzugefügt werden.

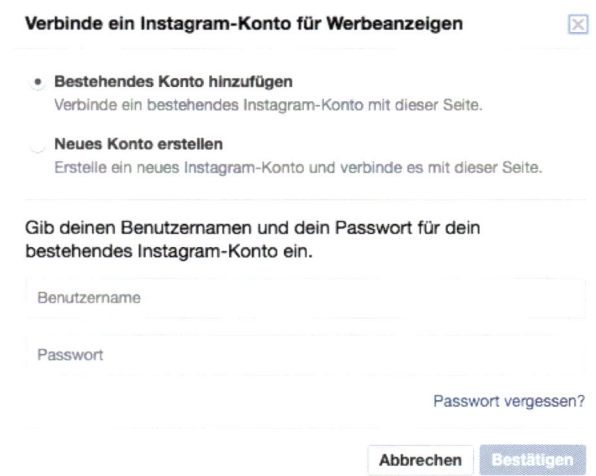

Abb. 7.6: *Instagram-Profil mit Facebook verbinden durch Eingabe der Zugangsdaten für Ihren Instagram-Account*

7.4.4   Instagram mit dem Facebook-Business-Manager verknüpfen

Sofern Sie Instagram-Werbung im Auftrag mehrerer Kunden über den Facebook-Business-Manager schalten, können Sie die Instagram-Profile Ihrer Kunden mit deren jeweiligen Werbekonten über den Menüpunkt Unternehmenseinstellungen innerhalb des Business-Managers verbinden.

> ### Facebook-Business-Manager
>
> Der Facebook-Business-Manager ist unter *https://business.facebook.com* erreichbar. Mit seiner Hilfe können Sie mehrere Facebook-Seiten sowie die verschiedenen Werbekonten Ihrer Kunden über ein übersichtliches Tool betreuen sowie Personen, mit denen Sie zusammenarbeiten, Berechtigungen zuweisen.

Erster Schritt: Aufruf der Unternehmenseinstellungen im Facebook-Business-Manager

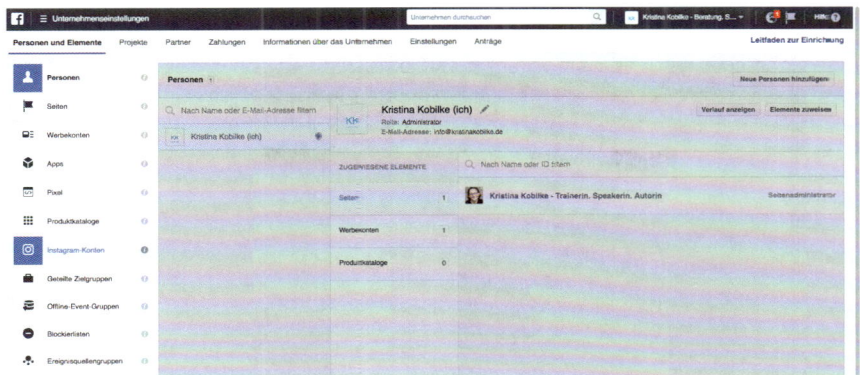

Abb. 7.7: *Ansicht Unternehmenseinstellungen im Facebook-Business-Manager*

Nächster Schritt: Instagram-Konto-Daten hinzufügen

Abb. 7.8: *Hinzufügen eines Instagram-Profils im Facebook-Business-Manager über die Zugangsdaten des Accounts*

Letzter Schritt: Werbekonto zuweisen

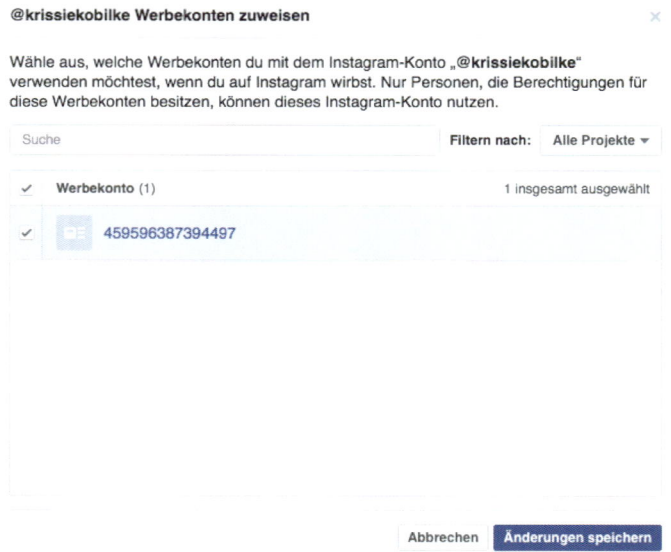

Abb. 7.9: *Letzter Schritt WERBEKONTO ZUWEISEN*

7.4.5   Vorteile eines Facebook-Pixels und/oder des Facebook-SDKs

Retargeting (auch Remarketing) Ihrer potenziellen und bestehenden Kunden

Der große Vorteil der Verwendung eines Facebook-Pixels sowie eines Facebook-SDKs (Software Development Kit) besteht darin, dass Sie die Besucher Ihrer Website sowie Ihrer App markieren und gezielt in Form einer sogenannten »Custom Audience« oder einer sogenannten »Lookalike Audience«, einer Zielgruppe, die Ihren Websitebesuchern oder auch Ihren besten Kunden ähnelt (siehe dazu Abschnitt 7.5.1 »Anzeigen über den Werbeanzeigenmanager schalten«), auf Facebook und Instagram-Endgeräten übergreifend wieder ansprechen können.

Das Facebook-Pixel ist dabei ein individuell für Sie generierter Webcode, der Ihnen über den Werbeanzeigenmanager zur Verfügung steht.

Sie kopieren diesen Code und fügen ihn anschließend einmalig auf jeder einzelnen Seite Ihrer Webseite ein (oder lassen ihn über Ihren Webmaster einfügen).

Das Facebook-SDK ist wiederum ein »Werkzeugsatz«, der speziell für mobile App-Entwickler konzipiert wurde. Indem Sie das SDK in Ihre App implementieren (lassen), ist es Ihnen analog zum Facebook-Pixel für Ihre Website auch in Ihrer App möglich, User zu markieren und gezielt über Facebook- und/oder Instagram-Werbung wieder anzusprechen.

Gezieltes Retargeting in den Phasen Kauferwägung und Kauf

Darüber hinaus bietet Ihnen das Facebook-Pixel sowie das Facebook-SDK die Möglichkeit, Ihre potenziellen oder auch bestehenden Kunden nicht nur wieder anzusprechen, sondern ganz gezielt in den Phasen Kauferwägung und Kauf via Facebook und Instagram beispielsweise mit Dynamic Ads (siehe dazu Abschnitt 7.3.6 »Dynamic Ads«) zu adressieren.

Wie funktioniert das?

Sie können Ihrem Facebook-Pixel sowie Ihrem Facebook-SDK sogenannte zusätzliche Daten-Events hinzufügen. Mithilfe dieser Daten-Events markieren Sie Ihre Website-Besucher oder App-User nicht nur, sondern können sie aufgrund ihres Nutzerverhaltens einer konkreten Phase innerhalb ihres Kaufentscheidungsprozesses zuordnen und später wieder ansprechen:

▸ Interessieren sie sich etwa für ein bestimmtes Produkt in Ihrem Webshop und haben dort zum Beispiel verschiedene Produkt-Detailseiten aufgerufen?

  ▸ Dieses Verhalten entspricht beispielsweise dem Daten-Event »ViewContent«. Um zu messen, welche Seiten konkret aufgerufen wurden, müssen Sie Ihrem Facebook-Pixel-Code auf allen Produkt-Detailseiten Ihres Shops einen zusätzlichen Parameter, der das Ereignis »ViewContent« misst, hinzufügen.

▸ Oder haben sie das Produkt schon in den Warenkorb gelegt und den Kauf noch nicht abgeschlossen?

  ▸ Dieses Verhalten entspricht dem Daten-Event »AddToCart«, das Ihrem Facebook-Pixel auf allen Warenkorbseiten sowie dem Button ZUM WARENKORB HINZUFÜGEN hinzugefügt wird.

▸ Oder haben sie den Kauf abgeschlossen und sind offen für komplementäre Produktvorschläge oder ein Service-Angebot dazu?

  ▸ Dieses Verhalten entspricht dem Daten-Event »Purchased« und wird Ihrem Facebook-Pixel auf Ihren Kaufbestätigungsseiten hinzugefügt.

Analysieren und Optimieren Ihrer Kampagnen

Ein weiterer sehr wichtiger Vorteil: Mithilfe des Facebook-Pixels sowie des Facebook-SDKs können Sie genau zurückverfolgen, welche Ihrer Anzeigen, welche Ergebnisse, insbesondere Leads und Abverkäufe auf Ihrer Website generiert haben, und somit Ihre Kampagnen dahin gehend optimieren.

Wichtig: Anforderungen durch die DSGVO

Um mit dem Facebook-Pixel und den damit verbundenen Targeting-Optionen rechtssicher arbeiten zu können, müssen Sie die Anforderungen der seit Mai 2018 in Kraft getretenen Datenschutz-Grundverordnung zwingend berücksichtigen. Unter anderem benötigen Sie im Rahmen einer ausführlichen Datenschutzerklärung auf Ihrer Website:

- die explizite Einwilligung der Nutzer zur Analyse und Sammlung personenbezogener Daten auf Ihrer Website zum Zweck der Personalisierung von Werbung
- die Möglichkeit für Nutzer, eine bereits gegebene Zustimmung zur Sammlung von Daten, jederzeit per Opt-out-Button widerrufen zu können
- die genaue Beschreibung der Funktionsweise des Facebook-Pixels, unter anderem welche Daten auf welche Art und Weise und zu welchem konkreten Zweck damit erhoben und analysiert werden
- die Möglichkeit für Nutzer, dieser Sammlung und Analyse personenbezogener Daten zu widersprechen

Beachten Sie bitte, dass dieser Hinweis unverbindlich ist und keine Rechtsberatung darstellt. Da die Anforderungen der DSGVO in Bezug auf das Facebook-Pixel (sowie weiterer Dienste, die Sie gegebenenfalls auf Ihrer Website einsetzen) komplex sind und die Erstellung Ihrer Datenschutzerklärung sowie den Verweisen darauf auch technischen Anforderungen gerecht werden muss, ist eine Rechtsberatung durch einen idealerweise auf Social-Media-Marketing spezialisierten Rechtsanwalt sowie die Zusammenarbeit mit einem Webmaster absolut zu empfehlen.

Sehr gute Informationen rund um die DSGVO finden Sie bei Dr. Thomas Schwenke (*https://drschwenke.de/*).

7.5   Aufsetzen von Kampagnen

Grundsätzlich können Sie Werbung auf Instagram auf vier unterschiedlichen Wegen schalten:

- im Selfservice oder mit einer Media- oder Social-Media-Agentur über den Facebook-Werbeanzeigenmanager
- im Selfservice über die Funktion HERVORHEBEN direkt in der Instagram-App
- über einen Instagram-Partner, direkt über die Instagram-API (Programmierschnittstelle von Instagram)

7.5.1   Anzeigen über den Werbeanzeigenmanager schalten

Der Facebook-Werbeanzeigenmanger ist ein Tool, mit dem Sie

- Werbeanzeigen via Facebook einfach erstellen,
- Werbeanzeigen verwalten
- und Ihre Kampagnenergebnisse analysieren können.

Sie erreichen den Werbenanzeigenmanager über Ihren privaten Account, über die URL *https://www.facebook.com/ads/manager* oder den Facebook-Business-Manager.

Grundsätzlich wäre es empfehlenswert, Ihr Werbekonto über den auf die professionelle Nutzung ausgelegten Business-Manager zu verwalten und von dort aus Kampagnen aufzusetzen. Über das Menü des Business-Managers haben Sie Zugang zu einer Vielzahl weiterer hilfreicher Tools, wie zum Beispiel:

- **Zielgruppenstatistiken**, mit denen Sie Zielgruppen schon im Vorfeld Ihrer Kampagnen-Erstellung analysieren können (siehe dazu auch Abschnitt 3.4 »Analyse und Definition von Zielgruppen«)
- den **Creative Hub**, über den Sie sich hinsichtlich der kreativen Gestaltung von Werbemitteln wie zum Beispiel Karussel-Ads, Video-Ads oder auch Instagram Stories Ads inspirieren lassen können. Zudem haben Sie hier die Möglichkeit, Mock-ups für Ihre Instagram-Werbemittel zu erstellen und mit Kollegen oder Ihren Kunden zu teilen.

Mithilfe des Werbeanzeigenmanagers können Sie Schritt für Schritt Ihre Kampagne aufsetzen:

Schritt 1: Auswahl Ihres Marketingziels

Im ersten Schritt geht es dabei um die Auswahl Ihres Haupt-Marketingziels.

Abb. 7.10: *Ansicht Zielauswahl im Facebook-Werbeanzeigenmanager*

Für Instagram stehen die folgenden Hauptziele bzw. Kampagnenziele zur Verfügung:

- Markenbekanntheit
- Reichweite (Reichweite und mehr Sichtbarkeit auf Instagram)
- Traffic (mehr Besucher auf Ihrer oder einer anderen spezifischen Website oder in Ihrer App)
- Interaktion (Erhöhung der Interaktionen mit einem Beitrag)
- App-Installationen (mehr Downloads Ihrer App im App-Store)
- Videoaufrufe (mehr Video-Views)
- Leadgenerierung
- Conversions (Steigerung von Transaktionen oder transaktionsorientierten Handlungen auf Ihrer Website oder in Ihrer App)
- Produktkatalogverkäufe
- Store Traffic bzw. Besuche in Ihrem Geschäft

Für letztere Ziele ist die Implementierung des bereits in den vorangegangenen Ausführungen erwähnten Facebook-Pixels oder der Facebook-SDK notwendig sowie im Falle des Ziels Produktkatalogverkäufe die Erstellung eines Produktkatalogs (siehe dazu auch Abschnitt 7.3.6 »Dynamic Ads«).

Hinweis

Die Auswahl Ihres Marketingziels ist die Grundlage dafür, auf welche Art und Weise Ihre Kampagne später auf Instagram ausgeliefert und optimiert wird. Wählen Sie beispielsweise das Ziel »Markenbekanntheit« aus, wird Ihre Kampagne an die Nutzer auf Instagram ausgeliefert, die Ihrer Werbung sehr wahrscheinlich ihre Aufmerksamkeit schenken werden. Hier geht es erst einmal darum, Aufmerksamkeit für Ihre Marke, Ihre Produkte oder Ihr Unternehmen auf Instagram zu generieren. Hierbei werden Sie jedoch kaum Besucher für Ihre Website oder gar Leads generieren. Entsprechen letztere beiden jedoch Ihrer Intention, sollten Sie die Ziele »Traffic« oder »Leads« auswählen.

Schritt 2: Auswahl Ihrer Zielgruppe

In diesem Schritt haben Sie eine Vielzahl von Möglichkeiten, Ihre Zielgruppe so genau wie möglich zu bestimmen:

- Sie wählen eine Custom Audience oder eine Lookalike Audience aus (siehe dazu Abschnitt 7.4.5 »Vorteile eines Facebook-Pixels und/oder des Facebook-SDKs«).
- Sie grenzen Ihre Zielgruppe manuell auf einen bestimmten Standort, ein bestimmtes Alter, Geschlecht, Sprache sowie Interessen ein. (Hier kann Ihnen Ihre Zielgruppen-Analyse im Rahmen Ihrer Persona-Definition helfen.)
- Sie sprechen Nutzer an, die Fan Ihrer Facebook-Seite oder Ihrer App sind oder die auf Ihre Veranstaltungseinladung geantwortet haben.
- Über die erweiterten Optionen können Sie zudem Nutzer ansprechen, die Fan bestimmter Facebook-Seiten (zum Beispiel die Ihrer Konkurrenz) sind, die bestimmte Apps heruntergeladen haben oder die auf bestimmte Veranstaltungseinladungen geantwortet haben.

Wichtig

Grundsätzlich ist es empfehlenswert, mehrere, jedoch mindestens zwei Zielgruppen (bzw. Anzeigengruppen) in Form eines A/B-Testings gegeneinander laufen zu lassen. Sie können dazu in der Zielgruppenauswahl weitere Zielgruppen (nach Alter) oder auch Custom Audiences oder auch Lookalike Audiences hinzufügen.

Sofern Sie die Marketingziele »Traffic«, »App-Installationen«, »Leadgenerierung« oder »Conversions« auswählen, bietet Ihnen der Werbeanzeigenmanager direkt nach Ihrer Ziel-Auswahl die Option SPLIT-TEST ERSTELLEN an. Dabei können Sie testen, welche Zielgruppenauswahl, Platzierung oder auch Auslieferungsoptimierung am besten für Ihre Kampagne funktioniert.

Im weiteren Verlauf Ihrer Kampagnen-Erstellung ist es zudem empfehlenswert, pro Anzeigengruppe mindestens zwei Anzeigen-Motive gegeneinander laufen zu lassen.

▸ Auf der rechten Seite des Werbeanzeigenmanagers können Sie über den »Tacho« nachvollziehen, nach welchen Kriterien Sie Ihre Zielgruppe bisher definiert haben und ob diese Zielgruppe eher groß oder eher sehr spezifisch ist. Das gibt Ihnen einen Anhaltspunkt dazu, ob Sie Ihre Zielgruppe eventuell noch weiter eingrenzen oder aber weiter fassen sollten.

▸ Zudem wird Ihnen darunter angezeigt, wie groß die potenzielle tägliche Reichweite Ihrer Kampagne innerhalb der definierten Zielgruppe bei einem Tages-Budget von beispielsweise fünf Euro ist. (Ihr Budget legen Sie in Schritt 4 im Bereich **Budget & Zeitplan** fest.)

Custom Audiences und Lookalike Audiences erstellen

▸ Eine hervorragende Möglichkeit, die Effektivität und Effizienz Ihrer Kampagnen für Instagram zu verbessern, ist der Einsatz von **Custom Audiences** bzw. benutzerdefinierten Zielgruppen.

▸ Es handelt sich dabei um Zielgruppen, zu denen Sie bereits Kontakt haben, etwa,

   ▸ weil sie bereits zu Ihren bestehenden Kunden zählen,

   ▸ Abonnenten Ihres Newsletters sind

   ▸ oder sich auf Ihrer Website über Ihre Produkte informiert haben

   ▸ oder aber auf Facebook mit Ihrer dortigen Facebook-Seite

   ▸ oder Ihrer Werbung interagiert haben.

Um eine benutzerdefinierte Zielgruppe zu erstellen, haben Sie derzeit vier Möglichkeiten:

▸ Sie verwenden die über das Facebook-Pixel oder die Facebook-SDK generierten Daten von Ihren Website-Besuchern oder App-Nutzern und lassen daraus eine benutzerdefinierte Zielgruppe bilden, die Sie gezielt auf Instagram wieder ansprechen können.

▸ Dabei werden die markierten Website-Besucher bzw. App-Nutzer bei ihrem Login auf Facebook oder Instagram mit ihrer Facebook- oder Instagram-ID abgeglichen und als benutzerdefinierte Zielgruppe (Custom Audience) in Ihrem Werbeanzeigenmanager zur Verfügung gestellt.

▸ Sie lassen über den Werbeanzeigenmanager eine Zielgruppe erstellen, die bereits mit Ihrer Facebook-Seite oder bestimmten Werbemitteln interagiert hat, und sprechen sie via Instagram wieder an.

▸ Sie nutzen Ihre mithilfe von »Hashing« verschlüsselten CRM-Daten, zum Beispiel eine Liste von E-Mail-Adressen. Ihre verschlüsselten CRM-Daten werden dann mit den ebenfalls verschlüsselten Facebook-Daten abgeglichen, daraus eine benutzerdefinierte Zielgruppe (Custom Audience) gebildet und über Ihren Werbeanzeigenmanager zur Verfügung gestellt.

Eine sehr gute Methode, potenzielle Kunden via Instagram anzusprechen, die den Nutzern ähneln, die bereits mit Ihrem Unternehmen interagiert haben, ist die Erstellung von sogenannten **Lookalike Audiences**. Es handelt sich dabei um statistische Zwillinge Ihrer Custom Audiences. Um Lookalike Audience zu erstellen, haben Sie zwei Möglichkeiten:

‣ Sie erstellen eine Custom Audience über eine der vorangehend beschriebenen Möglichkeiten und wählen diese als Basis für Ihre Lookalike-Zielgruppe aus.

‣ Sie wählen Ihre Facebook-Seite als Basis für Ihre Lookalike-Zielgruppe aus.

Wichtig

Wie schon in Abschnitt 7.4.5 »Vorteile eines Facebook-Pixels und/oder des Facebook-SDKs« erläutert, ist der rechtssichere Einsatz von Custom Audiences sowie damit verbundenen Lookalike Audiences nur unter Einhaltung der Bestimmungen durch die DSGVO möglich.

Schritt 3: Platzierungen auswählen

In diesem Schritt können Sie die Platzierung für Ihre Werbung automatisch auswählen lassen oder aber bestimmte Platzierungen ausschließen. Zudem ist es hier auch möglich, Ihre Werbung nur auf mobilen Endgeräten oder nur auf dem Desktop oder auch spezifischen Mobilgeräten und Betriebssystemen auszuliefern.

‣ Sofern Sie die Option AUTOMATISCHE PLATZIERUNGEN wählen, wird Ihre Werbung sowohl auf Facebook, auf Instagram als auch im Audience Network von Facebook, zu dem eine Reihe von geprüften externen Apps und mobilen Websites zählen, angezeigt.

‣ Mit der Option PLATZIERUNGEN BEARBEITEN können Sie die Platzierung Ihrer Werbung auf Instagram und hier auf den Instagram Feed sowie Instagram Stories beschränken.

Schritt 4: Budget & Zeitplan

Hier können Sie nun Ihr Tagesbudget oder auch ein Laufzeitbudget festlegen, ein Start- und Enddatum festlegen oder aber Ihre Kampagne fortlaufen lassen (oder diese jederzeit stoppen). Für ein erstes Test-Budget eignet sich je nach Ihrer Zielsetzung und Ihrer Unternehmensgröße auch ein kleinerer Betrag, zum Beispiel zwischen 50 Euro bis 500 Euro bei einer ein- bis zweiwöchigen Laufzeit.

Zudem können Sie hier einstellen, für welche Ziele Ihre Anzeigenschaltung optimiert werden sollte. Sofern Sie Ihre ersten Schritte mit Instagram-Werbung machen, sollten Sie die Voreinstellungen im Werbeanzeigenmanager jedoch am besten annehmen.

Schritt 5: Werbeanzeige auswählen

In diesem Schritt geht es nun darum, Ihr Werbeformat sowie ein passendes Anzeigenmotiv auszuwählen. Hier haben Sie die Auswahl zwischen Karussel-Ads, Foto-Ads, Video-Ads sowie Video-Ads in Form einer aus Fotos erstellten Slideshow. Das Instagram Stories Ad ist derzeit (Stand Juni 2017) nur bei der vorherigen Auswahl des Marketingziels »Reichweite« sowie der Platzierung »Instagram Stories« als Werbeformat verfügbar.

Die Anzeigen-Motive können Sie nun direkt von Ihrem PC hochladen oder aber im äußersten Notfall können Sie auch auf das im Werbeanzeigenmanager kostenlos verfügbare Stockfoto-Archiv von Shutterstock zurückgreifen. In jedem Fall ist die Qualität Ihrer Anzeige von entscheidender Bedeutung für Ihren Werbeerfolg auf Instagram.

Zudem können Sie Ihrer Werbeanzeige in diesem Schritt noch einen Text sowie einen der folgenden Call-to-Action-Buttons hinzufügen, sofern Sie einen Link zu Ihrer Website hinterlegen, auf die der Button verlinken kann:

- Registrieren
- Jetzt bewerben
- Jetzt buchen
- Kontaktiere uns
- Herunterladen
- Mehr dazu
- Zeit anfragen
- Bestellung aufgeben
- Jetzt einkaufen
- Mehr ansehen

In der nebenstehenden Anzeigenvorschau können Sie nun 1:1 nachvollziehen, wie Ihre Werbeanzeige im Instagram-Homefeed der Nutzer erscheinen wird.

Schritt 5: Bestellung aufgeben

Im letzten Schritt geben Sie nun Ihre Bestellung auf. Als Zahlungsmethoden werden für Deutschland eine Abrechnung Ihrer Werbebuchung via Kreditkarte oder Paypal unterstützt. Über das Menü Ihres Werbeanzeigenmanagers können Sie Ihre bevorzugte Zahlungsmethode hinzufügen oder ändern.

7.5.2 Anzeigen direkt in der Instagram-App schalten

Eine Möglichkeit, einen erfolgreichen organischen Post auf unkomplizierte Weise inklusive seiner Likes und Kommentare auf Instagram zu promoten, bietet sich über den Button HERVORHEBEN direkt in Ihrem Business-Profil.

Dabei können Sie Nutzer:

▸ auf Ihr Instagram-Profil aufmerksam machen (siehe Abbildung 7.10)

▸ Ihre Website promoten

▸ sie dazu bewegen, Ihr Unternehmen anzurufen oder

▸ Ihren Unternehmensstandort aufzusuchen, indem sie die Route zu Ihrem Unternehmen planen

Wie schon erwähnt, haben Sie bei dieser Variante allerdings nur eine eingeschränkte Zielgruppenauswahl.

Hinweis – Follower-Kampagnen auf Instagram

Auf Instagram gibt es bisher kein Äquivalent zu dem für die Fan-Gewinnung eingesetzten »Page Like Ad« auf Facebook. Um auf Ihr Instagram-Profil aufmerksam zu machen und auf diese Weise mehr Follower zu generieren, bietet sich einzig der HERVORHEBEN-Button einzelner Beiträge an, bei dem Sie als Zielseite Ihr Instagram-Profil auswählen können.

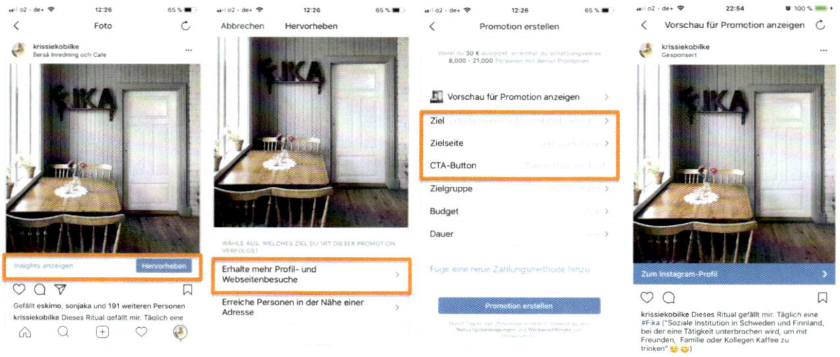

Abb. 7.11: *Aufsetzen einer Follower-Kampagne durch den HERVORHEBEN-Button eines Instagram-Beitrags*

7.5.3   Anzeigen über Instagram-Partner schalten

Je nachdem, wie umfangreich Sie auf Instagram werben wollen oder auch wie komplex Ihre Kampagnen-Architektur ist, kann Ihnen die Zusammenarbeit mit einem Instagram-Partner sehr nützlich sein. Diese Partner sind von Instagram zertifizierte Unternehmen aus den Bereichen Ad Tech, Community-Management oder Content-Marketing.

In Bezug auf Ihre Werbeschaltung auf Instagram sind besonders Partner aus der Ad-Tech-Branche, wie zum Beispiel esome Advertising oder smartly.io, spannende Dienstleister. Sie arbeiten mit Technologie-Lösungen, die auf die Facebook-API und weitere zugreifen und somit deutlich komplexere Social-Media-Kampagnen realisieren können.

> ## Instagram-Partner finden
>
> Über die URL *https://instagrampartners.com/* können Sie gezielt Partner aus den Berei-chen Ad Tech, Community-Management und Content-Marketing in Deutschland finden.

7.6   Qualitative Anforderungen an Werbeanzeigen

Eine wesentliche Voraussetzung für den Erfolg Ihrer Werbung auf Instagram ist der Ein-satz von hochwertigem visuellen Content. Dabei sollten Sie den gleichen Anspruch ver-folgen, den Sie auch für das Foto- und Videomaterial in Ihren übrigen Medienkanälen, etwa Ihre Homepage oder auch Image-Broschüren oder TV-Spots ansetzen. Denn Ihre Werbeanzeigen sollten sich nahtlos in den Instagram-Bilderfeed einfügen.

Durch das bereits erwähnte »Scrollytelling« ist es zudem empfehlenswert, dass Ihre Werbung zu Ihrem Instagram-Profil passt oder sich idealerweise sogar in einem Be trag dort wiederfindet. Das heißt, die Bildsprache Ihrer Werbe-Posts sollte möglichst zu der Ihrer organischen Posts passen.

Eine gute Strategie kann es auch sein, auf nutzergenerierte Inhalte für Ihre Werbean-zeigen zurückzugreifen. Mit Unternehmen, wie dem, bereits in Kapitel 3 erwähnten, auf Visual Commerce spezialisierten Hamburger Unternehmen Squarelovin, können Sie dafür Fotos oder Videos, die Käufer Ihrer Produkte auf Instagram hochgeladen haben, sowohl suchen als auch die Rechte zur Mediennutzung dieser Inhalte einholen lassen. Der Vorteil besteht darin, dass Ihre Werbeanzeigen damit nicht nur perfekt in den Bil-derstrom auf Instagram passen, sondern zudem einen von Ihren Markenbotschaftern erteilten »Social Proof« beinhalten.

Wichtige Empfehlungen im Zusammenhang mit Ihren Werbeanzeigen auf Instagram sind folgende:

‣ möglichst quadratische Anzeigen-Motive verwenden
‣ minimalistische bzw. auf Ihre Marke oder Ihr Produkt fokussierte Anzeigen-Motive setzen
‣ Bildsprache-Trends von Instagram aufgreifen (zum Beispiel, die in Kapitel 3 erwähn-ten Flat Lays oder Community-Themen, wie #fromwhereistand)
‣ Geschichten über mehrere Anzeigen-Motive hinweg erzählen
‣ möglichst kurzen Text mit klarer Aufforderung verwenden (idealerweise 125 Zeichen, damit der Text sofort lesbar ist)
‣ Ihr Markenhashtag gut sichtbar im Text integrieren
‣ einen Call-to-Action-Button integrieren (anstelle einer im Bildbeschreibungstext erwähnten URL)
‣ auf eine mobil optimierte Landingpage verlinken
‣ Befolgen Sie bei der Erstellung Ihrer Anzeigen-Motive zudem die Tipps zur Foto- und Video-Erstellung aus Kapitel 4.

In Bezug auf Stories Ads sind darüber hinaus folgende Empfehlungen beachtenswert:

‣ Setzen Sie in Ihrem Story Ad möglichst auf Bewegtbild-Inhalte (zum Beispiel mithilfe der in Kapitel 4 vorgestellten Apps wie Adobe Spark Video oder Mojo).

‣ Da Stories Ads analog zu den übrigen Werbeformaten auf Instagram sehr schnell konsumiert werden, sollten Sie Ihre Marke bereits in den ersten ein bis drei Sekunden Ihres Ads zeigen (sofern es sich um ein Video handelt).

‣ Zeigen Sie so schnell wie möglich ein bis zwei Produkt-USPs bzw. Ihre Markenbotschaft sowie einen Call-to-Action (siehe dazu auch Abbildung 7.12).

‣ Beschränken Sie sich auf maximal zehn Sekunden Videolänge.

‣ Achten Sie auf Tempo in Ihrem Ad, zum Beispiel durch schnelle Bild-Wechsel und Schnitte.

‣ Verwenden Sie Sound (siehe dazu auch Kapitel 4).

‣ Nutzen Sie die in Kapitel 4 vorgestellten Apps und Tools sowie Emojis (sofern zu Ihrer Marke passend), um Ihr Ad möglichst kreativ und im Instagram-Stil zu gestalten.

‣ Steigern Sie die Akzeptanz Ihrer Werbung, indem Sie Ihr Ad mithilfe der Facebook-Targeting-Möglichkeiten an die richtige Zielgruppe ausspielen.

‣ Wenden Sie die für Instagram klassische Bildsprache auch für Ihr Ad an und zeigen Sie Ihre Produkte oder Ihre Marke im Kontext (zum Beispiel anstelle eines freigestellten Produktfotos einen Kunden mit Ihrem Produkt).

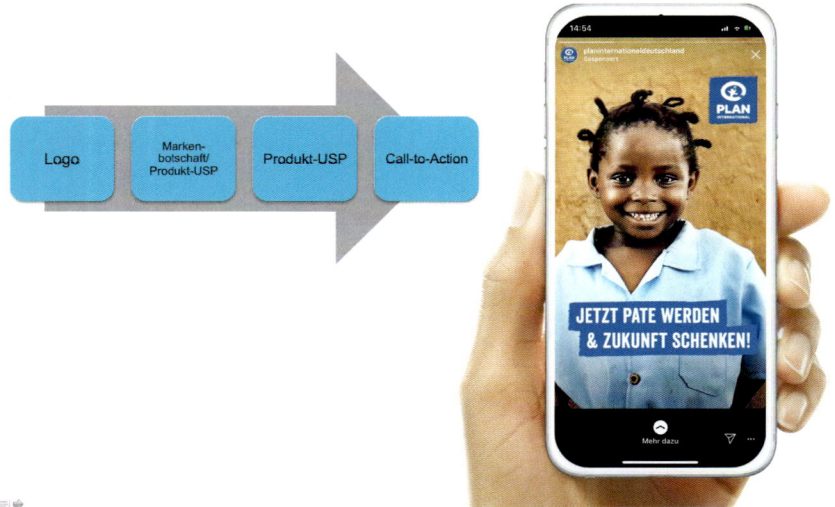

Abb. 7.12: *Storyboard zur Erstellung eines Story Ads im Video-Format auf Instagram*

Kapitel 8

Kommunikative und rechtliche Regeln für Unternehmen auf Instagram

Das folgende Kapitel soll Ihnen einen komprimierten Überblick über

‣ die für Unternehmen wichtigsten Nutzungsbedingungen von Instagram,
‣ die Richtlinien in Bezug auf die Veranstaltung von Gewinnspielen oder Wettbewerben,
‣ die Bestimmungen zur Veröffentlichung von Pressemitteilungen,
‣ den Umgang mit Urheber- und Persönlichkeitsrechten
‣ sowie der Verwendung des Instagram-Logos

geben, um sie bei Ihrer Instagram-Strategie bereits berücksichtigen zu können.

Dieses Kapitel kann jedoch nicht eine umfassende Rechtsberatung durch einen auf Social-Media-Recht spezialisierten Anwalt ersetzen.

Zudem ist es unerlässlich, dass Sie die aktuellen Bestimmungen in ihrer Gänze vor der Umsetzung Ihrer Ideen lesen und sich gegebenenfalls externe Unterstützung in für Ihr Unternehmen besonders kritischen rechtlichen Fragen einholen.

8.1   Nutzungsbedingungen von Instagram und ihre Anforderungen an Unternehmen

Um sicherzustellen, dass Ihre Aktivitäten auf Instagram nachhaltig erfolgreich sind, ist die Einhaltung der Nutzungsbedingungen zwingend erforderlich. Diese sind unter folgendem Link in deutscher Sprache einsehbar und leicht zu lesen: *https://help.instagram.com/478745558852511/*.

Im Folgenden werden daraus einige Punkte und deren Bedeutung für Ihre Marketingaktivitäten als Unternehmen auf Instagram beleuchtet.

In der Kommunikation mit Ihren Followern sowie mit Instagrammern generell ist es, wie schon in Kapitel 2 erwähnt, wichtig, dass Sie den Passus, »keine privaten oder vertraulichen Informationen über den Dienst zu posten« befolgen. Das beinhaltet in erster Linie die öffentliche Kommunikation von sensiblen Daten wie zum Beispiel »Kreditkarteninformationen sowie nicht-öffentliche Telefonnummern oder nicht-öffentliche E-Mail-Adressen«, und zwar sowohl Ihre eigenen als auch die Ihrer Follower oder Besucher über Kommentare oder auch über Ihr Profil oder Ihre Foto- und Videobeiträge. Um in einen direkten Kontakt mit Instagrammern zu kommen, empfiehlt es sich, diesen über Instagram Direct eine Nachricht inklusive Ihrer geschäftlichen E-Mail-Adresse zukommen zu lassen, mit der Bitte, alles Weitere über den E-Mail-Weg zu klären. (Nähere Informationen zu Instagram Direct finden Sie in Abschnitt 2.1.11 »Instagram Direct«.)

Weiterhin ist der Punkt »keine unerwünschten E-Mails, Kommentare oder »Gefällt mir«-Vermerke oder sonstige Formen kommerzieller oder belästigender Kommunikationen« zu erstellen oder zu senden, ein wichtiger Aspekt, um in Ihrer Interaktion mit (potenziellen) Followern mit Bedacht vorzugehen, insbesondere was den Verweis auf Ihre Marke oder Ihre Produkte in Kommentaren anbelangt. Auch wenn das Wachstum Ihres

Accounts ein wichtiges Ziel ist, sollten Sie es einem authentischen Umgang mit den Community-Mitgliedern unterordnen und nur da auf sich verweisen, wo es auch passt.

Ein äußerst kritischer Punkt ist die Wahrung des Rechts am geistigen Eigentum der Community-Mitglieder, die an mehreren Stellen der Nutzungsbedingungen sowie auch der Gemeinschaftsrichtlinien von Instagram thematisiert werden. Wie schon in Kapitel 7 erläutert, sind die Community-Mitglieder Inhaber ihrer Inhalte, die sie über Instagram posten. Instagram räumt sich dabei »eine nicht-exklusive, vollständig bezahlte und gebührenfreie, übertragbare, unterlizenzierbare, weltweite Lizenz für die Nutzung« dieser Inhalte ein.

Mit der Akzeptanz der Nutzungsbedingungen sichert jedes Community-Mitglied zudem zu, auch wirklich Inhaber »der durch den Dienst geposteten Inhalte zu sein« oder aber »berechtigt ist, Inhalte zu posten«. Das ist besonders relevant, wenn Sie zum Beispiel eine Agentur damit beauftragen, in Ihrem Namen auf Instagram zu posten. Weiterhin dürfen die geposteten Inhalte nicht die Rechte Dritter widerrechtlich verwenden verletzen oder gegen sie verstoßen, wozu insbesondere »Datenschutz-, Urheber-, Marken- und/oder sonstige Rechte am geistigen Eigentum« zählen.

Das betrifft Sie als Unternehmen in zweierlei Hinsicht. Zum einen können Sie aufgrund dieser expliziten Regelung in den Nutzungsbedingungen andere Instagrammer auf Verstöße gegen Ihr Urheber- oder Markenrecht aufmerksam machen, gegebenenfalls melden oder sich weitere rechtliche Schritte vorbehalten. Zum anderen sind Sie jedoch auch selbst in der Pflicht, die Urheberrechte der Instagrammer zum Beispiel im Rahmen von Wettbewerben und Reposts von deren Inhalten in Ihrem Account zu wahren. Sichern Sie sich in diesen Fällen lieber zusätzlich ab, indem Sie den Urheber über Instagram Direct oder noch besser via E-Mail um die Erlaubnis bitten, sein Foto oder Video zu nutzen.

Weiterhin übernehmen Sie laut der Nutzungsbedingungen die »Verantwortung für jegliche Daten, Texte, Dateien, Informationen, Nutzernamen, Bilder, Grafiken, Fotos Profile, Audio- und Vidoclips, Töne, musikalische Arbeiten, Urheberwerke, Anwendungen, Links«, die über Ihren Account gepostet oder angezeigt werden. Sichern Sie sich bei der Nutzung von Inhalten Dritter vor diesem Hintergrund noch einmal zusätzlich ab, ob diese nicht gegen Urheber- oder Markenrechte verstoßen.

Des Weiteren sichert jedes Community-Mitglied über die Nutzungsbedingungen zu, das es »Instagram-Inhalte nicht reproduzieren, verändern, anpassen, abgeleitete Arbeiten davon anfertigen, vorführen, anzeigen, veröffentlichen, verbreiten, übermitteln, ausstrahlen, verkaufen, lizenzieren oder auf sonstige Art ausnutzen« wird. Dieser Punkt ist zum Beispiel insofern wichtig, als dass Sie Instagram-Inhalte, die Sie für weitere kommerzielle Zwecke, beispielsweise Anzeigen, nutzen wollen (für die Sie sich zuvor eine Erlaubnis eingeräumt haben), nicht weiter verfremden dürfen. Die Nutzung der in Kapitel 5 vorgestellten Repost-Apps ist vor diesem Hintergrund ebenfalls nicht empfehlenswert.

Ferner gilt die Bedingung, Webseiten nicht so zu modifizieren, »dass daraus geschlossen werden kann, dass sie mit dem Dienst in Zusammenhang steht«. Hier geht es im Wesentlichen darum, dass Instagram zukünftig vermeiden will, dass Drittanbieter-Apps, die auf die Instagram-API zurückgreifen, häufig auch optisch den Eindruck erwecken, als seien sie ein offizieller Partner von Instagram. Letzteres wird auch noch einmal explizit in den Nutzungsbedingungen erwähnt: Instagram kontrolliert keine Anwendungen von Drittanbietern.

Als letzter Punkt dieses Abschnitts sei hier noch erwähnt, dass Instagram die Einhaltung der lokalen Gesetzgebungen voraussetzt, wozu Gesetze auf Bundes-, Landes- und kommunaler Ebene zählen. Diese Maßgabe sollten Sie bei der Entwicklung von Projekten, Wettbewerben, InstaWalks und weiteren immer im Hinterkopf behalten.

8.2   PR-Guidelines und Markenrichtlinien

Sofern Sie eine Pressemitteilung über Ihre Aktivitäten auf Instagram planen, stellt Instagram Ihnen in seinem Hilfebereich PR-Richtlinien in deutscher Sprache zur Verfügung. Sie finden diese unter folgendem Link *https://help.instagram.com/155465357989685/*.

Im Wesentlichen handelt es sich hier um Regelungen zum Wortlaut Ihrer Pressemitteilung, etwa welche Wörter idealerweise darin verwandt werden sollten, wie zum Beispiel Gemeinschaft, Momente oder Inspiration, und welche definitiv nicht verwandt werden dürfen, wie zum Beispiel strategische Partnerschaft. Weiterhin finden Sie hier einen Styleguide zur Schreibweise der Instagram-Funktionalitäten oder -Themen.

Die Pressemitteilung darf ohne Freigabe durch Instagram nicht veröffentlicht werden. Eine Abnahme durch einen über *press@instagram.com* erreichbaren Mitarbeiter wird von dem Unternehmen innerhalb von fünf Werktagen zugesagt.

Über die Seite *http://instagram.com/press* stellt Instagram im Bereich »Brand Assets« offizielles Pressematerial, wie Bilder, Logos und Videos, zur Verfügung.

Allerdings ist die Verwendung des Instagram-Logos, womit das ausgeschriebene Wort »Instagram« gemeint ist und das dort zum Download verfügbar ist, nur mit einer expliziten Genehmigung durch Instagram möglich.

Das Kamera-Logo kann wiederum ohne Genehmigung »neben anderen Social-Media-Logos«, in Verbindung mit Ihrem Instagram-Nutzernamen oder »einem Aufruf wie »Folge uns auf Instagram«« eingesetzt werden und steht als Farb-Logo sowie als Glyphen-Logo zur Verfügung. Während Ersteres nicht verändert werden darf, können Sie das zweite, an die Farbgebung Ihrer Website anpassen. Wichtig ist dabei auch die direkte Verlinkung auf Ihr Instagram-Webprofil.

Sofern Sie eine eigene App kreieren, beispielsweise auf Basis der Instagram-API, ist es wichtig, dass der Name Ihrer App keine Instagram-typischen Wortbestandteile wie IG, Insta oder Gram enthält. Diese Richtlinie ist neu. Sie sind vermutlich schon auf diverse Anwendungen, die Insta oder Gram enthalten, gestoßen. Dennoch ist es zukünftig untersagt, Apps oder Webseiten so zu benennen.

Die vollständigen Markenrichtlinien von Instagram sowie die entsprechenden Logos, Icons und weitere Brand-Assets finden Sie unter folgendem Link: *https://en.instagram-brand.com/*.

8.3   Richtlinien für die Veranstaltung von Gewinnspielen und Wettbewerben

Die Veranstaltung von Gewinnspielen sowie Foto- und Video-Wettbewerben sind die derzeit wichtigsten Marketing-Maßnahmen in Bezug auf Instagram. Im Folgenden finden Sie einige wesentliche Informationen dazu, wie Sie Ihr Gewinnspiel oder Ihren Wettbewerb im Einklang mit den Instagram-Richtlinien und darüber hinaus gestalten können.

8.3.1   Teilnahmebedingungen

In Ergänzung zu den Punkten, die schon im Abschnitt 4.11 genannt wurden, folgt hier noch einmal eine Übersicht der Angaben, die in den Teilnahmebedingungen Ihres Gewinnspiels oder Wettbewerbs zwingend enthalten sein müssen:

Wer darf teilnehmen? Gibt es beispielsweise eine Altersbeschränkung, die Sie für Ihr Produkt zwingend einhalten müssen? Da Instagram bereits ab 13 Jahren genutzt werden darf, sollten Sie dies besonders herausstellen. Gibt es darüber hinaus eine Wohnsitzbeschränkung?

▸ Wann startet und wann endet Ihr Gewinnspiel?
▸ Wann und durch wen erfolgt die Preisauslosung?
▸ Nach welchen Regeln werden die Gewinner bestimmt?
▸ Wie gelangt der Gewinn zu dem oder den Gewinner(n)?
▸ Wie sehen die Datenschutzbestimmungen aus? Was passiert mit den zur Teilnahme am Gewinnspiel erforderlichen Daten?

Sehr wichtig ist darüber hinaus ein gesonderter Punkt zum Thema Urheberrechte, worin die Teilnehmer ausdrücklich erklären, dass sie Eigentümer der von ihnen eingereichten Inhalte sind und keine Rechte Dritter verletzen. Letzteres gilt insbesondere auch für das Recht am eigenen Bild, falls andere Personen auf den Beiträgen Ihrer Gewinnspiel- oder Wettbewerbsteilnehmer zu sehen sind. Sie müssen definitiv ihr Einverständnis erteilt haben, dass das Bild vom Urheber für den Wettbewerb genutzt werden darf.

Weiterhin ist in diesem Zusammenhang der Punkt Rechtseinräumung zwingend erforderlich, in dem Sie sich unter anderem ein Recht an der Nutzung der Beiträge sowie der Instagram-Namen der Teilnehmer einräumen. Erklären Sie an dieser Stelle ganz genau, wozu Sie die Inhalte verwenden wollen. Etwa für Ihren Instagram-Account, eine Galerie auf Ihrer Website oder Facebook oder für Ihren Shop.

Grundsätzlich empfiehlt sich für die Formulierung der Teilnahmebedingungen, mit einem Rechtsanwalt zusammenzuarbeiten.

8.3.2   Richtlinien für Promotions seitens Instagram

Instagram sichert sich über die »Richtlinien für Promotions« noch einmal dahin gehend ab, dass es weder für die Ausgestaltung noch die Organisation sowie die rechtlichen Rahmenbedingungen Ihres Gewinnspiels oder Ihres Wettbewerbs verantwortlich ist.

Vielmehr wird über diese Richtlinien vorausgesetzt, dass Sie alle offiziellen Regelungen, inklusive zur Promotion Ihres Gewinns, berücksichtigen.

Besonders wichtig ist zudem, dass Sie bei der Beschreibung Ihres Wettbewerbs oder Gewinnspiels darauf hinweisen, dass Instagram damit in keiner Verbindung steht und Ihr Wettbewerb in keiner Weise gesponsert, unterstützt oder organisiert wird und Instagram von den Teilnehmern freigestellt wird.

Darüber hinaus soll sichergestellt werden, dass die Instagram-Funktionalitäten, wie beispielsweise das Markieren von Nutzern, nicht zweckentfremdet als Mechanik für Ihr Gewinnspiel dienen.

Die vollständigen Richtlinien für Promotions finden Sie im Instagram-Hilfezentrum in deutscher Sprache unter dem Stichwort »Promotions«.

8.4   Umgang mit Urheberrechten

Nachdem der Umgang mit Urheberrechten in den vorangegangenen Abschnitten sowie in Kapitel 5 schon ausführlich erläutert wurde, sei in diesem Abschnitt nur noch einmal ergänzt, dass Sie bei der Verwendung von Inhalten, deren Nutzungsrechte Sie sich durch eine ausdrückliche Zustimmung seitens des Urhebers eingeräumt haben, dafür Sorge tragen, dass dieser auch als Urheber des betreffenden Inhalts in Ihrem Instagram-Account und darüber hinaus erscheint.

Eine schon genannte Variante ist das Markieren des Nutzers über die NUTZER MARKIEREN-Funktion sowie der Nennung des @nutzernamens in der Bildunterschrift. Darüber hinaus oder alternativ bietet sich die Verwendung des @nutzernamens in Form eines Wasserzeichens auf dem betreffenden Inhalt an. Dieses können Sie mithilfe der vorgestellten Apps und Tools umsetzen (siehe dazu auch Abschnitt 4.2.1 »Tipps und Tricks zum Aufnehmen und Bearbeiten von Fotos«).

Verwenden Sie Inhalte ohne Zustimmung des Nutzers, begehen Sie trotz dessen Namensnennung in der vorangehend beschriebenen Art und Weise eine Urheberrechtsverletzung.

8.5   Umgang mit Persönlichkeitsrechten

In Bezug auf Instagram ist insbesondere das Recht am eigenen Bild im Rahmen der weitreichenden Persönlichkeitsrechte in Deutschland ein wichtiger Punkt. Demnach dürfen Fotos und Videos, auf denen Personen zu sehen sind, nur mit deren ausdrücklicher schriftlicher Zustimmung auf Instagram veröffentlicht werden.

Als Ausnahmen gelten hier folgende:

▸ Die Person oder die Personen erscheinen nur als Beiwerk auf dem Foto.

▸ Das Foto oder Video zeigt Ansammlungen mehrerer Personen (zum Beispie auf einem Event), ohne dass einzelne Personen hervorstechen.

Um auf der sicheren Seite zu sein, sollten Sie immer dann, wenn eine Person deutlich auf Ihrem Foto oder Video zu erkennen ist, Rücksprache mit ihr halten und sich eine schriftliche Einwilligung zur Veröffentlichung des Fotos in sozialen Medien und im Netz einholen. Denn Fotos oder Videos, die auf Instagram erscheinen, können auch in anderen sozialen Netzwerken und im Netz geteilt werden.

Hinweis Impressumspflicht und Datenschutzerklärung

Hinweise zur Impressumspflicht sowie zur Datenschutzerklärung finden Sie unter anderem in Abschnitt 4.1.6 »Ihre URL«

Hinweis Ansprache von Nutzern via Instagram Direct

Hinweise zur Ansprache von Nutzern via Instagram Direct finden Sie in Abschnitt 3.1.4 »Leads«.

Index

Sepita Ansari | Wolfgang Müller

Content Marketing
Das Praxis-Handbuch für Unternehmen
Strategie entwickeln, Content planen, Zielgruppe erreichen

Ziele richtig definieren und Strategie entwickeln als Basis für den gesamten Content-Marketing-Prozess

Marke stärken und Kunden entlang der gesamten Customer Journey aktivieren

Zahlreiche Beispiele, Praxis-Tipps, Checklisten und nützliche Tools

Content Marketing stellt den Kunden in den Mittelpunkt aller Aktivitäten. Dabei vermitteln gezielt geplante Inhalte zwischen dem Angebot des Unternehmens und den Bedürfnissen der Kunden. Unternehmen und Kunden wachsen damit enger zusammen und die Wertschöpfung steigt.

Für effektives Content Marketing benötigen Sie einen klaren Plan, um das Potenzial für Ihr Unternehmen voll auszuschöpfen. Mit diesem Buch erhalten Sie einen Leitfaden, der praxisnah erläutert, worauf es ankommt. Wesentlich ist dabei, dass erfolgreicher Content immer zielgerichtet und auf Basis einer umfassenden Strategie entsteht.

Sie lernen, Content-Marketing-Ziele im Einklang mit Unternehmenszielen zu definieren, geeignete KPI zu bestimmen und auf dieser Basis Ihre Content-Strategie zu entwickeln. Ausgehend davon werden als weitere Schritte die Content-Planung, -Produktion und -Distribution bis hin zur Analyse behandelt.

Sie erfahren, wie Sie die Interessen und Bedürfnisse Ihrer Zielgruppe analysieren, um Ihren Content darauf abstimmen zu können. Die Autoren erläutern, wie wichtig die Customer Journey ist, die der Kaufprozess in Phasen unterteilt. Sie zeigen auf, dass die Nutzer in jeder Phase mit unterschiedlichen Inhalten bedient werden müssen. Anhand von Beispielen aus der Praxis lernen Sie, den Content für jede Phase der Customer Journey optimal zu planen.

Angeleitet durch dieses Buch wählen Sie die Kanäle und Distributionsplattformen bewusst aus, um mit potenziellen und bestehenden Kunden in den Dialog zu treten. Abschließend zeigen die Autoren, wie Sie mit Analytics-Methoden überprüfen, ob Sie Ihre strategischen Ziele erreichen.

ISBN 978-3-95845-044-8

Probekapitel und Infos erhalten Sie unter:
www.mitp.de/044

Miriam Rupp

Storytelling für Unternehmen

Mit Geschichten zum Erfolg in Content Marketing, PR, Social Media, Employer Branding und Leadership

Storytelling als Basis für modernes Content Marketing

Wirkung und Erzählformate guter Geschichten

Zahlreiche anschauliche Beispiele und praktische Checklisten zur Ideenfindung

Storytelling ist für Marketingabteilungen das neue Fundament in der Kundenkommunikation über alte und neue Kanäle wie PR, Content Marketing und Social Media.

Marken wie Red Bull, Apple, Coca-Cola, Dove oder airbnb sind heutzutage in aller Munde, wenn es um Brand Storytelling geht. Doch was genau machen sie anders, als wir es von der traditionellen Unternehmenskommunikation kennen? Was können Sie von ihnen lernen? Anhand konkreter Beispiele erfahren Sie in diesem Buch, wie Storytelling erfolgreich im Marketing und in der Unternehmensführung eingesetzt werden kann.

Im ersten Teil des Buches lernen Sie detailliert, welche Bestandteile eine gute Geschichte enthalten sollte, und erfahren, wie Sie für Ihr Unternehmen Helden, Konflikte, ein Happy End und letztendlich Ihre eigene Rolle in einer Geschichte finden – passend zu Ihrer Unternehmensstrategie und -vision.

Der zweite Teil des Buches erläutert, wie Sie Ihre Geschichten optimal an Ihr Publikum bringen.

Die Autorin zeigt im dritten Teil des Buches, dass Storytelling nicht nur ein Thema für Lifestyle-Produkte wie Energy-Drinks oder Smartphones ist. Geschichten bieten gerade für technische oder Nischen-Themen oder auch im B2B-Bereich enormes Potenzial, das meist einfacher umzusetzen ist als angenommen.

Darüber hinaus ist Storytelling nicht nur ein Tool für die Kommunikation nach außen. Sie erfahren, inwiefern es auch für Employer Branding und Leadership generell von großer Bedeutung ist, um Mitarbeiter zu finden, zu halten und zu motivieren.

In jedem Kapitel finden Sie detaillierte Fragestellungen zur Ideenfindung, die Sie dabei unterstützen, Ihre eigene Story zu finden.

Zusätzlich geben Interviews mit Entrepreneuren, Agenturen und Storytelling-Verantwortlichen in Unternehmen ganz persönliche Eindrücke aus der Praxis.

ISBN 978-3-95845-242-8

Probekapitel und Infos erhalten Sie unter:
www.mitp.de/242

Lutz Lungershausen

Kreativ!

Auf Knopfdruck systematisch Ideen generieren

Intuition ist nicht alles – Ideenfindung funktioniert auch mit System

Von den Voraussetzungen über gezieltes Training bis zum Umgang mit Kreativitätskillern

Kreativitätstechniken und Kreativitätsmethoden richtig anwenden – mit konkreten Hilfestellungen für Autoren, Blogger, Designer, Dienstleister, Mitarbeiter in Produktentwicklung und Marketing

Kreativität macht den Unterschied – wer hebt sich von der Masse ab und hat das innovativste Produkt, den interessantesten Blog – die beste Idee? Die gute Nachricht: Jeder kann kreativ sein. Aber gute Ideen tauchen nur selten aus dem Nichts auf und gerade im Job fehlt die Zeit, um auf den zufälligen Geistesblitz zu warten. Lutz Lungershausen ist erfolgreicher Creative Director und zeigt Ihnen in diesem Buch, wie Ideenfindung proaktiv und systematisch funktioniert.

Basics: Sie lernen, den Kreativprozess zu strukturieren, die Ideenfindung strikt von deren Bewertung zu trennen und dass Sie erst einmal viele Ideen sammeln müssen, um später mindestens eine gute zu haben. Ein eigenes Kapitel ist den Kreativkillern gewidmet – und was Sie tun können, damit Ihre Ideen nicht sofort im Keim erstickt werden. Der Autor regt dabei immer wieder Ihre Neugier an und hilft Ihnen, Ihre Komfortzone zu verlassen.

Kreativität organisieren: Praxisbewährte und vor allem effiziente Kreativmethoden wie Brainwriting, Morphologische Matrix, Bodystorming, Ideen-Ping-Pong u.v.a.m. werden ausführlich vorgestellt. Dabei erhalten Sie sowohl eine genaue Anleitung als auch einen Überblick über Spielregeln, Teilnehmerzahl, Zeitaufwand, benötigte Materialien sowie Vor- und Nachteile der jeweiligen Methode.

Anders denken: Einen weiteren Schwerpunkt bilden Kreativitätstechniken wie z.B Kombinieren, Ersetzen, Übertreiben, Perspektivwechsel und ein gutes Dutzend mehr. Mit diesen universell einsetzbaren Denkprinzipien erweitern Sie Ihr individuelles Repertoire an Denkmustern und steigern Ihren kreativen Output enorm.

Konkret: Für Autoren, Blogger, Designer, Dienstleister sowie Mitarbeiter in der Produktentwicklung und im Marketing hält der Autor noch eine ganze Reihe Extratipps und praktischer Anwendungen parat.

ISBN 978-3-95845-468-2

Probekapitel und Infos erhalten Sie unter:
www.mitp.de/468

Ines Eschbacher

Content Marketing
Das Workbook

Schritt für Schritt zu erfolgreichem Content

Von der Content-Strategie über die -Planung, -Erstellung und -Distribution bis hin zum Controlling

Mit umfangreichem Kapitel zum Schreiben guter Webtexte

Zahlreiche Beispiele, praktische Checklisten und Aufgaben

INES ESCHBACHER

CONTENT MARKETING

DAS WORKBOOK

Schritt für Schritt zu erfolgreichem Content

mitp

Content Marketing ist heutzutage ein unverzichtbarer Bestandteil in jedem Marketing-Mix des Unternehmens. Ob Ratgeber, How-to, Blogbeitrag oder Unternehmensinfo – es ist der Content, der dem Konsumenten in unterschiedlichsten Alltagssituationen das Leben erleichtert. Doch guter Content alleine reicht längst nicht mehr aus. Die Konsumenten wünschen sich relevante und nützliche Informationen und Content, der wirklich weiterhilft und offene Fragen beantwortet. Oder Content, der begeistert und ein Lächeln ins Gesicht zaubert.

Mit diesem Buch erhältst du eine Schritt-für-Schritt-Anleitung, die dich von Anfang bis zum Ende auf deinem Weg zu einem erfolgreichen Content Marketing begleitet und dir bei der praktischen Umsetzung zur Seite steht. Die Autorin führt dich schrittweise durch die fünf Phasen des Content-Marketing-Zyklus: von der Definition von Marke, Zielen und Zielgruppen über die strategische Content-Planung, -Erstellung und -Distribution bis hin zum Controlling.

In jedem Kapitel findest du Aufgaben und Challenges sowie zahlreiche Checklisten und Tipps, die dich bei der konkreten Umsetzung unterstützen. Zusätzlich bietet dir das Workbook genug Platz für deine eigenen Notizen, damit du sofort loslegen kannst.

Das Workbook richtet sich an Content-Marketing-Newbies und an alle, die mit ihren Content-Marketing-Maßnahmen inhaltlich und strategisch durchstarten möchten.

ISBN 978-3-95845-516-0

Probekapitel und Infos erhalten Sie unter:
www.mitp.de/516